甜品学院

75家名店171款
招牌甜品秘方

U0151601

日本柴田书店　编

杨爽　译

中国轻工业出版社

目录

第2章
巧克力

第4章
美式冰激凌、雪葩、
意式冰激凌、法式冰沙

第5章
蔬菜与可食用花卉

◎关于材料

· 坚果若无特殊说明，均使用经过烘烤的产品。
· "泡发的明胶"是指事先将准备好的明胶制品放入适量水中泡发好，备用。
· 黄油使用的是无盐产品。
· 粉类制品需先过筛再使用。
· 透明镜面果胶是在水中加入琼脂、砂糖和糖稀等制成的无色、透明的镜面果胶，主要用于增添光泽。
· 零陵香豆是一种含有"香豆素"的豆类，有与香草类似的甜香，主要用于增香。
· 鹿角菜是一种以海藻为原料制成的食品凝固剂。
· 转化糖中含有丰富的糖，保水性高，且比砂糖更甜。
· 异麦芽糖醇是低聚糖的一种。与其他糖类相比更加耐热、耐酸。
· 索萨麦芽糊精是西班牙索萨（SOSA）公司生产的一种食品添加剂，原料是麦芽糊精。因具有吸收油脂的特性，可以加入到油脂中，混合搅拌使其变成粉末。
· 巧克力（调温）具体分为不含乳脂成分的黑巧克力、含乳脂成分的牛奶巧克力和不含可可块的白巧克力。
· 香缇奶油指打发的鲜奶油。

◎关于工具

· 万能冰磨机是用锐利的刀刃高速切削放入专用容器中的冷冻面团和食材，将其彻底粉碎的机器。
· 冲击式冷冻机是一种急速冷冻机器。
· 虹吸瓶是一种制作泡沫（慕斯泡）的工具。在液体材料中加入明胶、油脂和卵磷脂等，再装入容器中，然后在瓶身安装气罐后使用。
· 书中所用烤箱为热风循环烤箱。

◎关于制法

· 甜品名称以受访店中的名称为准。
· 标注"说明省略"的材料制法未收录在本书中。
· 材料表中未带单位符号（如"毫升"等）的数字表示比例。
· 材料表"装饰"栏中未标明分量的材料，使用适量即可。

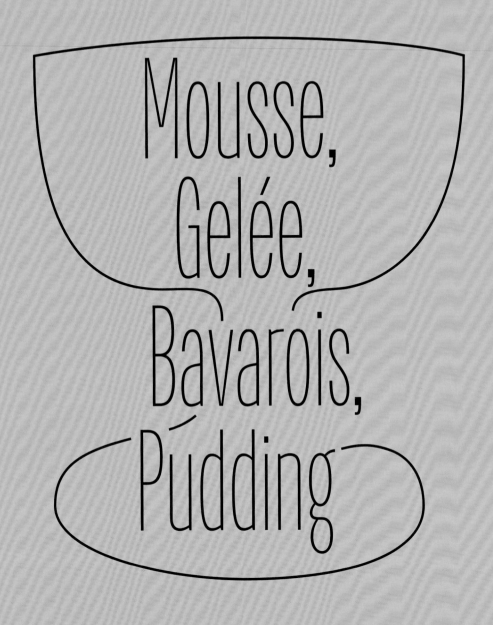

Mousse, Gelée, Bavarois, Pudding

第 1 章

慕斯、果冻、巴伐露、布丁

草莓慕斯

小泷晃 × 紫红餐厅（Restaurant Aubergine）

将草莓制成慕斯和果酱，再加入新鲜草莓，充分展现草莓魅力的一道甜品。慕斯由加入蛋黄的蛋白酥制成，口感更加顺滑。

草莓慕斯（12人份）

蛋清 5个
蛋黄 3个
细砂糖 100克
水 适量
明胶片 10克
草莓酱* 300克
鲜奶油（乳脂含量35%）200克

装饰

草莓
草莓酱*
鲜奶油（乳脂含量35%）

* 在草莓表面裹上细砂糖，腌渍出水分后用搅拌机搅拌，再滤去多余水分即可。

草莓慕斯

1 将蛋清与蛋黄混合，搅打出泡沫。

2 将细砂糖与水放入锅中熬煮，然后倒入步骤1的材料中，搅拌至汤汁冷却。

3 用少许热水将泡发的明胶片溶化，然后倒入草莓酱中，混合搅拌。

4 将步骤3的材料放入步骤2的材料中，混合至七成左右时倒入打发的鲜奶油。倒入模具中，放入冰箱冷却、凝固。

装饰

将慕斯切块后放入盘中，放入适量切块的草莓，淋草莓酱和打发的鲜奶油。

百香果果冻与酸奶雪葩

伊藤延吉 × 巴里克餐厅（Ristorante La Barrique）

将酸味强烈的百香果制成果冻，与酸味柔和的酸奶雪葩组合。果冻中还藏有百香果籽形状的巧克力，是意料之外的惊喜。

百香果果冻（15人份）

百香果 13个（果肉400克）
糖浆* 200毫升
卡拉胶 30克

酸奶雪葩（20人份）

酸奶 500克
细砂糖 150克

装饰

百香果籽
黑巧克力（法芙娜"加勒比"巧克力，可可含量66%）

* 将砂糖与水以2：3的比例混合的液体。

百香果果冻

1 取出百香果的果肉，将籽分离出来，备用。清理果壳，作为容器备用。

2 用过滤网过滤百香果果肉，将其与糖浆一同倒入锅中。加热至80℃左右时加入卡拉胶。

3 盛出后冷却至温热，放入冰箱冷却、凝固。

酸奶雪葩

1 将酸奶和细砂糖混合均匀，放入万能冰磨机中冷冻。

2 食用前加工成雪葩。

装饰

1 将化开后冷却并凝固成颗粒形状的黑巧克力与等量的百香果籽混合，再加入百香果果冻，装入果壳中。

2 用百香果叶装饰在盘子下方，将果壳摆入盘中，最后放上酸奶雪葩。

和歌山西柚与清见柑橘味法式冻派
配巴旦木汤与柠檬叶香草冰激凌

松本一平 × 和平（La Paix）

选取松本大厨的故乡——和歌山县产的西柚与清见柑橘，榨汁制成果冻后再与果肉
一起加工成冻派。尽可能减少果冻用量以突出果肉的新鲜感。配以木薯粉及柠檬
叶，增添东方韵味。

法式冻派（12人份，15厘米×12.5厘米×4.5厘米的琼脂模具，1个）

西柚 2个
清见柑橘 4个
细砂糖 320克
柠檬酸 适量
果胶 适量
明胶片 11克

巴旦木汤（12人份）

巴旦木果泥（市售）100克
牛奶 100毫升
木薯粉（煮）适量
椰果肉 适量

香草冰激凌（12人份）

牛奶 500毫升
香草荚 1根
蛋黄 6个
细砂糖 170克
转化糖 15克
鲜奶油（乳脂含量38%）200克

装饰（12人份）

新鲜柠檬叶 2片

法式冻派

1 西柚和清见柑橘去皮，从薄膜中取出果肉。挤压出残留的果肉和果汁，果皮备用。

2 果皮切成细条，放入锅中焯水，重复3次。沥干后加入300克细砂糖，小火煮2小时后加入柠檬酸和果胶，制成果酱。

3 将150毫升挤出的果汁倒入锅中煮沸，加入30克步骤2的果酱、20克细砂糖和明胶片。明胶片化开后在锅底放置冰块，边搅拌边冷却。

4 当步骤3的材料逐渐变浓稠后加入步骤1中取出的果肉，倒入模具中，放入冰箱冷却、凝固。

巴旦木汤

在巴旦木果泥中加入牛奶稀释，再加入木薯粉、椰果肉，室温下静置。

香草冰激凌

1 将牛奶和纵向切开的香草荚放入锅中，加热至即将沸腾时关火。

2 将蛋黄倒入碗中，用打蛋器搅匀，加入细砂糖，搅打至颜色发白。

3 加入牛奶和转化糖，移至锅中，倒入鲜奶油，小火加热并搅拌至浓稠。

4 过滤后倒入冰激凌机中。

装饰

1 将切成2.5厘米宽、6厘米长的法式冻派放入盘中，倒入巴旦木汤。

2 将法式冻派步骤2的果酱和球形香草冰激凌放在法式冻派上，撒切碎的柠檬叶。

月桃果冻、糖渍茂木枇杷
与零陵香豆慕斯

今归仁实 × 芳香（L'odorante Par Minoru Nakijin）

在糖渍枇杷中塞入香气四溢的零陵香豆慕斯，搭配沁入月桃叶独特香味的果冻，再淋上口感醇厚的白奶酪酱汁，是一道初夏枇杷季里的特色美食。

月桃果冻（8人份）

矿泉水 150毫升
月桃*叶（生）20克
明胶片 4.5克

糖渍枇杷（4人份）

水 400毫升
白葡萄酒 250毫升
细砂糖 350克
零陵香豆（磨碎）1个的量
枇杷（长崎县茂木町产）5～6个

零陵香豆慕斯（30人份）

牛奶 100毫升
零陵香豆（磨碎）1/2个的量
蛋黄 1个
细砂糖 20克
明胶片 3克
鲜奶油（乳脂含量35%）100克

装饰

白奶酪
牛奶
薄荷叶 1人1片的量

* 月桃常见于日本冲绳等热带、亚热带地区的植物。从其叶片中提取的油脂气味香甜，故也被用于制作香薰精油等。在冲绳，人们用月桃叶包上糕饼一起蒸，或是包上鱼、肉等制作。

月桃果冻

1 锅中倒入矿泉水煮沸，放入月桃叶，小火煮2小时左右，过滤杂质。
2 加入泡发的明胶片，倒入烤盘中，放入冰箱冷却、凝固。

糖渍枇杷

1 锅中放入水、白葡萄酒、细砂糖和零陵香豆煮沸。
2 将枇杷去皮和核，放入锅中煮2小时左右。冷却至温热后将锅放入冰箱，静置一晚。

零陵香豆慕斯

1 锅中倒入牛奶煮沸，加入零陵香豆后关火，盖上锅盖闷2小时。
2 将蛋黄和细砂糖放入碗中，混合搅匀，加入步骤1中的材料，中火煮至浓稠。
3 加入泡发的明胶片，再将鲜奶油打至八分发后加入其中，混合后装入裱花袋。

装饰

1 用裱花袋将零陵香豆慕斯挤在糖渍枇杷剜去核的部位。放入冰箱冷却、凝固（每个枇杷里挤入10～12克慕斯）。留一部分糖渍枇杷用于制作果酱。
2 将留出的糖渍枇杷用搅拌机制成果酱。
3 将果酱涂抹在容器中，再将月桃果冻捣碎，盛入容器中。
4 在容器中央放上糖渍枇杷，淋上混合了白奶酪与牛奶的酱汁，最后用薄荷叶装饰。

日式梅干蜜饯果子冻

小泷晃 × 紫红餐厅（Restaurant Aubergine）

这道甜品的主角是小泷先生老家茨城县的特产——梅干。将梅干浸泡在糖浆中隔水蒸，去除酸味及咸涩味，突显清爽风味。凝固在满溢红紫苏香气的果冻中，再淋上梅干味奶油即可。

日式梅干蜜饯果子冻（2人份）

水 100毫升
细砂糖 50克
红紫苏 适量
明胶片 5克
日式梅干蜜饯* 4个

梅干酱与梅干酱汁（2人份）

日式梅干蜜饯 适量
鲜奶油（乳脂含量35%）30克

* 将梅干放入烤盘中，倒入适量糖稀，没过梅干即可。放入锅中隔水蒸，当甜味渗入梅干后取出。

日式梅干蜜饯果子冻

1 将水、细砂糖及切碎的红紫苏放入锅中加热，当汤汁有香味时加入泡发的明胶片，过滤杂质。
2 在圆环模具中分别放入2个梅干蜜饯，倒入步骤1的液体后，放入冰箱冷却凝固。

梅干酱与梅干酱汁

将梅干蜜饯去核，用筛网滤去水分，制成梅干酱。将其中一部分与打发的鲜奶油混合，制成酱汁。

装饰

将适量梅干酱倒入盘中，将日式梅干蜜饯果子冻放在中央。最后淋上酱汁即可。

椰子慕斯、金钻凤梨果冻
与热带水果雪葩

小玉弘道 × 弘道餐厅（Restaurant Hiromichi）

添加了白巧克力的浓醇椰子慕斯、保留果肉口感的凤梨果冻、薄荷味酸奶酱汁和热
带水果雪葩的拼盘。一道看上去充满夏季风情的甜品。

椰子慕斯（5人份）

牛奶 166毫升
椰子粉 33.3克
香草荚 1/6根
明胶片 4克
白巧克力（法芙娜"伊芙瓦"巧克力，可可含量35%）83.3克
鲜奶油（乳脂含量42%）150克
细砂糖 33.3克
蛋清 66.6克
椰子酒 16.6毫升

凤梨果冻（10人份）

凤梨（金钻凤梨）300克
糖浆（30波美度）适量
柠檬汁 适量
金酒 20毫升
明胶片 7克

热带水果雪葩（20人份）

水 222毫升
橙汁 200毫升
柠檬汁 111毫升
凤梨 220克
芒果 111克
百香果 111克
木瓜 111克
香蕉 166克
糖浆（30波美度）333毫升
红石榴糖浆 55毫升

装饰

凤梨
薄荷糖浆*
酸奶
油酥蛋糕（捏碎，说明省略）
凤梨叶
柠檬草
薄荷叶
糖粉

* 将薄荷与糖浆混合后放入搅拌机中搅拌。

椰子慕斯

1 将牛奶、椰子粉及香草荚混合，加热出香味后加入泡发的明胶片煮沸，用过滤网过滤。

2 加入化开的白巧克力。将容器放入冰水中冷却，不断搅拌至材料变浓稠。

3 将硬性发泡的鲜奶油、加入细砂糖后打发的蛋清放入步骤2的材料中，再倒入椰子酒。

4 在蛋糕模中铺上保鲜膜，倒入步骤3的材料，放入冰箱内冷却、凝固。

凤梨果冻

1 将明胶片外的所有材料放入搅拌机中搅拌均匀。

2 将步骤1的材料倒入锅中，小火煮沸后过滤。当全部材料混合均匀后加入泡发的明胶片混合，放入冰箱内冷却、凝固。

热带水果雪葩

将所有材料放入搅拌机中搅拌，过滤后放入雪葩机中制成雪葩。

装饰

1 将切好的椰子慕斯装盘，放上凤梨果冻和用薄荷糖浆拌好的凤梨果肉丁。

2 在旁边倒适量混合了薄荷糖浆和酸奶的酱汁。

3 铺适量油酥蛋糕碎，放入热带水果雪葩。

4 用凤梨叶、柠檬草和薄荷叶装饰，撒少许糖粉。

比切琳

伊藤延吉 × 巴里克餐厅（Ristorante La Barrique）

这款甜品的灵感来自意大利都灵的特色热饮"比切琳"，由巧克力慕斯、内含巧克力冻的意式浓缩咖啡冻以及意式香草冰激凌层层堆叠而成。

巧克力冻（15人份）

黑巧克力（法芙娜"纯加勒比"巧克力，可可含量66%）100克
牛奶 500毫升
榛子力娇酒 40毫升
细砂糖 40克
卡拉胶 15克

意式浓缩咖啡冻（10人份）

细砂糖 230克
意式浓缩咖啡 900毫升
明胶片 18克

巧克力慕斯（15人份）

黑巧克力（法芙娜"纯加勒比"巧克力，可可含量66%）170克
蛋黄 1个
鲜奶油（乳脂含量46%）75克
榛子力娇酒 20毫升
明胶片 2克
蛋清 100克
细砂糖 25克

意式香草冰激凌（12人份）

蛋黄 4个
细砂糖 120克
牛奶 450毫升
鲜奶油（乳脂含量46%）150毫升
香草荚 1/2根

巧克力冻

1 将黑巧克力切碎，与其他所有材料一起放入锅中，加热至80℃。

2 将步骤1的材料倒入半球形的硅胶模具中，放入冰箱内冷却、凝固。

意式浓缩咖啡冻

1 将140克细砂糖放入锅中加热，制成焦糖，然后倒入意式浓缩咖啡。

2 将剩余的细砂糖和泡发的明胶片加入步骤1的材料中搅拌混合，放入冰箱内缓慢冷却、凝固。

巧克力慕斯

1 将切好的黑巧克力放入锅中隔水煮化，加入蛋黄、鲜奶油和榛子力娇酒。再放入泡发的明胶片，使之溶化混合。

2 在蛋清中加入细砂糖打发，分3次放入步骤1的材料中搅拌混合。

意式香草冰激凌

1 混合搅打蛋黄与细砂糖。

2 将牛奶、鲜奶油和香草荚混合，加热至体温左右，使香草的味道浸润到整个液体中。

3 将步骤1和步骤2的材料混合、过滤，然后放入锅中煮至浓稠。

4 冷却至温热后装入万能冰磨机专用容器中冷冻。享用前用万能冰磨机做成冰激凌。

装饰

1 在用于装饰的玻璃杯底部放入巧克力慕斯，当其冷却、凝固后倒入意式浓缩咖啡冻。

2 将巧克力冻轻投进步骤1的材料中，再次放入冰箱内冷却、凝固。

3 将意式香草冰激凌挤在步骤2的材料上。

意式浓缩咖啡风味蛋黄布丁

酒井凉×阿尔多克(Ardoak)

在仅用蛋黄和砂糖制作的西班牙布丁中加入意式浓缩咖啡,使色泽更加浓重,变为"成熟的布丁"。再添上用拿铁咖啡煮的米饭、香蕉冰激凌和饼干碎。

意式浓缩咖啡风味蛋黄布丁(6人份)

意式浓缩咖啡 70毫升
砂糖 50克
蛋黄 50克

用咖啡煮的米饭(6人份)

大米 30克
拿铁咖啡 60毫升
细砂糖 15克

香蕉冰激凌(6人份)

香蕉 170克
牛奶 80毫升
鲜奶油(乳脂含量47%)150克
细砂糖 40克
蛋黄 3个

饼干碎(6人份)

低筋面粉 50克
黄油 50克
细砂糖 50克

装饰

焦糖酱汁(说明省略)
可可粉

意式浓缩咖啡风味蛋黄布丁

1 在锅中放入意式浓缩咖啡和砂糖,开火加热。
2 将蛋黄放入碗中,用打蛋器搅拌均匀。
3 将步骤1的材料放入步骤2的蛋黄中混合,倒入直径7厘米的布丁模具中。放入预热好的烤箱,160℃隔水烤制12分钟。

用咖啡煮的米饭

在锅中放入大米、拿铁咖啡和细砂糖,煮15分钟。

香蕉冰激凌

1 将剥好皮的香蕉、牛奶和鲜奶油放入料理机中,搅拌成顺滑的液体。
2 将细砂糖和蛋黄放入碗中,用打蛋器搅拌。倒入步骤1的材料,进一步搅拌混合。

3 将步骤2的材料放入锅中,煮开后关火,冷却至温热后放入雪葩机中。

饼干碎

1 将低筋面粉、黄油和细砂糖放入碗中搅拌混合。
2 将步骤1的材料放在垫好烘焙纸的烤盘上,180℃烤制30分钟左右。

装饰

1 在盘子中央用焦糖酱汁画一道线,将意式浓缩咖啡风味蛋黄布丁脱模、装盘。
2 在焦糖线的另一侧放上用咖啡煮的米饭,撒上少许可可粉。将香蕉冰激凌放在米饭上,最后装饰一些饼干碎。

法式烤布蕾
与番红花玛德琳蛋糕

克里斯托弗·帕科德 × 里昂卢格杜努姆（LUGDUNUM
Bouchon Lyonnais）

没有添加鲜奶油的法式烤布蕾，足够质朴、简单。在甘草糖浆的浸润下，回味犹如药草般苦涩、清爽，这是它的一大特色。再配上热腾腾、洋溢着番红花与柠檬清香的玛德琳蛋糕，一起享用吧。

法式烤布蕾（25人份）

蛋黄 24个
细砂糖 360克
牛奶 2.25升
香草荚（马达加斯加产）3根
甘草糖浆（说明省略）50毫升

玛德琳蛋糕（25人份）

鸡蛋 7个
蛋黄 3个
细砂糖 400克
柠檬皮 2个的量
面粉 300克
泡打粉 13克
巴旦木粉 75克
黄油 450克
番红花（干）1把
蜂蜜 65克

装饰

糖粉

法式烤布蕾

1 混合搅打蛋黄和细砂糖至颜色变白，倒入煮沸的牛奶、香草荚、甘草糖浆，边加热边搅拌，煮沸。
2 将步骤1的材料倒入模具中，覆盖耐高温保鲜膜，放入预热好的烤箱，90℃加热45分钟。

玛德琳蛋糕

1 将鸡蛋、蛋黄、细砂糖和柠檬皮混合。
2 将面粉、泡打粉、巴旦木粉混合、过筛，少量多次地加入步骤1的材料中。
3 在适量化开的黄油中放入番红花，使其显色，再加入蜂蜜和剩余黄油一起搅拌均匀。
4 将步骤3的材料倒入步骤2的材料中搅拌混合，放入冰箱中静置一晚。
5 将步骤4的材料倒入模具中，放入预热好的烤箱，180℃加热5分钟左右。

装饰

在刚加热好的玛德琳蛋糕上撒糖粉，放到法式烤布蕾旁边，即可享用。

朗姆酒风味焦糖烤布丁

须藤亮祐 × 每日小酒馆（Bistrot Quotidien）

充分发挥朗姆酒和香草特征的布丁液，与焦糖合二为一。经典的焦糖烤布丁被赋予了酥脆口感。这极有冲击力的美味，只有在这里才能品尝到。

焦糖烤布丁（8人份）

焦糖
└ 细砂糖 60克
鸡蛋 2个
蛋黄 3个
细砂糖 130克
牛奶 450毫升
香草荚 1/2根
朗姆酒 20毫升

英式香草蛋奶酱（8人份）

细砂糖 50克
蛋黄 2个
牛奶 200毫升
香草荚 1/2根

焦糖烤布丁

1 制作焦糖。将细砂糖放入锅中加热，当糖浆开始起泡并变成焦糖色时将锅离火，利用余温使糖浆继续上色。

2 将焦糖倒入布丁模具，静置、凝固。

3 将鸡蛋和蛋黄混合后打散，加入细砂糖，继续搅拌、混合。

4 锅中倒入牛奶，放入香草荚，加热至体温左右后倒入步骤3的材料中，搅拌后过滤，加入朗姆酒。

5 将步骤4的材料倒入步骤2的模具中。

6 将模具摆放在烤盘中，盖上盖子，放入预热至82℃的烤箱中加热20分钟。

7 步骤6的材料烤好后室温下冷却，温度不烫手后放入冰箱冷却。

英式香草蛋奶酱

1 将蛋黄和细砂糖放入碗中，混合搅打至颜色发白。

2 锅中倒入牛奶，放入香草荚和刮下的香草籽，加热至沸腾后取出香草荚。

3 将步骤2的液体少量多次加入步骤1的材料中，混合搅拌。再次放入锅中，小火加热至略微浓稠的状态。关火冷却。

装饰

1 将盘子倒扣在焦糖烤布丁的模具上，翻转过来。

2 将英式香草蛋奶酱倒在焦糖烤布丁周围，最后脱模。

百香果妙可昔
与青苹果力娇酒果冻

长谷川幸太郎 × 感官和味道（Sens & Saveurs）

在酸甜的百香果雪葩中混合了鲜奶油的妙可昔，青苹果力娇酒与汽水制成的果冻，再加上新鲜的水果，一道清爽的甜点杯就完成了。本店开业之初就诞生的特色甜品。

百香果妙可昔（4人份）

雪葩（易做的量/使用100克）
- 矿泉水 625毫升
- 细砂糖 370克
- 增稠稳定剂 5克
- 百香果果酱 1千克
鲜奶油（乳脂含量42%）150克
细砂糖 5克

力娇酒果冻（约45人份）

汽水 1.5升
明胶片 30克
力娇酒* 350毫升

凤梨糖片（约50人份）

水 1升
细砂糖 200克
凤梨 1/2个

装饰

苹果
凤梨
猕猴桃
芒果
百香果
开心果碎
薄荷叶
百香果果酱

* 以青苹果为原料的西班牙巴斯克地区产力娇酒，酒精度为20%左右。

百香果妙可昔

1 制作雪葩。
①将矿泉水与细砂糖混合，煮沸。冷却后少量多次放入增稠稳定剂，混合搅拌。
②用筛网过滤，与百香果果酱混合，然后放入雪葩机中制作雪葩。
2 将打至七分发的鲜奶油和细砂糖与步骤1中绵滑的雪葩混合搅拌，放入冰柜中。为防止结块，每隔10分钟搅拌一次，重复此操作数次。

力娇酒果冻

1 在少许汽水中放入泡发的明胶片溶化。
2 将力娇酒倒入步骤1的材料中，并与剩余的汽水混合，放入冰箱静置一晚。

凤梨糖片

1 将水与细砂糖混合，制成糖浆。将凤梨去皮并切成1毫米厚的薄片，放入糖浆中腌渍。
2 沥干水分，放入筒状模具中，排列在硅胶烤垫上，放入预热好的烤箱中，80℃烘烤2小时。

装饰

1 将切成小方丁的苹果、凤梨、猕猴桃和芒果放入玻璃杯中。
2 放上力娇酒果冻，再把百香果妙可昔挤在果冻上。
3 将粗略捣碎的百香果果肉浇在上面，再撒上开心果碎。放上凤梨糖片和薄荷叶装饰。
4 用百香果果酱熬制的酱汁在盘子上画两条线，最后将步骤3的玻璃杯放在盘子中央即可。

濑户香与芒果味香草茶冻

涩谷圭纪 × 贝卡斯（La Becasse）

冬季上市的濑户香集香、甜、酸于一身，加上芒果的浓醇口感，全部都汇集在香草茶冻中。搭配充分运用香料的酱汁以及温和的蜂蜜冰激凌。

濑户香与芒果味香草茶冻（1个）

濑户香*1个
芒果（墨西哥产）1/4个
什锦香草茶叶、水、砂糖 各适量
明胶片 适量

酱汁（易做的量）

红茶叶（阿萨姆产）5克
水 少许
牛奶 200毫升
姜 少许
绿色小豆蔻 5粒
砂糖 适量
木薯淀粉（小颗粒）5克

蜂蜜冰激凌（易做的量）

蛋黄 80克
蜂蜜 250克
牛奶 500毫升
香草荚 1根

* 清见柑橘与安科尔柑橘杂交后，又与莫科特柑橘杂交后诞生的品种。甜味浓厚、果肉细腻。

濑户香与芒果味香草茶冻

1 将濑户香和芒果去皮，果肉切成适当大小。
2 在煮好的什锦香草茶中放入砂糖，倒入步骤1的材料中，腌泡1小时。
3 过滤步骤2的材料，将果肉与腌泡汁分离。腌泡汁称重，取出腌泡汁重量1%的明胶片泡开。将腌泡汁倒入小锅中加热，加入泡开的明胶片，使其溶化。冷却后放入果肉。
4 将步骤3的材料放入玻璃杯中，放至冰箱内冷却、凝固。

酱汁

1 将水倒入锅中，中火煮至沸腾，加入红茶叶熬煮。
2 当红茶散发出香味时，加入牛奶、姜和小豆蔻煮沸。
3 关火，加入砂糖，盖上锅盖，闷10分钟左右。
4 过滤后放入冰块冷却，加入事先煮好的木薯淀粉。过滤出来的小豆蔻备用。

蜂蜜冰激凌

1 在碗中将蛋黄打散，少量多次加入蜂蜜，不断搅拌直至颜色发白。
2 在锅中倒入牛奶，将香草籽从豆荚上刮下，放入锅中，中火加热至快要沸腾的状态。
3 将步骤1的材料加入到步骤2的材料中，搅拌混合。
4 过滤后放回锅中，中火煮沸，用木勺沿着锅底均匀搅拌，直至汤汁变浓稠。
5 冷却后放入雪葩机中制成冰激凌。

装饰

将酱汁浇在凝固好的茶冻上，再放上蜂蜜冰激凌。最后撒上熬制酱汁时用过的小豆蔻。

大黄与白奶酪康帕利奶酒

永野良太 × 永恒（éternité）

酸涩的大黄蜜饯和大黄果冻与微酸的白奶酪叠加，上面是略带苦涩的康帕利奶酒泡沫。适合在初夏品尝的一道甜品，记得用勺子搅拌在一起。

大黄蜜饯（10人份）

食用大黄（红色鲜艳的部分）200克
糖浆（将水与细砂糖以4∶1的比例混合）150毫升

白奶酪（5人份）

白奶酪 100克
柠檬汁 10毫升

大黄果冻（10人份）

大黄蜜饯的糖浆 210毫升
明胶片 1片

大黄法式薄脆（10人份）

食用大黄 适量
大黄蜜饯的糖浆 适量

装饰

牛奶 100毫升
康帕利酒 20毫升

大黄蜜饯

1 摘去大黄的叶片，将茎切至适当长度。
2 将糖浆和步骤1的材料放入锅中，开火煮至大黄变软。
3 过滤步骤2的材料，分离成糖浆和大黄两部分。将大黄重量20%的糖浆与大黄放回锅中，熬至浓稠。将剩余的糖浆留下，用于制作大黄果冻和大黄法式薄脆。

白奶酪

在白奶酪中加入柠檬汁，搅拌混合。

大黄果冻

1 将大黄蜜饯的糖浆倒入锅中，加热。
2 将泡开的明胶片加入步骤1的材料中，溶化。
3 将步骤2的材料装入烤盘中，冷却至温热后放入冰箱冷却、凝固。

大黄法式薄脆

1 将大黄切成薄片。
2 将大黄蜜饯的糖浆倒入锅中，开火，倒入步骤1的材料熬煮。
3 将步骤2的薄片平铺在硅胶烤垫上，放入预热至90℃的烤箱中烤制25分钟。翻面后再烤制10分钟。

装饰

1 将牛奶倒入锅中，加热至温热。离火后加入康帕利酒，用手动打蛋器搅拌至发泡。
2 将大黄蜜饯、白奶酪、大黄果冻依次放入鸡尾酒杯中。最后放上步骤1的材料，再装饰上大黄法式薄脆。

咖啡白巧克力慕斯
配凤梨和迷迭香
山本健一 × 炼金术士（Les Alchimistes）

咖啡的微苦与迷迭香的清爽芬芳令人印象深刻。白巧克力慕斯中加入了碾碎的咖啡豆，再撒上1大勺冰冰凉凉的迷迭香冰激凌粉。搭配上酸甜的凤梨酱和新鲜的迷迭香，使酸味与香气更加回味悠长。

白巧克力慕斯（8人份）
白巧克力（法芙娜"伊芙瓦"巧克力，可可含量35%）50克
水 75毫升
糖稀 20克
鲜奶油（乳脂含量35%）75克
明胶片 2克
咖啡豆 5克

迷迭香冰激凌粉（易做的量/使用适量）
牛奶 500毫升
鲜奶油（乳脂含量35%）100克
细砂糖 20克
迷迭香 适量

装饰
凤梨酱*
迷迭香

* 由凤梨果汁熬干制成。

白巧克力慕斯
1 隔水将白巧克力化开。
2 将水和糖稀放入锅中，开火煮沸后加入鲜奶油。
3 将步骤2的材料和泡发的明胶片加入步骤1的材料中，搅拌混合。
4 将步骤3的材料放入万能冰磨机的专用容器中，放入冰柜中冷冻、凝固。
5 将步骤4的材料和咖啡豆一起放入万能冰磨机的容器中，再次放入冰柜中冷冻、凝固。

迷迭香冰激凌粉
将所有材料放入锅中，加热至快要沸腾的状态。然后放入万能冰磨机的专用容器中冷冻，加工成粉。

装饰
1 在上桌前将白巧克力慕斯用万能冰磨机加工。
2 将凤梨酱倒入盘中，放上步骤1的慕斯。撒上迷迭香冰激凌粉，插少许迷迭香装饰。

可可原豆点心与樱花牛奶冻、
朱波罗夫卡果冻与野草莓

今归仁实 × 芳香（L'odorante Par Minoru Nakijin）

一道樱花季节的甜品，灵感来自樱饼。用米纸包裹可可原豆慕斯和煮小豆，做成樱饼的形状。下面是散发着盐渍樱叶清香的牛奶冻，搭配上甜香气味酷似樱饼的朱波罗夫卡果冻。

樱花牛奶冻（4人份）

盐渍樱叶 2½片
牛奶 130毫升
酸奶油 13克
细砂糖 40克
明胶片 2.5克
鲜奶油（乳脂含量35%）30克

可可原豆点心（4人份）

可可原豆慕斯
┌ 可可原豆 20克
├ 牛奶 100毫升
├ 蛋黄 1个
├ 细砂糖 45克
├ 明胶片 2.5克
└ 鲜奶油（乳脂含量35%）100克
米纸 适量
煮小豆（说明省略）适量

朱波罗夫卡果冻（10人份）

矿泉水 135毫升
细砂糖 38克
康帕利酒 10毫升
朱波罗夫卡伏特加 5毫升
明胶片 2克

装饰

马樱丹
报春花
野草莓
香草粉
橄榄油

樱花牛奶冻

1 将盐渍樱叶和100毫升牛奶放入小锅中，煮沸后盛入碗中，盖上保鲜膜，静置一晚，使香味浸入牛奶中。
2 过滤步骤1的材料，加入酸奶油和细砂糖，加热。煮沸后放入泡发的明胶片。
3 将步骤2的材料和容器一起放在冰水中冷却，加入剩余的牛奶搅拌。当冷却至30℃时，倒入打至六分发的鲜奶油搅拌混合，然后在用于装饰的容器中倒入薄薄的一层，放入冰箱中冷却、凝固。

可可原豆点心

1 制作可可原豆的慕斯。
①将可可原豆及牛奶放入小锅中加热，沸腾约5分钟后盛入碗中，盖上保鲜膜静置一晚，使香味浸润到牛奶中。

②用打蛋器将蛋黄和细砂糖充分搅拌打匀，直至颜色发白。
③过滤步骤①的材料，放入锅中煮沸，加入步骤②的材料搅拌混合，加热至略微浓稠。放入泡发的明胶片，使其化开。
④过滤步骤③的材料，与容器一起浸泡在冰水中冷却。分3次将打至七分发的鲜奶油加入其中搅拌混合。放入冰箱静置。
2 用水（材料外）将米纸泡发，将步骤1的慕斯和煮小豆一起包裹成包袱状。

朱波罗夫卡果冻

1 将矿泉水和细砂糖一起煮沸，离火后加入康帕利酒、朱波罗夫卡伏特加和泡发的明胶片（保留酒精成分）。
2 将步骤1的材料浸泡在冰水中冷却，然后放入冰箱冷却、凝固。

装饰

将可可原豆点心放在樱花牛奶冻上，用勺子舀一些朱波罗夫卡果冻放在点心两旁。撒上马樱丹、报春花、切碎的野草莓和香草粉，最后淋几滴橄榄油。

鞑靼荞麦茶奶冻、盖朗德海盐冰激凌配普罗旺斯橄榄油

松本一平 × 和平（La Paix）

牛奶中浸润了鞑靼荞麦茶的浓郁芳香，用它制作出柔软的牛奶冻。搭配盖朗德海盐冰激凌和香气浓郁的普罗旺斯产特级初榨橄榄油，这味道一定会让你久久难忘。

鞑靼荞麦茶奶冻（易做的量/1人份使用100克）

荞麦茶（鞑靼荞麦）20克
水 250毫升
牛奶 500毫升
鲜奶油（乳脂含量38%）375克
细砂糖 125克
明胶片 10克

盖朗德海盐冰激凌（易做的量/1人份使用25克）

牛奶 500毫升
细砂糖 50克
转化糖 15克
盖朗德盐 4克

装饰

盖朗德盐
橄榄油（法国普罗旺斯产）

鞑靼荞麦茶奶冻

1 将荞麦茶和水放入锅中煮沸，关火后盖上锅盖，闷5分钟。

2 将步骤1的材料过滤，放入另一锅中，加入牛奶、鲜奶油和细砂糖煮沸。关火后加入泡发的明胶片。明胶化开后，将材料过滤进碗中，一边搅拌一边浸泡在冰水中冷却。

3 当步骤2的材料逐渐浓稠后移入容器中，放入冰箱静置一晚，冷却、凝固。

盖朗德海盐冰激凌

1 将牛奶倒入锅中加热，熬煮制至原有体积的3/5左右。

2 加入细砂糖、转化糖和盖朗德盐，煮沸。过滤后冷却至温热，放入雪葩机中制成冰激凌。

装饰

用勺子将适量鞑靼荞麦茶奶冻舀到碗中，将橄榄形的盖朗德海盐冰激凌放在奶冻上。最后撒盖朗德盐，淋少许橄榄油。

巴旦木牛奶冻配大黄糖浆

克里斯托弗·帕科德 × 里昂卢格杜努姆

（ LUGDUNUM Bouchon Lyonnais ）

苹果般的酸味与杏一般的酸甜芳香正是大黄的特色。将其制成糖浆，抑制住甜味，再与丝滑如牛奶般的奶冻搭配在一起。尽展奶冻醇厚口感的一道甜品。

巴旦木牛奶冻（50人份）

牛奶 3升
巴旦木片 900克
细砂糖 700克
明胶粉 60克
鲜奶油（乳脂含量35%）1.2千克
巴旦木粉 200克

大黄糖浆（50人份）

食用大黄 1.5千克
砂糖 375克

装饰

草莓酱（在成品中再加入10%的糖）
草莓 1人2个的量
薄荷叶

巴旦木牛奶冻

1 将巴旦木片放入牛奶中，煮沸后冷却至60℃。

2 加入细砂糖，盖上锅盖静置20分钟左右。

3 过滤后加入泡好的明胶粉。

4 将步骤3的材料浸泡在冰水中，少量多次加入鲜奶油和巴旦木粉，不断搅拌至汤汁变浓稠。

5 倒入模具中，放入冰箱冷却、凝固。

大黄糖浆

将切成适当大小的大黄与砂糖混合，小火熬煮。

装饰

将大黄糖浆倒入碗中，放上牛奶冻。将草莓酱浇在牛奶冻周围，最后装饰上切成适当大小的草莓和薄荷叶。

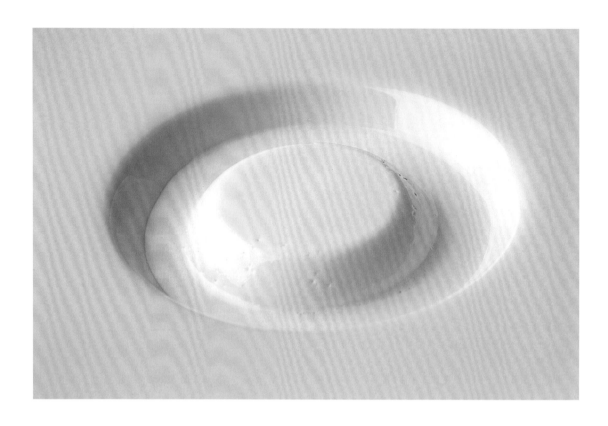

花生牛奶冻
小原敬 × 小原餐厅（Ohara's Restaurant）

小原先生第一次吃煮花生时，发现其香味与巴旦木很相似，这带给他灵感。曾有顾客被奶冻中花生特有的牛奶般的浓郁香味所震撼，意犹未尽地又点了一份。

花生牛奶冻（直径8厘米的模具，13个）

花生（去壳和红衣）300克
牛奶 800毫升
细砂糖 80克
明胶片 约10克
鲜奶油（乳脂含量45%）300克

酱汁

蛋黄 2个
细砂糖 30克
牛奶 200毫升
香草荚 1根
鲜奶油（乳脂含量38%）适量

花生牛奶冻

1 将花生煮10分钟，剥去壳和红衣。

2 在花生中倒入牛奶混合，用搅拌机搅拌。

3 倒入锅中，煮沸后离火，静置10分钟，使香味浸透牛奶。

4 用漏斗过滤后加入细砂糖和泡发的明胶片一起搅拌，冷却至温热。

5 加入鲜奶油，倒入模具中，放入冰箱冷却、凝固。

酱汁

1 将蛋黄和细砂糖混合搅拌。

2 将牛奶和香草荚放入锅中煮沸，过滤后加入步骤1的材料中。

3 将步骤2的材料倒回锅中，边加热边搅拌。液体变浓稠后离火，冷却至温热后放入冰箱中。

4 在上桌前加入鲜奶油，混合搅拌。

装饰

将牛奶冻脱模、装盘，淋上酱汁。

芝麻牛奶冻

宇野勇藏 × 小酒馆（Le Bistro）

芝麻牛奶冻与添加了白奶酪的英式香草蛋奶酱的完美结合。
白芝麻的诱人香气与酱汁的醇厚及酸味紧密交织在一起。

芝麻牛奶冻（7人份）

白芝麻（炒熟）50克
细砂糖 80克
牛奶 500毫升
水 35毫升
明胶粉 7克
鲜奶油（乳脂含量42%）150克

英式香草蛋奶酱（7人份）

牛奶 250毫升
香草荚（马达加斯加产）1/4根
蛋黄 2个
细砂糖 63克

装饰

白奶酪

芝麻牛奶冻

1 将白芝麻和细砂糖放入锅中，中火加热，边煮边搅拌，防止焦煳。

2 加入400毫升牛奶，煮沸后关火。盖上锅盖闷10分钟。

3 趁热将步骤2的材料过滤，加入用水化开的明胶粉。

4 加入剩余的牛奶和鲜奶油搅拌混合，倒入模具中，放至冰箱内冷却、凝固。

英式香草蛋奶酱

1 将牛奶和香草荚放入锅中煮沸。

2 将蛋黄和细砂糖放入碗中混合搅打，直至颜色变白。

3 将1/2步骤1的材料倒入步骤2的材料中，搅拌均匀。

4 过滤，倒回锅中，中火加热，用橡胶刮刀在锅底均匀搅拌。

5 当液体变浓稠时离火，过滤入碗中，浸泡在冰水中冷却。

装饰

1 将英式香草蛋奶酱和白奶酪混合，搅拌至颜色均匀。

2 将芝麻牛奶冻装盘，倒入步骤1的材料。

椰子蛋白霜慕斯与浆果焦糖配覆盆子雪葩

田边猛 × 阿特拉斯（L'Atlas）

松软的椰子蛋白霜慕斯搭配5种浆果制成的焦糖，周围是一圈覆盆子雪葩。这道华丽而丰盛的甜品强调入口即化的口感及清爽宜人的酸味，味道轻盈、醇厚。

椰子蛋白霜慕斯（直径12厘米、高4厘米的柱状模具，8个）

蛋清 142克
砂糖 50克
椰肉果泥 178克
椰子力娇酒 13毫升
柠檬汁 20毫升
明胶片 12克
鲜奶油（乳脂含量38%）80克

多种浆果制成的焦糖（易做的量/使用适量）

砂糖 200克
水 50毫升
草莓 适量
覆盆子 适量
蓝莓 适量
黑莓 适量
红加仑 适量

焦糖酱汁（易做的量/使用适量）

砂糖 400克
水 少许
葡萄汁 200毫升

法式脆糖（易做的量/使用适量）

细砂糖 100克
粗红糖 100克
橙汁 100毫升
低筋面粉 75克
化黄油 100克
糖粉 适量

覆盆子雪葩（易做的量/使用适量）

水 200毫升
覆盆子酱 500克
转化糖 100克
砂糖 200克

装饰

食用大黄皮（细条）
薄荷叶
开心果碎

椰子蛋白霜慕斯

1 将砂糖少量多次加入蛋清中，混合搅拌，直至打发成硬性蛋白霜。

2 将椰肉果泥、椰子力娇酒和柠檬汁混合。

3 取出少许步骤2的材料加热，然后放入泡发的明胶片，使之化开。

4 将步骤3的材料、步骤1的材料和打至六分发的鲜奶油倒入步骤2的材料中快速搅拌，直至汤汁中的泡沫不会消失。倒入模具中，液面高度达3厘米即可，放入冰箱冷却、凝固。

多种浆果制成的焦糖

1 将砂糖和水放入锅中，小火熬煮至汤汁即将着色。

2 将浆果插在牙签上，放入步骤1的材料中，裹上糖稀，放入冰箱冷却、凝固后拔出牙签。

焦糖酱汁

1 将砂糖和水放入锅中，熬成焦糖。

2 将葡萄汁倒入步骤1的材料中，搅打均匀。

法式脆糖

1 将细砂糖和粗红糖放入碗中混合，加入橙汁、低筋面粉和化黄油，搅拌均匀。

2 将步骤1的材料在硅胶烤垫上薄薄地摊成圆盘形，放入预热好的烤箱中，160℃烘烤五六分钟，在表面撒上糖粉。

覆盆子雪葩

1 将水、覆盆子酱、转化糖和砂糖放入锅中，开火加热至沸腾后离火，冷却至温热。

2 将步骤1的材料放入雪葩机中制成雪葩。

装饰

1 将椰子蛋白霜慕斯脱模，放入盘中，将多种浆果制成的焦糖放在慕斯上，再装饰上大黄皮和薄荷叶。

2 将焦糖酱汁淋在周围，并将法式脆糖靠着椰子蛋白霜慕斯竖放。

3 将覆盆子雪葩装入裱花袋中，围绕焦糖酱汁的外侧裱一圈雪葩。

4 将开心果碎撒在雪葩上。

草莓与马斯卡彭奶酪慕斯
配萨白利昂蛋奶冻

八木康介 × 八木餐厅（Ristorante Yagi）

草莓与马斯卡彭奶酪口味的慕斯，再加上散发出玫瑰香味的萨白利昂蛋奶冻，装点草莓酱、极薄的巧克力片及薄荷叶。草莓选用栃木县特产"女峰"，酸甜可口。

马斯卡彭奶酪慕斯（30人份）

蛋黄 4个
细砂糖 150克
牛奶 350毫升
马斯卡彭奶酪 500克
明胶片 7克
鲜奶油（乳脂含量38%）200克
香草荚 1/2根
海绵蛋糕底（说明省略）适量
草莓 30个

萨白利昂蛋奶冻（30人份）

蛋黄 6个
细砂糖 90克
君度橙酒 120毫升
明胶片 2克
鲜奶油（乳脂含量38%）200克
蛋白霜
├ 蛋清 2个
└ 细砂糖 40克
玫瑰浸膏 少许

装饰

薄荷叶
巧克力薄片（说明省略）
草莓酱*
草莓 1人1个的量
覆盆子（冻干）

* 用榨汁机将草莓搅碎后打成酱即可。

马斯卡彭奶酪慕斯

1 将蛋黄和细砂糖放入搅拌机搅拌，再倒入牛奶混合。

2 加入马斯卡彭奶酪搅拌，再放入泡发的明胶片。

3 将香草籽从香草荚上刮下，放入鲜奶油中，打至八分发。

4 将步骤3的材料倒入步骤2的材料中，快速地混合搅打。

5 将厚约1厘米的海绵蛋糕底放入直径5厘米的柱状模具中，将步骤4的材料倒入柱状模具中，至模具一半高度，放入切片的草莓，再倒入剩余步骤4的材料。放入冰箱冷却、凝固。

萨白利昂蛋奶冻

1 将蛋黄、细砂糖和君度橙酒放入碗中，边隔水蒸边用搅拌机混合搅打至奶油状。

2 加入泡发的明胶片，混合搅拌。

3 加入打至八分发的鲜奶油。

4 将蛋清和细砂糖放入碗中，搅打成蛋白霜。

5 将蛋白霜与玫瑰浸膏加入步骤3的材料中混合搅拌，放入冰箱冷却。

装饰

1 将马斯卡彭奶酪慕斯脱模、装盘。

2 将萨白利昂蛋奶冻放在慕斯上，在适当的位置插上薄荷叶和巧克力薄片。

3 将草莓酱涂在盘子的空余处，摆放切好的草莓块，最后撒上切碎的覆盆子冻干。

草莓巴伐露配白奶酪

宇野勇藏 × 小酒馆（Le Bistro）

这道巴伐露大量采用新鲜草莓，鲜奶油未经打发，而是在冷却、凝固前直接加入原料中，使得口感异常醇厚。淋上相对清淡的白奶酪代替香缇奶油，也节省了打发时间。最后点缀上草莓就可以享用了。

草莓巴伐露（7人份）

草莓 300克
牛奶 200毫升
香草荚（马达加斯加产）1/4根
细砂糖 100克
明胶粉 10克
水 50毫升
鲜奶油（乳脂含量42%）100克

装饰

白奶酪
草莓
薄荷叶
糖粉

草莓巴伐露

1 草莓去蒂，纵向切成两半。

2 将草莓、牛奶、香草荚和细砂糖放入锅中，煮沸后将香草荚拣出，放入加水化开的明胶粉，趁热用搅拌机搅拌。

3 将步骤2的材料装入碗中，浸泡在冰水中，边冷却边加入鲜奶油。将液体搅拌至色泽均匀后倒入模具中，放至冰箱冷却、凝固。

装饰

1 将草莓巴伐露盛入容器中。

2 倒上白奶酪，放入适量切好的草莓，撒上切碎的薄荷叶和糖粉。

水晶番茄盅配胖大海果冻

皆川幸次 × 阿斯特（Aster）银座总店

在水果番茄里塞入椰子味慕斯和胖大海果冻，再将莼菜与桂花陈酒混合制成果冻，一道充满夏日气息的清凉甜品就完成了。胖大海是一种有润喉功效的中药材。

胖大海果冻（3人份）

水果番茄 2个
胖大海（干）*1 4个
桂花陈酒 40毫升
明胶液*2 50毫升
椰奶（自制）*3 20克

莼菜与桂花陈酒果冻

莼菜 50克
桂花陈酒 60毫升
矿泉水 少许
明胶液*2 少许

装饰

野莴苣
可食用花卉

*1 中医认为胖大海有润肺、润肠的功效，清热解毒。味微甜，清淡不腻。
*2 将水与明胶以1∶1的比例混合而成。
*3 将过滤后的椰奶加入到牛奶、胶蜜糖和鲜奶油的混合物中制成。

胖大海果冻

1 将水果番茄焯水后去皮，冷却后沥干。将里面的籽挖出。
2 将胖大海用水泡发，清除污垢，捞出膨胀的网状部分，倒入桂花陈酒和20毫升明胶液混合。
3 将椰奶和30毫升明胶液混合，倒入步骤1的水果番茄中，倒至一半高度即可，冷却、凝固后再将步骤2的材料倒入，放至冰箱内冷却、凝固。

莼菜与桂花陈酒果冻

将莼菜、桂花陈酒和矿泉水混合，加入明胶液，放至冰箱内冷却、凝固。

装饰

将胖大海果冻切成适当大小，放入盘中，放入莼菜与桂花陈酒果冻，最后装饰上野莴苣和可食用花卉。

黑糖葛根凉粉配抹茶酱汁

末友久史×祇园 末友

这道甜品将黑糖葛根凉粉的醇厚甘甜与抹茶酱汁的苦涩组合
在一起，使这两种完全相反的味道相得益彰，令人印象深
刻。抹茶酱汁特地用葛根粉勾芡，客人品尝后会留下淡淡苦
涩的回味。

黑糖葛根凉粉（4人份）

葛根粉（吉野葛根）35克
淀粉 5克
水 70毫升
黑糖 40克

抹茶酱汁（4人份）

抹茶 20克
糖浆（说明省略）20毫升
水 适量
葛根粉（吉野葛根）适量

装饰

碎冰

黑糖葛根凉粉

1 将所有材料放入锅中混合搅拌，开火加热。

2 将步骤1的材料倒入烤盘中，薄薄的一层即可，隔
水蒸至透明。

3 冷却后切成5毫米宽的条。

抹茶酱汁

1 将抹茶与糖浆放入锅中混合搅拌，开火加热。

2 当步骤1的材料快要沸腾时，加入用水溶解好的葛
根粉勾芡。

装饰

往黑糖葛根凉粉上倒抹茶酱汁，再装饰上碎冰。

柚子羊羹配伏地杜鹃果

末友久史 × 祇园 末友

这道甜品的原料是在柚子成熟的冬季就酿制好的柚子酱。将羊羹灌入从京都塚原砍下带回的青竹中，再和冰块及绿叶盛放在一起，让人联想到夏日的清凉绿意。梅酒腌渍的伏地杜鹃果增添了别样的爽脆口感。

柚子羊羹（12人份）

糖浆 400毫升
琼脂（棒状）5克
蜂蜜 12克
柚子酱*1 250克

伏地杜鹃果（易做的量/使用适量）

伏地杜鹃果*2 200个
梅酒 150毫升

装饰

冰块
青柚子皮

*1 将柚子果肉与水和粗砂糖一起熬煮并过滤。本店使用的是冬季酿制的柚子酱。
*2 杜鹃花科伏地杜鹃属的日本原产小灌木的果实。可生食，味道与梨接近。

柚子羊羹

1 将糖浆和用水泡发的琼脂放入锅中，开火将琼脂煮化后加入蜂蜜搅拌混合。
2 加入柚子酱，用木制刮刀搅拌。冷却至温热后倒入竹筒中，放入冰箱内冷却、凝固。

伏地杜鹃果

将伏地杜鹃果去皮，清理干净，浸泡在梅酒中腌渍两周以上。

装饰

1 在铺满冰块的容器中摆放好柚子羊羹的竹筒。
2 将伏地杜鹃果放在柚子羊羹上，撒上捣碎的青柚子皮，最后装饰上枫叶（材料外）等。

充分利用 食品凝固剂 | 西式**制法**

几乎每天都有新的食品凝固剂上市，原料和特征各不相同。"Edition Koji Shimomura"餐厅大厨下村浩司老师将从法式料理的角度出发，围绕如何充分利用凝固剂的特点，为我们介绍其挑选与使用方法。

下村老师常用的食品凝固剂

增稠凝固剂
英国索萨公司制。一种以淀粉为主要原料的增稠剂。无须添加乳脂及鸡蛋等就能使液体呈蛋奶羹糊状。无须加热即可溶化，可充分展现水果的新鲜风味。

植物明胶
英国索萨公司制。由海藻制成的卡拉胶和由角豆制成的角豆胶增稠剂为主要原料。熔点较高，可令食物回味悠长。

明胶片
下村老师最常使用的凝固剂。可加入水果果酱中，使其发泡，还可制成蛋白霜（无须蛋清）。此外，无须依赖油脂及乳制品即可将食材乳化。

鱼胶
以鱼皮及鳞片等原料制成的明胶，粉末状。明胶特有的气味和黄变现象较少。熔点很低，入口即化是其一大特点。

葛根粉
用于给食材涂上一层自然的光泽。例如，将其加入糖浆中，涂在水果表面，犹如有一层油般光艳美丽。

清新恬淡的覆盆子酥皮糖霜

用明胶片代替蛋清制作"覆盆子酥皮糖霜"，放上覆盆子雪葩、鲜果和冻干，再将加入葛根粉勾芡的果酱作为酱汁点缀在周围。由于用明胶代替了酥皮糖霜中的蛋清，水分减少，能够更好地展现食材的风味。通过不同口感传递酸甜口味的一道甜品。

Point
用**明胶片**
代替蛋清制成蛋白霜状

在果酱中加入
葛根粉
勾芡

覆盆子酥皮糖霜（10人份）

覆盆子果泥（无糖）200克
荔枝汁 200毫升
细砂糖 20克
海藻糖 3克
明胶片 9克

覆盆子雪葩（10人份）

覆盆子果泥（无糖）1千克
矿泉水 200毫升
糖稀 100克
细砂糖 100克
食用玫瑰水 40毫升
海藻糖 5克

覆盆子酱（10人份）

覆盆子果泥（无糖）100克
葛根粉（吉野葛根）适量

装饰（10人份）

覆盆子（新鲜）
覆盆子（切碎的冻干）
食用玫瑰花瓣（切细丝）
跳跳糖*（巧克力糖衣）

* 含有二氧化碳，入口后会在嘴里弹跳
的糖。

覆盆子酥皮糖霜

1 将100克覆盆子果泥与100毫升荔枝汁混合，开火加热，加入细砂糖、海藻糖和泡发的明胶片，使其化开。
2 将剩余的覆盆子果泥与荔枝汁加入到步骤1的材料中，用冷藏过的食物料理机充分搅拌15分钟，倒入烤盘中，放入冰柜中冷冻、凝固。

覆盆子雪葩

将所有材料放入食物料理机中搅拌，倒入万能冰磨机的专用容器中，放入冰柜中冷冻、凝固，上桌前放入万能冰磨机中制成雪葩。

覆盆子酱

将50克覆盆子果泥与溶化在水中的葛根粉一起加热，液体变浓稠时关火，冷却至温热后倒入剩余的覆盆子果泥混合，放至冰箱内冷藏。

装饰

将切成10厘米长、6厘米宽的覆盆子酥皮糖霜盛盘，将覆盆子雪葩放在上面。用新鲜覆盆子、覆盆子冻干、食用玫瑰花瓣和跳跳糖装饰，最后在四周点上一些覆盆子酱。

11种香料牛油果酸甜胶冻

用牛油果和红玉苹果果汁制成的酸甜胶冻如奶油般丝滑，与红玉苹果果冻完美地结合，最后撒上混合香料，这道甜品就大功告成了。酸甜胶冻利用了明胶片的乳化作用，无须添加乳制品或油脂，就能将牛油果的果脂与红玉苹果的酸味融合到一起。通过在果冻中加入比动物明胶熔点更低的鱼胶，使得口感柔和绵软、入口即化，与滑嫩细腻的酸甜胶冻融为一体。

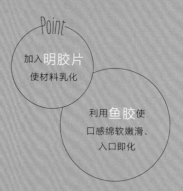

Point

加入**明胶片**
使材料乳化

利用**鱼胶**使
口感绵软嫩滑、
入口即化

牛油果酸甜胶冻（10人份）

自制红玉苹果果汁*¹ 300毫升
明胶片 3克
牛油果 1个
柠檬汁 适量
细砂糖 30克

红玉苹果果冻（10人份）

自制红玉苹果果汁*¹ 250毫升
鱼胶（见P40）3克

装饰（10人份）

粉红葡萄柚（果肉）2个的量
粉红葡萄柚（果汁）2个的量
混合香料*²

*1 将带皮的红玉苹果研磨成泥，放入原汁机中分离出果汁。
*2 将11种香料（香草、肉桂、绿色小豆蔻、白胡椒、黑胡椒、杜松子、公丁香、茴香子、香菜、柠檬皮、橙皮）各取适量混合，再倒入与香料等量的糖浆，小火熬煮。当香料与糖浆混合后倒入烤盘中，放入烤箱，80℃充分烤干。用搅拌机打成粉末。

牛油果酸甜胶冻

1 将少许自制红玉苹果果汁加热至70℃，加入泡发的明胶片，使其化开。再倒入剩余的苹果果汁，混合搅拌。
2 将步骤1的材料和牛油果果肉、柠檬汁及细砂糖一起放入搅拌机中搅匀后倒入玻璃杯中，放至冰箱冷却、凝固。
3 制作红玉苹果果冻。将少许自制红玉苹果果汁加热，加入泡发的鱼胶，使其化开。再倒入剩余的苹果果汁，混合搅拌。
4 步骤2的材料凝固后，倒入步骤3的材料，放入冰箱冷藏。

装饰

1 将粉红葡萄柚的果肉切成8毫米见方的小丁，浸泡在粉红葡萄柚的果汁中。
2 将步骤1的材料舀到牛油果酸甜胶冻上，最后撒上适量混合香料。

展现多样风味的杏子蜜饯

这道色泽华丽的甜品拼盘用不同种类的凝固剂加工杏子蜜饯和糖浆，展现了杏子的多样风味。用增稠凝固剂调制成的果酱包裹的半颗蜜饯，和用葛根粉糖浆浇盖横截面的另外半颗，再添上用植物明胶凝固的小冻块，三者交相呼应。由于凝胶无须加热即可溶解，故可在保持水果原有的新鲜风味基础上增加黏稠度。此外，植物明胶的熔点很高，可使味道更加悠长。

Point

用**增稠凝固剂**
保持水果的新鲜感
并增加黏稠度

用**植物明胶**使
食物余味悠长、
令人回味无穷

用**葛根粉**在水
果表面覆上一层
光滑的薄膜

杏子蜜饯（10人份）

杏（长野产、信山丸品种）600克（带核约20个）
糖浆
├ 细砂糖 300克
└ 水 300毫升

杏子果酱（10人份）

杏子蜜饯（上述）5个
杏子糖浆* 200毫升
增稠凝固剂（见P40）适量

杏子与全葛根粉糖浆（10人份）

杏子糖浆 100毫升
葛根粉（吉野葛根）适量

杏仁冰激凌（10人份）

杏仁（市售）50克
牛奶（浓缩）500毫升
三温糖 125克
杏子糖浆 100毫升

杏子小冻块

杏子糖浆 250毫升
植物明胶（见P40）5克

装饰

杏（长野产、信山丸品种）

* 参照"杏子蜜饯"的制作步骤2即可。

杏子蜜饯

1 将杏纵向切开，使杏核的风味更好地浸透到糖浆中。

2 将细砂糖和水煮成糖浆，倒入玻璃瓶中，再放入步骤1的杏，将玻璃瓶密封后放入预热至90℃的烤箱中加热90分钟。冷却至常温，至少腌渍1个月。糖浆备用，用作"杏子糖浆"。

杏子果酱

用搅拌机搅拌杏子蜜饯和杏子糖浆，加入增稠凝固剂后继续搅拌，制作成有一定浓稠度的果酱。

杏子与全葛根粉糖浆

加热杏子糖浆，与用水溶化的葛根粉混合。

杏仁冰激凌

将杏仁和牛奶、三温糖及杏子糖浆一起煮沸。关火后静置10分钟，使杏仁的风味渗透到整个液体中。用搅拌机搅拌后过滤，放入万能冰磨机的专用容器中，放至冰柜内冷冻、凝固。在上桌前用万能冰磨机加工成冰激凌。

杏子小冻块

1 将杏子糖浆加热至80℃左右，加入植物明胶，使其溶解。

2 倒入烤盘中，放入冰箱内冷却、凝固。切成约1厘米见方的小方块。

装饰

1 用杏子果酱拌制杏子蜜饯。

2 将杏子蜜饯对半切开（注意不要切到杏核），将杏子与全葛根粉糖浆浇在蜜饯的横截面上。

3 将步骤1和步骤2的材料装盘。将适量切好的杏肉丁铺在盘中，将杏仁冰激凌放在上面。最后撒上杏子小冻块。

日式**制法**

"Kodama"料理屋的大厨小玉勉老师认为，在使用食品凝固剂时，必须使食材的香气与味道融为一体。这里将介绍几种重视调和食材整体感的日式凝固剂。

木瓜焦糖果冻

在木瓜蜜饯中注入木瓜味的焦糖果冻，搭配混合了木瓜果肉的冰激凌。一道将木瓜的独特香甜与焦糖的微苦风味完美融合的甜品。调整明胶粉的用量以使果冻拥有与果肉相同的硬度，做出整体感，令人在品尝时觉得"这也是果肉的一部分"。此外，在冰激凌中也加入了明胶粉，在使口感更加爽滑的同时，也能有效防止液体随处流淌。

Point

用明胶粉调和果肉与果冻的整体感

用明胶粉使冰激凌更加顺滑且更易保持造型

木瓜焦糖果冻

木瓜 3个（6人份）
糖浆 从以下取适量
├ 水 1.2升
├ 绵白糖 240克
柑曼怡力娇酒 200毫升
焦糖果冻（易做的量）
├ 细砂糖 1大勺
├ 木瓜汤汁 400毫升
├ 明胶粉 16克

蜂蜜味木瓜冰激凌
（易做的量）

牛奶 500毫升
明胶粉 5克
蜂蜜 200克
木瓜果肉 适量

木瓜焦糖果冻

1 木瓜去皮，纵向切成两半，去籽。将籽周围的果肉整齐地挖出，备用（制作"蜂蜜味木瓜冰激凌"时使用）。
2 将水、绵白糖放入锅中，开火煮成糖浆。
3 将步骤1的木瓜放入步骤2的锅中，用厨房纸巾制成锅盖盖住。将糖浆煮沸，转大火，观察食材变化，煮至木瓜果肉微微呈半透明时加入柑曼怡力娇酒。
4 将锅离火，浸泡在冰水中冷却，使食材入味。
5 制作焦糖果冻。
①将细砂糖放入锅中加热，轻轻晃动使细砂糖化开，制成焦糖。

②转小火，少量多次加入步骤4的木瓜汤汁，并搅动焦糖。
③将锅离火，加入明胶粉，用余温使其溶解。将锅浸泡在冰水中，冷却至果冻变浓稠并缓慢开始凝固。
6 将步骤5的焦糖果冻倒入步骤4的木瓜中，倒至八分满即可。放入冰箱冷却、凝固。凝固到一定程度后将锅从冰箱中取出，再次倒入少许焦糖果冻。放回冰箱，凝固至表面变平坦。

蜂蜜味木瓜冰激凌

1 将牛奶倒入锅中加热，放入明胶粉，使其化开。
2 当明胶粉完全化开后将锅离火，冷却至温热后加入蜂蜜，搅拌均匀。倒入容器中，放至冰柜内冷冻。不时用叉子搅拌，混入空气。
3 放入"木瓜焦糖果冻"步骤1中留出的木瓜果肉，搅拌混合。

装饰

将木瓜焦糖果冻切成3等份，装盘。在旁边放适量蜂蜜味木瓜冰激凌。

小玉老师常用的食品凝固剂

明胶粉

小玉老师经常使用明胶粉，因其能够更加精准地称量用量。它还有口感顺滑软糯、易与食材形成整体感等优点。

盐卤

"想做出对身体有益、令人身心放松的味道"，出于这一想法，小玉老师时常会制作以豆腐为原料的甜品。在此情况下，他大多会减少盐卤的用量，使食物的口感更加嫩滑。

葛根粉

葛根粉一旦凝固，即使加热也很难再化开，所以可使用烤制的方法处理用葛根粉凝固的食材。此外，葛根粉也可用于给酱汁勾芡或给食材定形。葛根粉还可用于果酱中，在增加黏度的同时降低含糖量。

黑糖风味豆浆豆腐

在融合了黑糖的豆浆中加入盐卤，使其凝固为豆腐，点缀上黑豆制的甘纳豆和黑豆黄豆粉，一道温软的甜品。散发诱人酒香的白兰地与豆腐的温和风味形成鲜明对比，这精巧的搭配产生了清爽的后味。将豆腐中的盐卤用量控制在最低，使豆腐处于刚好能凝固的柔软状态，顺滑醇厚的口感令人回味无穷。

Point

少量使用
盐卤，使豆腐
更加绵软

黑糖风味豆浆豆腐（5人份）

豆浆 500毫升
黑糖 80克
盐卤 1小勺

黑蜜（5人份）

黑糖 100克
粗糖 100克
水 200毫升
白兰地 20毫升
黑豆黄豆粉
甘纳豆（丹波黑豆）

1 制作黑糖风味豆浆豆腐。将常温豆浆与黑糖放入锅中混合搅拌，黑糖溶解后加入盐卤，混合搅拌。加热至80℃左右，制成稍柔软的豆腐。

2 制作黑蜜。将黑糖、粗糖和水放入锅中，小火慢熬，防止烧煳，直至汤汁变浓稠。

3 在步骤1的豆腐表面淋白兰地，用勺子盛入盘中，每份100克左右。淋黑蜜，撒黑豆黄豆粉，最后装饰上甘纳豆。

烤梅酒葛根粉糕

炎炎夏日，人们都躲在空调房中逃避酷暑，而小玉老师却时常反其道而行之，在夏季大胆尝试提供温热的甜品。这道甜品用葛根粉将梅酒凝固，裹上面粉，烤制成和"金锷饼"（日本传统甜品）一样焦黄酥脆。用葛根粉封存住梅酒的风味，这清爽的清香与软糯的口感，在入口时定会让你大吃一惊。搭配用淡糖水煮制的梅酒腌渍的梅子。

Point

用**葛根粉**凝固后烤制，创造出令人惊喜的全新口感

烤梅酒葛根粉糕（长15厘米、宽15厘米、高3厘米的日式豆腐模具，1个）

梅酒葛根粉糕
- 自制梅酒（以白兰地为基酒）200毫升
- 水 300毫升
- 粗糖 20克
- 葛根粉 55克
面粉 适量

糖渍梅子（易做的量/1人份使用1个）

梅酒腌渍的梅子*20个
淡糖水（说明省略）
- 水 500毫升
- 砂糖 100克

* 自制梅酒中的梅子。需使用腌渍1年以上的梅子。

烤梅酒葛根粉糕

1 制作梅酒葛根粉糕。

①将自制梅酒、水和粗糖放入锅中，加入化开的葛根粉，小火煮7分钟左右，熬至汤汁黏稠。

②倒入日式豆腐模具中，盖上保鲜膜，放入冰箱静置一晚，冷却、凝固。

2 将葛根粉糕切成宽5厘米、长7厘米的块，裹上一层面粉。

3 平底锅中铺铝箔纸，将葛根粉糕烤至两面轻微着色。

糖渍梅子

将梅酒腌渍的梅子穿在竹扦上，放在淡糖水中煮软后静置、冷却。

装饰

烤梅酒葛根粉糕旁边点缀糖渍梅子。

Chocolat

第2章

巧克力

烤巧克力配椰子味果汁冰糕

小原敬 × 小原餐厅（Ohara's Restaurant）

新鲜出炉的巧克力翻糖，一刀切下去，里面浓醇的巧克力慕斯便会缓缓流出。搭配上与舌尖一触即化、清新淡雅的椰子味果汁冰糕，不愧是小原餐厅20多年来的招牌甜品。

巧克力翻糖（直径6厘米的布丁模具，11个）

巧克力慕斯
└ 黑巧克力（迪吉福特苦巧克力，可可含量64%）100克
└ 鲜奶油（乳脂含量45%）120克
└ 蛋清 2个
翻糖面团
└ 鸡蛋 180克（约3个）
└ 细砂糖 100克
└ 可可粉 20克
└ 中筋面粉 130克
└ 干酵母 5克
└ 黄油（软化）180克

椰子味果汁冰糕（易做的量）

牛奶 1升
椰肉（烤）100克
细砂糖 100克
转化糖 70克

酱汁（易做的量）

黑巧克力（迪吉福特苦巧克力，可可含量64%）50克
鲜奶油（乳脂含量38%）30克
糖浆（30波美度）15毫升

装饰

糖粉
黑胡椒（密克罗西亚岛产）
留兰香叶
可可粉

巧克力翻糖

1 制作巧克力慕斯。

①将黑巧克力隔水化开，加入打发鲜奶油。

②用打蛋器将蛋清打发，与步骤①的材料混合。

③在烤盘中铺上保鲜膜，倒入步骤②的液体，放入冷冻室中急速冷却、冻结。切成拇指大小的块。

2 制作翻糖面团。

①将鸡蛋和细砂糖放入碗中，用搅拌机搅拌，当液体变浓稠后加入可可粉、中筋面粉和干酵母的混合物，搅拌。

②加入黄油，继续搅拌。表面变得平滑光亮后倒入裱花袋中。

3 在布丁模具内侧涂抹黄油（材料外），先用裱花袋将1/2步骤2的翻糖面团挤入模具中，放入步骤1的巧克力慕斯，然后再挤入剩余的翻糖面团。

4 将步骤3的材料放入预热好的烤箱中，200℃烤制八九分钟。

椰子味果汁冰糕

1 将所有材料放入锅中，煮沸后关火，静置10分钟，使香味渗入牛奶中。

2 将步骤1的材料过滤，冷却后放入雪葩机中制成冰激凌。

酱汁

将隔水化开的黑巧克力、鲜奶油和糖浆混合熬煮，用热水（材料外）调整浓度。

装饰

1 将巧克力翻糖脱模，放入淋过酱汁的盘中，将橄榄形的果汁冰糕放在旁边。

2 将糖粉撒在巧克力翻糖上，再放少许磨碎的黑胡椒，点缀留兰香叶，最后撒可可粉。

吉安杜佳风巧克力挞

小阪步武 × 拉菲纳托（Raffinato）

这款巧克力挞巧妙地构建了一种双层结构：湿润而松软的舒芙蕾与醇厚而微醺的甘
纳许，搭配上开心果意式冰激凌和榛子酱。这是对意大利代表性甜点"吉安杜佳"
的重新演绎。

巧克力蛋糕（易做的量）

巧克力舒芙蕾
├ 黑巧克力（歌剧院"卡鲁帕诺"巧克力，可可含量70%）50克
├ 蛋黄 10个
├ 细砂糖 130克
├ 蛋白霜
│ ├ 蛋清 10个
│ └ 细砂糖 200克
└ 可可粉 60克

甘纳许
├ 黑巧克力（歌剧院"卡鲁帕诺"巧克力，可可含量70%）
│　 450克
├ 鲜奶油（乳脂含量47%）200克
├ 牛奶 50毫升
└ 君度橙酒 25毫升

开心果意式冰激凌（易做的量）

牛奶 500毫升
浓缩乳 300毫升
鲜奶油（乳脂含量47%）100克
细砂糖 160克
明胶片 1片
开心果（西西里岛产，去壳）100克

榛子酱（易做的量）

牛奶 500毫升
鲜奶油（乳脂含量47%）500克
细砂糖 200克
榛子（带壳）200克

装饰

开心果（切碎）
糖粉

巧克力蛋糕

1 制作巧克力舒芙蕾。

①将黑巧克力隔水化开。

②将蛋黄与细砂糖混合搅拌，边隔水加热边打发。

③将步骤②的材料倒入黑巧克力中。

④在蛋清中加入细砂糖，打发成蛋白霜。

⑤将蛋白霜加入步骤③的材料中，快速混合搅拌。拌入可可粉，倒入铺好烘焙纸的烤盘中。

⑥放入180℃预热的烤箱中烤制15～20分钟。取出放凉，使之自然塌陷。

2 制作甘纳许。

①将黑巧克力隔水化开。

②将鲜奶油和牛奶倒入锅中混合，加热。边用手动打蛋器搅拌，边少量多次倒入黑巧克力。最后加入君度橙酒。

3 将冷却的舒芙蕾同烘焙纸一起从烤盘中取出，将4个侧面切平。撕下烘焙纸，将舒芙蕾切成厚度相同的4等份。

4 在4块舒芙蕾之间涂上甘纳许，将其叠成一个整体。包上保鲜膜，放入冰箱冷藏，使整体更加紧实。

开心果意式冰激凌

1 将牛奶、浓缩乳、鲜奶油和细砂糖放入锅中混合搅拌，加热。

2 加入泡发的明胶片，明胶片化开后静置、冷却，加入开心果，放入万能冰磨机的专用容器中冷冻，制成意式冰激凌。

榛子酱

1 将牛奶、鲜奶油和细砂糖放入锅中混合搅拌，加热，加入榛子，熬煮片刻。

2 将步骤1的材料急速冷却，放入万能冰磨机的专用容器中冷冻。

3 将步骤2的材料放入万能冰磨机中粉碎、解冻，制成酱汁。

装饰

将榛子酱铺在盘中。将巧克力蛋糕切块，横截面朝上放在盘子底部，将开心果意式冰激凌做成橄榄形，放在巧克力蛋糕旁。将开心果碎撒在冰激凌上，在盘子边缘撒糖粉。

热巧克力挞配开心果冰激凌

古屋壮一 × 鲨鱼（Requinquer）

蛋挞冷冻后再放入烤箱烘烤，追求极致浓郁的口感。蛋挞液中使用了两种巧克力，味道深厚。搭配冰激凌和糖衣坚果，展现了温度差异及多样口感。

热巧克力挞（易做的量）

甜挞皮
- 黄油（软化）900克
- 糖粉 500克
- 鸡蛋 9个
- 巴旦木粉 200克
- 低筋面粉 1500克

蛋挞液
- 黑巧克力（法芙娜特苦巧克力，可可含量61%）50克
- 黑巧克力（法芙娜"圭那亚"巧克力，可可含量70%）50克
- 黄油 100克
- 可可粉 10克
- 蛋黄 3克
- 鸡蛋 3克
- 细砂糖 100克

开心果冰激凌（易做的量）

开心果酱（法国产）60克
开心果酱（美国产）3克
牛奶 1升
蛋黄 200克
细砂糖 230克

法式薄脆（易做的量）

水 400毫升
可可粉 200克
砂糖 100克
黄油 50克
蛋清 30克

装饰

开心果油
巧克力费南雪（说明省略）
糖衣坚果*

* 将杏仁和开心果切成适当大小后烘烤，放入煮沸的砂糖水中，中火加热，不断搅拌，使水分蒸发，制成口感爽脆的糖衣坚果。

热巧克力挞

1 制作甜挞皮。

①将糖粉加入黄油中搅打。

②将搅匀的蛋液（常温）少量多次加入步骤①的材料中，混合搅拌。再将巴旦木粉与低筋面粉混合，加入其中，不断搅拌混合。放入冰箱静置一天。

③将步骤②的面团擀至3毫米厚，放入直径8厘米的蛋挞模具中，用叉子在挞皮上扎些小孔，再压上烘焙石，防止挞皮在烤制过程中膨胀。烤箱170℃预热，放入挞皮烤制12~15分钟。

2 制作蛋挞液。

①将切好的两种黑巧克力和黄油、可可粉一起隔水化开。

②将蛋黄、鸡蛋和细砂糖混合搅拌，少量多次加入步骤①的材料中，使之乳化，静置、冷却。

3 将蛋挞液倒入甜挞皮中，放入冰柜中彻底冷冻。

4 客人点单时，将步骤3的材料从冰柜中取出，放入180℃预热的烤箱中烤9分钟。

开心果冰激凌

1 将两种开心果酱混合搅拌，加入热牛奶搅拌、稀释。

2 将蛋黄和细砂糖混合搅打至颜色发白，倒入步骤1的材料中，倒入锅中加热，不断搅拌，当温度升至83℃时关火，过滤后浸泡在冰水中冷却，放入雪葩机中制成冰激凌。

法式薄脆

1 将水倒入锅中，煮沸后加入可可粉及砂糖，二者化开后加入黄油和蛋清，熬煮至汤汁浓稠后过滤、冷却。

2 将步骤1的材料薄薄地涂于烘焙纸上，放入预热好的烤箱中，180℃烤制8分钟。

装饰

将热巧克力挞放在盘子左侧，冰激凌放在盘子右侧。将开心果油淋在冰激凌上，插上法式薄脆，装饰上巧克力费南雪的碎末和糖衣坚果。

巧克力拼盘

万谷浩一 × 拉托图加（La Tortuga）

汇集巧克力焦糖布丁、加入果仁的巧克力冻、半熟巧克力砖、巧克力翻糖、巧克力冰激凌（从上开始顺时针方向）5种甜品的巧克力拼盘。每种均选取不同的巧克力为原料，精心追求精致的味道。

巧克力焦糖布丁（口径7厘米、高5.5厘米、底径4.5厘米的模具，11个/1人份1个）

黑巧克力（国王"红花风铃木"巧克力，可可含量66%）81克
鲜奶油（乳脂含量70%）400克
砂糖 34克
蛋黄 4个

果仁巧克力冻（宽5.5厘米、长35厘米、高7.5厘米的鹿背蛋糕模，1个/1人份约2厘米厚）

果仁糖
├ 核桃 25克
├ 榛子 25克
├ 砂糖 50克
└ 水 30毫升
黑巧克力（法芙娜"卡拉克"巧克力，可可含量56%）250克
黄油 125克
蛋黄 3个
砂糖 85克
蛋清 125克

半熟巧克力砖（法式冻派模具，1个/1人份约1.5厘米厚）

黑巧克力（法芙娜"加勒比"巧克力，可可含量66%）250克
黄油 250克
砂糖 250克
蛋黄 4个
低筋面粉 15克

巧克力翻糖（口径6厘米、高5.5厘米、底径4厘米的模具，10个/1人份1个）

牛奶巧克力（国王"伊拉帕"巧克力，可可含量40.5%）75克
黄油 85克
蛋黄 2个
砂糖 50克
蛋清 2个
低筋面粉 14克

巧克力冰激凌（易做的量）

蛋黄 10个
细砂糖 184克
可可粉 50克
牛奶 834毫升
鲜奶油（乳脂含量70%）250克
香草荚 1根
黑巧克力（口福莱"马达加斯加"巧克力，可可含量67%）
　100克

装饰

英式香草蛋奶酱（说明省略）
糖粉

巧克力焦糖布丁

1 将黑巧克力切碎，放入碗中，隔水加热化开。

2 打发鲜奶油。

3 将砂糖和蛋黄放入碗中，搅打至颜色变为奶油色。

4 将上述材料混合搅拌，倒入模具中，放入预热好的烤箱，90℃烤制25分钟。

果仁巧克力冻

1 制作果仁糖。

①将核桃与去壳的榛子放入预热好的烤箱中，180℃烘烤8分钟。

②将砂糖和水放入锅中，加热至108℃。当液体变为焦糖色时，加入步骤①的材料，混合搅拌。

③将步骤②的材料倒入烤盘中静置、冷却，放入冰箱冷冻，然后切粗段。

2 将黑巧克力切碎，隔水化开，加入黄油搅拌。

3 将蛋黄和25克砂糖放入碗中，打发成蛋白霜。

4 将蛋白霜加入步骤2的材料中，混合搅拌。

5 将蛋清与60克砂糖放入碗中，打发成蛋白霜。

6 将步骤5的蛋白霜加入步骤4的材料中，快速搅拌。

7 加入果仁糖混合搅拌。在鹿背蛋糕模中涂上黄油（材料外）并撒满低筋面粉（材料外），将材料放入模具中，放入冰箱冷却、凝固。

半熟巧克力砖

1 将黑巧克力切碎，放入碗中隔水化开，加入黄油、砂糖混合搅拌，加热至80℃，然后浸泡在冰水中，不断搅拌至温度降至50℃。

2 加入蛋黄搅拌均匀，使其乳化。再次将碗放入锅中，隔水加热至80℃。

3 加入低筋面粉混合搅拌。在法式冻派模具中涂黄油（材料外），撒满低筋面粉（材料外）并去掉多余粉末，将面团放入模具中。

4 放入预热好的烤箱中，160℃烤制10分钟。

5 静置、冷却，使面团收紧。

巧克力翻糖

1 将牛奶巧克力切碎，隔水化开，加入黄油混合搅拌。

2 将蛋黄与20克砂糖搅打至颜色变为奶油色。

3 将步骤2的材料加入步骤1的材料中，混合搅拌。

4 将蛋清与30克砂糖打发至出现尖角，制成蛋白霜。

5 将蛋白霜加入步骤3的材料中，混合搅拌。最后加入低筋面粉，混合搅拌。

6 在模具中涂上黄油（材料外），撒满低筋面粉（材料外）并去掉多余粉末，将步骤5的材料挤入模具中。放入预热好的烤箱中，180℃烤制15分钟。

巧克力冰激凌

1 将蛋黄、细砂糖和可可粉放入碗中搅打。

2 将牛奶、鲜奶油、香草荚和刮下来的香草籽放入锅中，煮至沸腾。少量多次倒入步骤1的材料中，不断搅拌均匀。

3 将黑巧克力切碎，隔水化开。少量多次放入步骤2的材料中，不断搅拌均匀。

4 将步骤3的材料倒入另一锅中，小火加热的同时不断搅拌。当液体变浓稠后将锅离火，用过滤漏斗过滤。

5 将步骤4的材料放入雪葩机中，制成冰激凌。

装饰

将适量英式香草蛋奶酱倒入盘中，将半熟巧克力砖切好，置于蛋奶酱上。将适量果仁巧克力冻装盘。将巧克力翻糖脱模，放入盘中，撒上糖粉。将巧克力冰激凌做成橄榄形，放在翻糖旁边。最后将巧克力焦糖布丁连同模具一起放入盘中。

抹茶巧克力翻糖
配白芝麻焦糖奶油酱

长谷川幸太郎 × 感官与味道（Sens & Saveurs）

甘纳许与抹茶慕斯是"天生一对"，在法国是大受欢迎的组合。将这二者叠加在一起组成一个球体，并覆盖巧克力镜面，酥脆的外壳与柔软的内部形成鲜明对比。加入白芝麻的焦糖奶油酱，为这道甜品增添了不一样的香醇口感。

抹茶巧克力翻糖（约20人份）

甘纳许
├ 鲜奶油（乳脂含量42%）225克
└ 牛奶巧克力（法芙娜"吉瓦纳"巧克力，可可含量40%）190克
抹茶慕斯
├ 蛋黄 50克
├ 细砂糖 50克
├ 鲜奶油（乳脂含量42%）275克
├ 明胶片 6克
└ 抹茶粉 10克
巧克力镜面
├ 黑巧克力（可可百利"墨西哥手枪"巧克力，可可含量66%）100克
└ 可可脂 50克

白芝麻焦糖奶油酱（40人份）

鲜奶油（乳脂含量42%）260克
蜂蜜 16克
细砂糖 80克
糖稀 160克
水 20毫升
黄油 12克
白芝麻（煎制）24克
盐 适量

装饰

装饰用巧克力（说明省略）
└ 黑巧克力（可可百利"墨西哥手枪"巧克力，可可含量66%）
金箔
抹茶粉
糖粉

抹茶巧克力翻糖

1 制作甘纳许。加热鲜奶油，放入切碎的牛奶巧克力搅拌。倒入半球形的硅胶模具中，放入冰箱冷冻。

2 制作抹茶慕斯。将蛋黄和细砂糖混合搅拌，制成炸弹面糊。

3 将50克鲜奶油加热，放入泡发的明胶片化开，再加入抹茶粉，与步骤2的材料混合。

4 将步骤3的材料与225克打至七分发的鲜奶油混合搅拌，倒入半球形的硅胶模具中，放入冰箱冷冻。

5 将巧克力镜面的材料隔水化开。

6 将步骤1与步骤4的材料脱模，步骤1的材料在下、步骤4的材料在上组合成球形，从上向下插入竹扦，将翻糖拿起，将2/3的球体浸泡在步骤5的材料中，放入冰箱冷藏。

白芝麻焦糖奶油酱

1 将鲜奶油和蜂蜜放入锅中煮沸。

2 将细砂糖、糖稀和水放入另一锅中，熬成焦糖。再加入黄油，立刻倒入步骤1的材料中。

3 快速搅拌，加入白芝麻和盐。

装饰

1 将白芝麻焦糖奶油酱涂抹在盘子中央，将拔去竹扦的抹茶巧克力翻糖放在上面。

2 将装饰用巧克力平放在翻糖上，点缀少许金箔。最后在盘子四周撒上抹茶粉和糖粉。

热巧克力贝奈特饼、
凤梨甜橙果肉冻配法式香草冰激凌

长谷川幸太郎 × 感官与味道（Sens & Saveurs）

这是法国总店的招牌甜品。炸得香脆可口的巧克力贝奈特饼，一口咬下去，就能看到浓醇的热巧克力汩汩流出。贝奈特饼的存在感虽然很强，但配上香味浓郁的香草冰激凌以及酸甜爽口的凤梨甜橙果肉冻，却又显得恰到好处。

热巧克力贝奈特饼

贝奈特饼面团（约30人份）
├ 可可粉 100克
├ 低筋面粉 500克
├ 糖粉 100克
├ 鸡蛋 4个
├ 巴黎水 500毫升
└ 化黄油 100克
甘纳许（约15人份）
├ 黑巧克力（法芙娜"加勒比"巧克力，可可含量66%）100克
├ 鲜奶油（乳脂含量42%）100克
└ 细砂糖 15克
色拉油 1升

凤梨甜橙果肉冻（30人份）

凤梨 500克
甜橙 2个
细砂糖 100克
香草荚 1/2根

法式香草冰激凌（约30人份）

蛋黄 10个
细砂糖 175克
牛奶 700毫升
鲜奶油（乳脂含量42%）300克
香草荚 1½根

巧克力酱（约100人份）

水 500毫升
砂糖 500克
可可粉 150克
黄油 60克

装饰

糖粉
饼干棒（见P123）
薄荷叶

热巧克力贝奈特饼

1 制作贝奈特饼面团。将可可粉、低筋面粉和糖粉混合、过筛，少量多次加入鸡蛋、巴黎水及化黄油的混合物。放入冰箱中静置一晚醒发。

2 制作甘纳许。将切碎的黑巧克力与加热好的鲜奶油混合搅拌，再加入细砂糖，倒入烤盘中冷却。

3 将甘纳许放入步骤1的面团中，每次15克，不停揉面，使二者融为一体。用勺子将面团一勺勺地放入160℃的色拉油中炸。

凤梨甜橙果肉冻

将凤梨和甜橙果肉切成5毫米见方的小丁，和其他材料混合后装入袋中密封，放入冰箱保存，使食材入味。

法式香草冰激凌

1 将蛋黄和细砂糖混合搅打。

2 将牛奶和鲜奶油混合，倒入锅中，再放入切成两半的香草荚，一同煮沸。

3 将步骤2的材料倒入步骤1的材料中，放入锅中加热，不断搅拌至汤汁浓稠。

4 将步骤3的材料过滤，冷却后放入雪葩机中制成冰激凌。

巧克力酱

1 将水和砂糖混合煮沸，加入可可粉。

2 加入黄油，快速搅拌，冷却后放入冰箱保存。

装饰

1 滤去凤梨甜橙果肉冻的水分，装入模具中，倒扣于盘中。

2 将贝奈特饼放在果肉冻上，撒上糖粉。在旁边放上法式香草冰激凌，淋适量巧克力酱。

3 最后装饰上饼干棒和薄荷叶。

白巧克力慕斯与椰子达克瓦兹
配薄荷味雪葩慕斯

长谷川幸太郎 × 感官与味道（Sens & Saveurs）

烤得松脆的达克瓦兹上叠放着爽滑的奶油、慕斯和巧克力片，再加上最上面口感绵软的薄荷雪葩慕斯。享受椰子的芳香、薄荷的清香和巧克力的醇厚，这是多种质地与多样口感的巧妙结合。

达克瓦兹（约50人份）

蛋白霜
├ 蛋清 280克
└ 细砂糖 70克
干燥蛋清 10克
巴旦木粉 150克
椰子粉 70克
椰奶粉 30克
糖粉 25克
低筋面粉 7克

白巧克力慕斯（约40人份）

萨白利昂蛋黄羹
├ 蛋黄 2个
└ 热水 50毫升
明胶片 3克
白巧克力（可可百利"白丝绒"巧克力，可可含量29.2%）
　250克
鲜奶油（乳脂含量42%）500克

薄荷味奶油（约20人份）

薄荷力娇酒 8毫升
鲜奶油（乳脂含量42%）100克
细砂糖 8克

薄荷味雪葩慕斯（约60人份）

　┌ 留兰香 3小盒
　│ 薄荷力娇酒 5毫升
　│ 细砂糖 1千克
A │ 矿泉水 1.2升
　│ 巴黎水 750毫升
　└ 柠檬汁 150毫升
蛋清 200克

透明糖片（约50人份）

益寿糖 1千克

装饰

黑巧克力（可可百利公司"墨西哥手枪"巧克力，可可含量
　66%）
巴旦木碎
巧克力酱（见P57）
薄荷叶

达克瓦兹

1 将蛋清与细砂糖混合，打发成蛋白霜，加入干燥蛋清。

2 将其他材料一起过筛，加入步骤1的材料中，快速搅拌。

3 将面团擀开，放在烤盘中，放入170℃预热的烤箱中烤制7分钟，翻面继续烤3分钟。

白巧克力慕斯

1 将蛋黄与热水混合，隔水炖成萨白利昂蛋黄羹，加入泡发的明胶片。

2 化开白巧克力，加入步骤1的材料混合搅拌，再加入打至七分发的鲜奶油混合，快速搅打后放入冰箱内。

薄荷味奶油

将所有材料放入碗中，用搅拌机打至八分发后放入冰箱保存。

薄荷味雪葩慕斯

1 将材料A混合，将液体的糖度调配至20波美度。

2 加入蛋清混合搅拌，放入雪葩机中制成雪葩慕斯。

透明糖片

1 将益寿糖加热至160℃，冷却至温热。

2 将菊花形的刻模浸泡在步骤1的材料中，然后取出，将糖片切成适当大小，在室温下晾干。

装饰

1 将达克瓦兹切成正方形，在上面挤上白巧克力慕斯和薄荷味奶油。

2 用黑巧克力制作回火巧克力，将其切成和达克瓦兹同样的大小，放在慕斯和薄荷味奶油上。

3 在回火巧克力上撒上巴旦木碎，放上薄荷味雪葩慕斯，再放适量透明糖片，最后用刷子将巧克力酱涂抹在盘中，点缀薄荷叶。

温热浓醇的巧克力舒芙蕾

石川资弘 × 红果酱（Coulis Rouge）

在温热的舒芙蕾上放焦糖冰激凌，搭配莎布蕾。舒芙蕾外皮爽脆，内里则是绵滑的半熟状态。舒芙蕾香甜浓郁，冰激凌则是细腻的焦糖味，略显苦涩。浓醇的口感席卷口腔后，是清爽的余味，令人难以忘怀。

巧克力舒芙蕾（易做的量）

砂糖 65克
玉米淀粉 5克
可可粉 25克
牛奶 200毫升
巧克力A（法芙娜巧克力，可可含量80%）30克
巧克力B（可可百利巧克力，可可含量58%）40克
黄油 25克
鸡蛋 1个

焦糖冰激凌（易做的量）

砂糖 200克
牛奶 700毫升
鲜奶油（乳脂含量38%）100克
蛋黄 4个

莎布蕾（易做的量）

A ⎡ 低筋面粉 250克
⎜ 黄油 150克
⎜ 巴旦木粉 30克
⎜ 鸡蛋 1个
⎣ 盐 1撮
糖粉 适量

巧克力舒芙蕾

1 将砂糖、玉米淀粉和可可粉放入锅中，少量多次加入牛奶，不停搅拌。

2 将步骤1的材料煮沸，熬煮至浓稠。

3 将步骤2的材料倒入碗中，加入两种巧克力及黄油，搅拌后静置、冷却。

4 将打发的鸡蛋倒入步骤3的材料中搅拌。倒入模具中，放入210℃预热的烤箱中加热。当中心部分升至约50℃时，从烤箱中取出，利用余温继续加热。

焦糖冰激凌

1 将150克砂糖放入锅中，大火熬煮成焦糖。

2 将牛奶和鲜奶油倒入焦糖中，加入蛋黄和50克砂糖，制成英式蛋奶酱。

3 将步骤2的材料静置、冷却，放入雪葩机中制成冰激凌。

莎布蕾

1 将材料A快速混合搅拌。

2 将步骤1的材料擀薄，放入210℃预热的烤箱中加热六七分钟，冷却后撒上糖粉。

装饰

在巧克力舒芙蕾上放焦糖冰激凌，将莎布蕾放在旁边。

巧克力什锦盘

中多健二 × 论点（Point）

将巧克力奶油与雪葩拼在一起，撒上切碎的猫舌饼干、可可碎和焦糖粉，再装饰上薄巧克力片。通过将口感不同、味道相异的各部分组合成一体，打造出多层次的口感。

巧克力奶油（20人份）

蛋黄 100克
细砂糖 40克
牛奶 500毫升
黑巧克力（可可百利"雷诺特协和"巧克力，可可含量66%）
　250克

巧克力雪葩（20人份）

可可粉 200克
细砂糖 300克
牛奶 250毫升
水 1升

猫舌饼干（30人份）

糖粉 200克
黄油（软化）150克
低筋面粉 150克
蛋清 150克
可可粉 50克

焦糖粉（各适量）

细砂糖
水
榛子
开心果
巴旦木
核桃

装饰

黑巧克力（可可百利"雷诺特协和"巧克力，可可含量66%）
可可碎

巧克力奶油

1 将蛋黄和细砂糖放入碗中，搅打至颜色发白。
2 将牛奶倒入锅中，加热至即将沸腾。
3 将牛奶慢慢倒入步骤1的材料中，放入锅中加热，不断用刮刀搅拌，直至温度升至62℃。
4 将锅离火，加入切碎的黑巧克力，混合搅拌，利用余温使其化开后过滤，然后浸泡在冰水中冷却。

巧克力雪葩

1 将所有材料放入锅中加热。细砂糖化开后倒入万能冰磨机的专用容器中冷冻。

2 上桌前将步骤1的材料制成雪葩。

猫舌饼干

1 将所有材料放入碗中，用搅拌机搅拌至色泽均匀。
2 将步骤1的材料擀成薄片，铺在烘焙纸上，放入70℃预热的烤箱中烤制一整天。

焦糖粉

1 将细砂糖和水放入锅中加热，熬煮成焦糖。
2 将烤过的坚果加入焦糖中，混合。
3 将步骤2的材料倒入烤盘中，完全冷却后放入料理机中打碎。

装饰

1 将回火的黑巧克力铺在保鲜膜上冷却、凝固。
2 将巧克力奶油和巧克力雪葩放在容器中，点缀上切成适当大小的回火巧克力，最后撒上切碎的猫舌饼干、焦糖粉和可可碎。

巧克力挞

松本浩之 × FEU餐厅（Restaurant FEU）

这道甜品对大家熟知的巧克力挞进行了重新演绎。蛋挞皮经过搅碎再压实，口感轻盈。将醇厚黏稠的蛋挞液做成橄榄形，再搭配巧克力碎冰沙。所有的酱料与装饰均以巧克力制成。

甜挞皮（20人份）

巴旦木粉 75克
糖粉 25克
黄油（室温下静置）100克
低筋面粉 150克
核桃 适量

蛋挞液（20人份）

黑巧克力（迪吉福特苦巧克力，可可含量72%）100克
牛奶巧克力（迪吉福超滤巧克力，可可含量38%）100克
牛奶 80毫升
鲜奶油（乳脂含量47%）200克
蛋黄 2个

巧克力雪葩（20人份）

A ┌ 水 1升
  │ 牛奶 500毫升
  │ 细砂糖 500克
  └ 可可粉 200克
黑巧克力（迪吉福特苦巧克力，可可含量72%）200克

巧克力冰沙（20人份）

黑巧克力（迪吉福特苦巧克力，可可含量72%）125克
细砂糖 88克
水 125毫升
牛奶 125毫升

巧克力酱（20人份）

B ┌ 水 75毫升
  │ 细砂糖 125克
  │ 鲜奶油（乳脂含量47%）15克
  └ 可可粉 25克
黑巧克力（迪吉福特苦巧克力，可可含量72%）10克

装饰用巧克力

黑巧克力（迪吉福特苦巧克力，可可含量72%）

甜挞皮

1 将巴旦木粉、糖粉、黄油和低筋面粉混合搅拌，擀至2厘米厚，放入预热至160℃的烤箱中烤制15分钟。冷却后放入料理机中，搅拌成直径约2毫米的颗粒。

2 将核桃放入预热至160℃的烤箱中烤制8分钟，然后放入料理机中搅拌成直径约2毫米的颗粒。

3 将步骤1和步骤2的材料以3∶1的比例混合搅拌，装入密封容器中，放至冰箱保存。

蛋挞液

1 将两种巧克力切碎，隔水化开。

2 将牛奶与鲜奶油混合，加热至40℃后加入步骤1的材料，混合搅拌。略冷却后加入打匀的蛋黄，混合搅拌。

3 用过滤漏斗将材料过滤至烤盘中，放入预热至180℃的烤箱中，隔水烤制约10分钟。当蛋挞凝固到摇晃烤盘时四角轻微晃动的程度，即可将烤盘从烤箱中取出，放入冰箱冷却。

巧克力雪葩

1 将材料A倒入锅中煮沸，加入切碎的黑巧克力，不断混合搅拌，再继续加热约20分钟。

2 用过滤漏斗过滤，放入雪葩机中制成雪葩。

巧克力冰沙

将切碎的黑巧克力、细砂糖、水和牛奶混合，煮沸后冷却、凝固。

巧克力酱

将材料B放入锅中加热至80℃，加入切碎的黑巧克力，熬煮至自己喜欢的浓度即可。

装饰用巧克力

将黑巧克力回火，制成自己喜欢的形状，备用。

装饰

1 在盘中放置一个直径5厘米的圆圈形模具，将甜挞皮塞入底部，厚度两三厘米即可。

2 用茶匙将蛋挞液舀出，放在甜挞皮上。

3 将巧克力酱浇在整个盘子上，迅速将模具取出。

4 将巧克力雪葩做成橄榄形，放在蛋挞液旁边，再将刨碎的巧克力冰沙倒在二者旁边。放上装饰用巧克力，点缀适量金箔（材料外）。

香梨味果仁巧克力翻糖
配焦糖烤布蕾味冰激凌

高井实 × 变量餐厅（Restaurant Varier）

果仁巧克力翻糖中，乔孔达海绵蛋糕底创新地使用了核桃而
不是巴旦木。再依次堆叠香梨果冻和甘纳许，覆盖巧克力镜
面，夹在两片橙子味法式薄脆中间。搭配用各种香料熬制的
香梨酱和焦糖烤布蕾味冰激凌。

香梨味果仁巧克力翻糖（长33厘米、宽12厘米、
高2.5厘米的模具，1个/使用1块）

核桃乔孔达海绵蛋糕底（长38厘米、宽28厘米的烤盘，1个）
- 核桃 150克
- 低筋面粉 50克
- 鸡蛋 4个
- 三温糖 80克
- 蛋清 80克
- 细砂糖 10克
- 盐 1把
- 化黄油 100克

果仁巧克力慕斯（易做的量）
- 鲜奶油 600克
- 明胶 6克
- 法式果仁酱（说明省略）200克

香梨果冻（易做的量）
- 香梨果泥 432克
- 细砂糖 36克
- 明胶 10克
- 香梨白兰地 36毫升
- 柠檬汁 24毫升

甘纳许（易做的量）
- 黑巧克力（可可百利"雷诺特协和"巧克力，可可含量66%）200克
- 黄油 50克
- 牛奶 125毫升
- 鲜奶油 40克

巧克力镜面（易做的量）
- 细砂糖 250克
- 可可粉 100克
- 水 160毫升
- 明胶 14克
- 鲜奶油 160克

橙子味法式薄脆（见P244）

香梨酱（易做的量）

细砂糖 1千克
橙汁 1个橙子的量
白葡萄酒 750毫升
肉桂 1个
香草荚 1根
柠檬皮 1个柠檬的量
香梨 适量

装饰

焦糖烤布蕾味冰激凌（见P244）

香梨味果仁巧克力翻糖

1 制作核桃乔孔达海绵蛋糕底。

①将核桃和低筋面粉放入料理机中，加工成粉末。

②碗中放入鸡蛋和三温糖，用搅拌机搅打至颜色发白。

③在另一碗中放入蛋清，轻轻搅拌后放入细砂糖，用搅拌机打发，制成蛋白霜。

④将鸡蛋加入蛋白霜中，快速搅拌，再加入核桃面粉和盐，混合搅拌，加入化黄油。

⑤用橡胶刮刀将整个液体搅拌均匀后倒入烤盘中，放入预热至180℃的烤箱中烤制12～13分钟。

⑥冷却至室温后切成长33厘米、宽12厘米的薄块，放入模具底部。

2 制作果仁巧克力慕斯。

①将200克鲜奶油倒入锅中加热，放入泡发的明胶化开。

②将法式果仁酱放入碗中，少量多次加入步骤①的材料，不断搅拌。

③将400克鲜奶油打至十分发，加入步骤②的材料中，混合搅拌。

④倒入放了核桃乔孔达海绵蛋糕底的模具中。

3 制作香梨果冻。

①将香梨果泥和细砂糖放入锅中加热，放入泡发的明胶，过滤。

②当步骤①的材料降至温热后，加入香梨白兰地和柠檬汁，混合搅拌。

③冷却至室温后倒在果仁巧克力慕斯上，放入冰箱冷却、凝固。

4 制作甘纳许。

①将略切过的黑巧克力放入碗中，隔水化开。少量多次加入黄油，不断搅拌至颜色均匀。

②将加热过的牛奶和鲜奶油倒入步骤①的材料中，混合搅拌。趁液体还有流动性时倒在香梨果冻上，放入冰柜静置一天。

5 制作巧克力镜面。

①将细砂糖和可可粉放入碗中搅拌均匀，备用。

②将水倒入锅中，加热至沸腾后加入步骤①的材料，熬煮至水分完全蒸发。

③将泡发的明胶加入步骤②的材料中，用筛网过滤后加入鲜奶油。

④将锅浸泡在冰水中，温度降至32℃时倒在甘纳许上，薄薄一层即可。

6 将巧克力镜面切成长8厘米、宽1.3厘米的条，在两个侧面粘上橙子味法式薄脆。

香梨酱

1 将300克细砂糖放入锅中加热，直至变成焦糖。当颜色变为淡黄色时，将锅离火，加入橙汁。

2 将剩余的700克细砂糖与白葡萄酒、肉桂、香草荚、削成薄片的柠檬皮以及去皮、去核的香梨放入步骤1的材料中，煮制10分钟。然后将锅离火，使香梨保持浸泡在汤汁中的状态，静置一天。

3 将步骤2的香梨与适量的汤汁放入电动搅拌机中，制成香梨酱。

装饰

将香梨味果仁巧克力翻糖装盘，在适当位置放上香梨酱和焦糖烤布蕾味冰激凌。

榛果芭瑞莎布蕾、巧克力柚子奶油冻配焦糖榛子巧克力冰激凌

布鲁诺·鲁德尔夫 × 法国蓝带厨艺学院（日本）

(Le Cordon Bleu Japan)

爽脆的莎布蕾、香软的奶油冻和冰激凌的完美组合。奶油冻中使用了苦涩的黑巧克力和酸涩的黄柚子皮，二者搭配相得益彰，还体现出日本"和"文化的季节感。莎布蕾和冰激凌中均加入了榛子，作为味道的基调。

榛果芭瑞莎布蕾（长40厘米、宽7.8厘米、高5厘米的模具，2个）

A ┌ 糖粉 60克
  │ 低筋面粉 120克
  │ 马铃薯淀粉 30克
  └ 榛子粉（带皮）40克
黄油 200克
榛子果泥（无糖）20克

巧克力柚子奶油冻（长40厘米、宽7.8厘米、高5厘米的模具，2个）

黑巧克力（如胜"坦桑尼亚原产"巧克力，可可含量72%）160克

牛奶巧克力（可可百利"加纳手枪"巧克力，可可含量40.5%）120克

柚子味英式蛋奶酱（见P244）400克

明胶片 10克

黄油 100克

鲜奶油（乳脂含量40%）500克

焦糖榛子巧克力冰激凌

焦糖榛子 从以下取适量
├ 糖浆（30波美度）140毫升
├ 榛子碎 180克
└ 可可脂粉末 15克

蛋黄 120克

细砂糖 120克

食品稳定剂 3克

转化糖 25克

牛奶 500毫升

鲜奶油（乳脂含量40%）150克

黑巧克力（如胜"坦桑尼亚原产"巧克力，可可含量72%）130克

榛子果泥（无糖）20克

装饰

装饰用巧克力（说明省略）
柚子味英式蛋奶酱（见P244）

榛果芭瑞莎布蕾

1 将材料A过筛后混合，加入切块的黄油，用手掌揉搓成干爽的沙粒状。

2 加入榛子果泥，混合搅拌成团，用保鲜膜包裹，放入冰箱静置30分钟以上。

3 取出后将面团揉平滑，擀成厚5毫米的面饼。面团如很黏，可以撒些干面粉，用烘焙纸包裹后再用擀面杖擀。

4 将模具嵌入面团中，放入烤箱。

5 在预热至160℃的烤箱中烤制15～20分钟。因为刚烤好时面团很脆，很容易散掉，所以要完全冷却后才能将模具取下。将面团切成长13厘米、宽4厘米的长方块。

巧克力柚子奶油冻

1 将两种巧克力放入锅中，隔水化开（巧克力温度为40℃）。

2 将柚子味英式蛋奶酱和泡发的明胶片放入锅中加热，注意不要煮沸。

3 将步骤1的巧克力少量多次地加入到步骤2的材料中，混合搅拌后浸泡在冰水中，冷却至40℃。

4 加入恢复至室温的黄油，用搅拌机搅拌至整体均匀、平滑。

5 将一半鲜奶油软打发（拿起搅拌机时奶油中有浪花状花纹）后加入步骤4的材料中，用橡胶刮刀搅拌。搅拌均匀后再加入剩余的鲜奶油，不断搅拌混合，注意不要打发。

6 倒入放在烤盘上的模具中，放入冰柜冷藏、凝固。

7 用火加热模具四周，将奶油冻脱模。

焦糖榛子巧克力冰激凌

1 制作焦糖榛子。

①将糖浆加热至110℃，放入榛子碎混合搅拌（使砂糖再结晶）。注意要慢慢加热，防止烤焦、变黑。

②当材料变成暗黄色时，加入可可脂粉末混合搅拌，然后迅速倒在硅胶烤垫上冷却。

③冷却至室温后用手捏碎，静置，使其完全冷却。

2 将蛋黄放入碗中，加入细砂糖和食品稳定剂混合搅拌，再加入转化糖。

3 将牛奶和鲜奶油倒入锅中，加热至沸腾后倒入步骤2的材料中搅拌。再将材料倒回锅中，加热至85℃。

4 将步骤3的材料离火，加入黑巧克力和榛子果泥，充分搅拌后用大网眼的筛网过滤。

5 用搅拌机充分搅拌后浸泡在冰水中冷却。

6 将步骤5的材料放入冰激凌机中制成冰激凌。上桌前加入步骤1的焦糖榛子，混合搅拌。

装饰

1 将螺旋状的装饰用巧克力固定在盘中。

2 将切成长12厘米、宽3厘米的奶油冻放在切成长13厘米、宽4厘米的榛果芭瑞莎布蕾上，再放上切成和莎布蕾同样大小的装饰用巧克力片。

3 将步骤2的材料放在步骤1的螺旋巧克力中，再将做成橄榄形的冰激凌放在步骤2的材料上面。最后将适量柚子味英式蛋奶酱倒入小杯中，搭配在旁边。

巧克力蛋脆卷

永野良太 × 永恒（Eternite）

在烤得薄薄的巧克力蛋脆卷中倒入巧克力酱和打发的香蕉奶酱，再放上一根细细的长棍面包。蛋脆卷下面是开心果味的奶油。酥脆的蛋脆卷、冰爽的酱汁和浓醇的奶油，三种不同的口感交相呼应。

开心果奶油（5人份）

卡仕达奶油（易做的量/使用100克）
- 牛奶 200毫升
- 香草荚 1/4根
- 蛋黄 2个
- 细砂糖 45克
- 低筋面粉 10克
- 玉米淀粉 10克

开心果果泥（市售）15克
鲜奶油（乳脂含量38%）50克
糖粉 1克
绿茴香酒 少许

巧克力蛋脆卷（10人份）

黄油（软化）19克
糖粉 25克
蛋清 15克
低筋面粉 15克
可可粉 7克

巧克力酱（20人份）

牛奶 500毫升
鲜奶油（乳脂含量47%）50克
可可粉 100克
黑巧克力（法芙娜"圭那亚"巧克力，可可含量70%）85克

香蕉奶酱（5人份）

香蕉果泥（市售）50克
牛奶 100毫升

巧克力长棍面包（20人份）

糖浆 37毫升
可可粉 20克
糖稀 8克

装饰

开心果碎

开心果奶油

1 制作卡仕达奶油。

①将牛奶和香草荚放入锅中加热。

②将蛋黄和细砂糖放入碗中，用打蛋器搅拌均匀，加入过筛的低筋面粉和玉米淀粉搅拌。

③将步骤①的材料加入到步骤②中，搅拌均匀后用过滤漏斗过滤，放回锅中。用橡胶刮刀不断搅拌，防止锅底烧糊，加热至汤汁黏稠。倒入烤盘中冷却至温热。

2 将卡仕达奶油和开心果果泥、鲜奶油、糖粉以及绿茴香酒放入碗中，混合搅拌后用筛网过滤，使表面平滑。

巧克力蛋脆卷

1 将黄油和糖粉放入碗中搅拌均匀，少量多次加入打散的蛋清搅拌，使其乳化。

2 撒入低筋面粉和可可粉，快速混合搅拌后用过滤漏斗过滤。

3 在烤盘上铺一层烘焙纸，放上长14厘米、宽7厘米的长方形模具。将步骤2的材料倒入模具中，放入预热至160℃的烤箱中烤制7分钟。

4 趁热将步骤3的材料卷绕在直径3.5厘米的圆筒形模具上，成形。

巧克力酱

1 将牛奶、鲜奶油、可可粉和切碎的黑巧克力放入锅中加热。

2 材料充分混合并变得浓稠后离火，静置冷却。

香蕉奶酱

将香蕉果泥和牛奶混合搅拌。

巧克力长棍面包

1 将糖浆倒入锅中加热，温度升高后加入可可粉和糖稀，混合搅拌。

2 将步骤1的材料倒入铺了烘焙纸的烤盘中，成细细的棒状，放入预热至150℃的烤箱中烤制8分钟。

装饰

1 将开心果奶油放入盘中，将巧克力蛋脆卷立在奶油上。

2 在巧克力蛋脆卷中倒入少许巧克力酱，再倒入用手动打蛋器打发的香蕉奶酱。

3 将长棍面包放在最上面，在香蕉奶酱上撒开心果碎。

巧克力翻糖与酸橙奶油冻
配巧克力酸橙味热酱汁

布鲁诺·鲁德尔夫 × 法国蓝带厨艺学院（日本）

(Le Cordon Bleu Japan)

这道甜品是对巧克力翻糖的现代演绎，在翻糖面团中加入了柔软的酸橙奶油冻，搭配上加入了酸橙皮的热巧克力酱汁。巧克力的浓醇与酸橙的酸涩及清香形成了鲜明对比，令人难以忘怀。

酸橙奶油冻（直径3.5厘米、高1.5厘米的半球形多尺寸烘焙托盘，约10个）

细砂糖 30克
蛋黄 20克
鸡蛋 25克
玉米淀粉 3克
酸橙汁 40毫升
黄油（软化）25克

巧克力翻糖（直径6厘米、高3.5厘米的圆形刻模，10个）

鸡蛋 200克
细砂糖 145克
黑巧克力（可可百利 "醇品花语" 巧克力，可可含量70%）
  60克
可可块 60克
黄油（软化）110克
低筋面粉 50克

巧克力酸橙味热酱汁（直径6厘米、高3.5厘米的圆形刻模，10个）

酸橙皮（擦碎）2个的量
牛奶 300毫升
鲜奶油（乳脂含量40%）100克
蛋黄 4个
细砂糖 80克
黑巧克力（可可百利 "醇品花语" 巧克力，可可含量70%）40克

酸橙奶油冻

1 将细砂糖、蛋黄、鸡蛋放入碗中搅拌，加入玉米淀粉搅拌均匀。

2 加入酸橙汁。

3 隔水加热并不断搅拌，直至汤汁浓稠。

4 当液体变成奶油状，搅打时能看见碗底时加入黄油，继续搅拌至颜色均匀。

5 用搅拌机搅拌，当液体表面变平滑后装入裱花袋中，挤入模具内，放入冰箱冷却、凝固，在装饰前取出。

巧克力翻糖

1 将鸡蛋打散，加入细砂糖混合搅拌，用筛网过滤。隔水加热至50~60℃，用打蛋器搅拌至颜色变白且浓稠。

2 将黑巧克力和可可块放入另一碗中，隔水化开。

3 在步骤2的材料中加入黄油搅拌。

4 将1/3步骤1材料加入步骤3的材料中，用打蛋器搅拌均匀。

5 倒入步骤1的碗中，用橡胶刮刀轻轻搅拌混合。

6 当步骤5的材料呈切不动的大理石状态时加入低筋面粉，用橡胶刮刀切拌，直至粉末消失。

7 在烤盘中垫上硅胶烤垫，放入圆形刻模。将步骤6的材料挤入模具中，高度达模具的1/3即可。放入冷冻的酸橙奶油冻，当奶油冻沉没在液体中时再继续挤入步骤6的材料，将奶油冻完全盖住。

8 放入预热至180~200℃的烤箱中烤制8~10分钟。

巧克力酸橙味热酱汁

1 将酸橙皮、牛奶和鲜奶油倒入锅中，放入冰箱内静置一晚，使香气浸透。

2 将步骤1的材料加热，煮沸。

3 将蛋黄和细砂糖放入碗中搅拌混合。将步骤2的材料倒入碗中，用打蛋器搅拌。

4 将步骤3的材料用过滤漏斗过滤后倒回锅中，一边搅拌一边加热至85℃。将锅离火，加入黑巧克力混合搅拌。

5 黑巧克力化开后用过滤漏斗过滤，放入搅拌机中搅拌。

巧克力翻糖配冰激凌粉

武田健志 × 自由武田餐桌（Liberte a table de TAKEDA）

由苦涩的巧克力翻糖、粉状的巧克力冰激凌和用麦芽糖制成的可可粉组成的拼盘。让你在一道甜品中享受不同的温度、口感和风味。在可可粉中使用了与百香果气味相似的胡椒，味道清爽，给人留下轻松愉快的印象。

巧克力翻糖（60人份）

黄油 500克
黑巧克力（法芙娜"阿拉瓜尼"巧克力，可可含量72%）
　450克
鸡蛋 16个
细砂糖 300克
低筋面粉 240克

巧克力冰激凌粉（60人份）

黑巧克力（法芙娜"圭那亚特浓"巧克力，可可含量80%）
　120克
鲜奶油（乳脂含量42%）150克
细砂糖 45克
可可粉 45克
水 450毫升

装饰

香草冰激凌（说明省略）
├ 牛奶 1100毫升
├ 鲜奶油（乳脂含量42%）1100克
├ 香草荚 10根
├ 蛋黄 20个
└ 细砂糖 360克
巧克力片（说明省略）
自制可可粉*
香缇奶油

* 在溶化的调温巧克力中加入麦芽糖，使其变成黄油状，再加入百香果香味的胡椒增添风味。

巧克力翻糖

1 将恢复至室温的黄油和切碎的黑巧克力放入碗中，混合搅拌，隔水化开。
2 将鸡蛋和细砂糖放入碗中，用打蛋器搅拌至颜色发白。
3 将步骤1的材料少量多次加入到步骤2的材料中，不断混合搅拌。
4 加入低筋面粉，搅拌至粉末完全消失。
5 将步骤4的材料倒入直径6厘米的蛋挞模具中，放入冰箱冷却、凝固。
6 取出后放入预热至200℃的烤箱中烤制6分30秒。

巧克力冰激凌粉

1 将切碎的黑巧克力放入碗中，倒入加热好的鲜奶油混合搅拌，使黑巧克力化开。
2 加入细砂糖、可可粉和水混合搅拌，倒入万能冰磨机的专用容器中，放入冰柜冷冻。
3 上桌前将步骤2的材料用万能冰磨机制成冰激凌粉。

装饰

1 将巧克力翻糖脱模，放入盘中。
2 在旁边放上香草冰激凌，再倒上适量巧克力冰激凌粉。
3 用巧克力片装饰，撒上自制可可粉，将适量香缇奶油挤入盘中。

巧克力翻糖与丸中酱油味
咸焦糖冰激凌配椰子酱与百香果

今归仁实 × 芳香（L'odorante Par Minoru Nakijin）

出于"夏天也能吃得津津有味的甜品"这一想法，今归仁实大厨设计了这款巧克力翻糖。巧克力面团经过短暂烘烤，达到了略微凝固的柔软状态，上面是用在杉木桶中发酵3年的酱油制成的冰激凌。添加木薯淀粉的椰子酱与酸甜的百香果结合在一起，给人以清爽之感。

巧克力翻糖（5人份）

黑巧克力（卫斯"索科托"巧克力，可可含量62%）100克
黄油 63克
可可粉 18克
鸡蛋 90克
细砂糖 32克

丸中酱油味咸焦糖冰激凌

蛋黄 4个
细砂糖 45克
牛奶 250毫升
酱油（滋贺县丸中酱油、杉木桶中发酵3年）25毫升
鲜奶油（乳脂含量35%）125克

椰子酱

牛奶 100毫升
椰子粉 50克
细砂糖 20克
木薯淀粉（煮过、泡发）5克

装饰

乳化剂（卵磷脂）2克
柠檬酸 少许
百香果
巴旦木糖（说明省略）

巧克力翻糖

1 将黑巧克力和黄油分别隔水化开。
2 将步骤1的材料与其他所有材料混合搅拌。在直径8.5厘米的果子挞模具中铺上烘焙纸，将材料倒入模具中，放入预热至200℃的烤箱中烤制3分钟。

丸中酱油味咸焦糖冰激凌

1 将蛋黄和细砂糖放入碗中混合搅拌。
2 将牛奶倒入锅中加热，倒入步骤1的材料，小火加热。冷却至温热。
3 倒入酱油和鲜奶油，搅拌均匀，放入雪葩机中搅碎。

椰子酱

1 将牛奶倒入锅中煮沸，加入椰子粉和细砂糖。
2 关火后覆盖保鲜膜，静置一晚。用筛网过滤，直至成为椰子酱。留一部分装饰时备用，在剩余的椰子酱中加入木薯淀粉。

装饰

1 在备用的椰子酱（未加入木薯淀粉的部分）中加入乳化剂、柠檬酸，加热。用气筒将其制成泡沫。
2 将椰子酱铺在容器中，撒上适量百香果果肉与百香果籽，围成一圈。
3 将巧克力翻糖放在步骤2的材料中间，放上巴旦木糖，再将做成橄榄形的丸中酱油味咸焦糖冰激凌放在上面。在最上面点缀上步骤1的泡沫。

肥鹅肝与巧克力拼盘

森田一赖 × 自由（Libertable）

这是一道用肥鹅肝和甘纳许制成的冻派，是森田大厨的招牌菜。"肥鹅肝很适合与甜的东西搭配在一起，但光有甜味还不够。"森田大厨为了追求与肥鹅肝相称的酸甜平衡，还调和使用了3种巧克力。

肥鹅肝与甘纳许冻派（长15厘米、宽5厘米、高5厘米的模具，1个）

甘纳许
- 鲜奶油（乳脂含量35%）108克
- 牛奶 12毫升
- 转化糖 20克
- 黑巧克力（法芙娜"卡拉克"巧克力，可可含量56%）62.5克
- 黑巧克力（法芙娜"加勒比"巧克力，可可含量66%）62.5克
- 牛奶巧克力（法芙娜"吉瓦拉乳酸"巧克力，可可含量40%）25克
- 盐 适量
- 胡椒 适量
- 马德拉葡萄酒 10毫升
- 黄油 20克
肥鹅肝肉冻（说明省略）250克

装饰

焦糖榛子（说明省略）
盐之花
黑胡椒（粗磨）
金箔
腌橙皮（说明省略）
黑胡椒粒（略切碎）
粉红胡椒（略切碎）
木薯淀粉（用咖啡煮制）
开心果（切细长段）
巧克力酱汁（说明省略）
可可碎粒（法芙娜"可可起重机"巧克力）

肥鹅肝与甘纳许冻派

1 制作甘纳许。

①将鲜奶油、牛奶和转化糖放入锅中混合，加热。

②将切碎的3种巧克力混合，隔水化开。少量多次加入步骤①的材料，不停搅拌。

③依次加入盐、胡椒、马德拉葡萄酒和黄油，搅拌混合。

2 将甘纳许倒入模具中，放入中间掏空的肥鹅肝肉冻中，放至冰箱内冷藏、凝固。注意模具的边缘不要和肥鹅肝肉冻靠得太近。

装饰

1 将肥鹅肝与甘纳许冻派切至1.5厘米厚，用圆形刻模塑形，再在侧面粘上一圈略切过的焦糖榛子，放在容器中央。适当点缀盐之花、黑胡椒和金箔。

2 将切成菱形的腌橙皮、黑胡椒粒、粉红胡椒、木薯淀粉、开心果、巧克力酱汁和可可碎粒点缀在周围。

"现代派"传统点心欧培拉

森田一赖 × 自由（Libertable）

将法式薄脆、烤布蕾、乔孔达海绵蛋糕、冰激凌、法式冰沙和冰激凌粉从下到上层层堆叠，盖上巧克力片，最后在客人面前淋上热巧克力酱，大功告成。选用4种不同的巧克力，越往下品尝，可可的味道越浓郁。

榛子法式薄脆（20人份）

黄油（软化）75克
糖粉 75克
坚果巧克力酱 150克
鸡蛋 75克
低筋面粉 30克

咖啡味焦糖烤布蕾（20人份）

牛奶 200毫升
咖啡豆 25克
细砂糖 80克
蛋黄 80克
鲜奶油（乳脂含量35%）300克

乔孔达海绵蛋糕（20人份）

巴旦木粉 210克
糖粉 135克
转化糖 17克
鸡蛋 345克
蛋白霜
├ 细砂糖 45克
└ 蛋清 115克
低筋面粉 57克
化黄油 40克
意式浓缩咖啡 适量
糖浆 适量
法式浓缩咖啡[1] 适量

巧克力冰激凌（20人份）

蛋黄60克
细砂糖 150克
牛奶 1升
脱脂奶粉 40克
鲜奶油（乳脂含量35%）250克
黑巧克力（法芙娜 "P125圭那亚精华特浓"[2]巧克力，可可含量125%）50克
转化糖 80克

咖啡味法式冰沙（各适量）

意式浓缩咖啡
糖浆
法式浓缩咖啡

巧克力冰激凌粉（20人份）

水 450毫升
鲜奶油（乳脂含量35%）150克
细砂糖 45克
可可块 45克
黑巧克力（法芙娜"圭那亚"巧克力，可可含量70%）120克

装饰

巧克力片（说明省略）
└ 黑巧克力（法芙娜"卡拉克"巧克力，可可含量56%）
金箔
热巧克力酱（说明省略）
├ 牛奶 500毫升
├ 糖稀 70克
├ 黑巧克力（法芙娜"加勒比"巧克力，可可含量66%）200克
└ 牛奶巧克力（法芙娜"吉瓦拉乳酸"巧克力，可可含量40%）50克

*1 咖啡的浓缩液。
*2 在传统巧克力中，油脂比率通常比固体高。但这个产品却相反，由此获得了入口即化的口感、更真实的可可风味和更浓郁的香味，这是法芙娜公司的一大独创。

榛子法式薄脆

1 将糖粉和坚果巧克力酱加入黄油中，搅拌均匀后依次加入鸡蛋、低筋面粉，搅拌。

2 将步骤1的材料放入冰箱中醒2小时后，擀成9厘米见方的正方形，放入烤盘中。

3 放入预热至160℃的烤箱中烤制七八分钟。

4 趁热划上一些曲线。

咖啡味焦糖烤布蕾

1 将牛奶与咖啡豆放入锅中加热，使香味浸透，过滤。

2 将细砂糖、蛋黄和鲜奶油放入碗中混合搅拌，倒入步骤1的材料。

3 将步骤2的材料倒入直径4厘米的硅胶模具中，放入预热至85℃的烤箱中烤制15分钟。冷却后放入冰柜冷冻。

乔孔达海绵蛋糕

1 将巴旦木粉、糖粉、转化糖和鸡蛋混合，搅打至颜色发白。

2 将蛋清放入另一碗中，加入细砂糖，打发成蛋白

霜。与步骤1的材料混合搅拌，放入低筋面粉和化黄油调和。

3 将步骤2的材料倒入烤盘中，放入预热至190℃的烤箱中烤制约10分钟。

4 烤好后切成薄片，浸泡在意式浓缩咖啡、糖浆和法式浓缩咖啡的混合液中。

巧克力冰激凌

1 将蛋黄和细砂糖放入碗中，搅打至颜色发白。

2 将牛奶、脱脂奶粉和鲜奶油倒入锅中，煮沸。

3 将步骤1的材料少量多次加入步骤2的锅中，不断搅拌，小火慢慢加热。

4 将黑巧克力切碎，少量多次加入锅中，搅拌混合。加入转化糖搅拌均匀后静置、冷却。

5 将步骤4的材料放入雪葩机中制成冰激凌。

咖啡味法式冰沙

1 在加热的意式浓缩咖啡中加入糖浆和法式浓缩咖啡，不断搅拌至糖度为15波美度，过滤。

2 将步骤1的材料倒入烤盘中，放入冰柜冷冻。将表面的薄冰层用叉子背敲碎，继续放入冰柜中冷冻。

3 不断重复，直至材料变得细碎。

巧克力冰激凌粉

1 将水、鲜奶油和细砂糖放入锅中煮沸。

2 将可可块、切碎的黑巧克力放入步骤1的材料中，制成甘纳许。放入万能冰磨机的专用容器中冷冻。

3 上桌前将步骤2的材料用万能冰磨机制成冰激凌粉。

装饰

1 将法式薄脆放入盘中，将焦糖烤布蕾、乔孔达海绵蛋糕和冰激凌依次摆放在法式薄脆上，再用法式冰沙和冰激凌粉将整体覆盖，最后盖上巧克力片，点缀适量金箔。

2 在客人面前淋热巧克力酱。

松露巧克力

川手宽康 × 花瓣（Florilege）

川手大厨偶然发现，将急速冷冻的面团放入万能冰磨机中可以打成面包屑状，于是便利用巧克力面团做出了"碎土"。"碎土"底下是松露巴伐露和冰激凌。上桌时不直接说加了松露，而是请客人猜，"请猜猜这是什么的香味？"这道运用松露与巧克力这一传统组合的甜品足以让人大吃一惊。

巧克力土（8人份）

黑巧克力（卡芙卡"特洛亚大陆"巧克力，可可含量61%）
　162克
黄油 162克
蛋黄 75克
低筋面粉 40克
蛋清 100克
细砂糖 40克

松露巴伐露（8人份）

蛋黄 40克
细砂糖 50克
鲜奶油（乳脂含量43%）270克
牛奶 140毫升
黑松露（切碎）10克
明胶粉 7克

松露冰激凌（12人份）

蛋黄 150克
细砂糖 100克
牛奶 300毫升
鲜奶油（乳脂含量43%）300克
黑松露（切碎）7克
黄油 40克

装饰（1人份）

黑松露（切片）2片
酢浆草*2棵

* 野生，可食用。

巧克力土

1 将切碎的黑巧克力和黄油放入碗中，放入预热至60℃的锅中隔水化开。

2 将蛋黄打散，加热至60℃左右，倒入步骤1的材料中，混合搅拌。

3 加入低筋面粉，混合搅拌。

4 将细砂糖少量多次加入到蛋清中，不断搅打至发泡后加入到步骤3的材料中。

5 放入预热至200℃的烤箱中加热13分钟。

6 将步骤5的材料放入万能冰磨机的专用容器中，用风冷速冻柜急速冷冻至-40℃。

7 用万能冰磨机打成不规则的粒，做成巧克力土。

松露巴伐露

1 将蛋黄和细砂糖放入碗中搅拌均匀。

2 将100克鲜奶油与牛奶混合、加热，少量多次加入到步骤1的材料中，不断混合搅拌。

3 将步骤2的材料倒入锅中，加入黑松露，开火加热。和制作英式香草奶油酱一样，在加热过程中要用木刮刀不断搅拌。

4 温度升至82℃时加入明胶粉，冷却（冷却至约3℃即可，享用前在室温下静置片刻，恢复至约8℃时享用最为合适）。

5 将170克鲜奶油打至八分发，加入步骤4的材料中，混合搅拌。

松露冰激凌

1 将蛋黄和细砂糖放入碗中搅拌均匀。

2 将鲜奶油与牛奶混合、加热，少量多次加入到步骤1的材料中，不断混合搅拌。

3 将步骤2的材料倒入锅中，加入黑松露，加热至82℃。和制作英式香草奶油酱一样，在加热过程中要用木刮刀不断搅拌。加入黄油，使液体浓稠。

4 将步骤3的材料放入雪葩机中制成冰激凌。

装饰

1 选择有一定深度的容器，在底部铺上黑松露薄片，将冰激凌和巴伐露依次放在薄片上。

2 用巧克力土将步骤1的材料覆盖，最后插上2棵酢浆草。

巧克力蛋包

川手宽康 × 花瓣（Florilege）

用叉子一插进去，里面就会流出巧克力的蛋包。外表美观的秘诀是让面团充分乳化，趁热放入烤箱烤制。巧克力用的是"厄瓜多尔"巧克力，味道较苦且酸，单独食用时味道略微失衡，但加入鸡蛋、鲜奶油等食材后，便别有风味。

巧克力蛋包（8人份）

甘纳许
├ 鲜奶油（乳脂含量38%）80克
├ 玉米淀粉（用2倍量的水溶解）3克
└ 黑巧克力（卡芙卡"厄瓜多尔"巧克力，可可含量70%）150克
鸡蛋 6个
海藻糖 80克
化黄油 适量

装饰

意式浓缩咖啡泡沫（说明省略）
鲜奶油（乳脂含量38%）
可可碎粒（法芙娜"可可起重机"巧克力）

巧克力蛋包

1 制作甘纳许。

①将鲜奶油放入锅中煮沸，加入玉米淀粉，使液体有一定浓度。

②将锅离火，趁热加入切碎的黑巧克力。

③静置片刻，待巧克力变软后用打蛋器混合搅拌。

2 将鸡蛋放入碗中打散。

3 将甘纳许少量多次加入步骤2的蛋液中，用打蛋器搅拌，再加入海藻糖混合搅拌。

4 将步骤3的材料真空包装，放入预热至80℃的烤箱中加热40分钟。

5 盛入碗中，用搅拌机搅拌至乳化，加入化黄油混合搅拌。

6 倒入涂了一层黄油（材料外）的煎锅中，像烤牛排一样将中心烤得半熟，制成蛋包。

装饰

将巧克力蛋包装盘，旁边装饰上意式浓缩咖啡泡沫和打至八分发的鲜奶油，最后撒适量可可碎粒在鲜奶油上。

巧克力蛋糕与牛奶慕斯泡雪花

生井祐介 × CHIC peut-etre餐厅

在安摩拉多酒风味的牛奶慕斯泡和榛子碎屑中，藏着用焦糖慕斯覆盖的半球形巧克力蛋糕。巧克力蛋糕中尽量减少了低筋面粉的用量，用高温烤箱仅将表面烤硬，利用余热将内部渐渐加热，由此诞生了烤点心般的诱人香气以及丝滑口感。

巧克力蛋糕（20人份）

黑巧克力（可可百利半苦巧克力，可可含量58%）200克
黄油 160克
粗砂糖 80克
鸡蛋 90克
蛋黄 48克
低筋面粉 30克
公丁香粉 1克
肉桂粉 2克
黑胡椒 1克
金万利力娇酒 50毫升

焦糖慕斯（20人份）

细砂糖 650克
鲜奶油A（乳脂含量47%）600克
明胶片 20克
加糖蛋黄液*1 100克
牛奶 500毫升
鲜奶油B（乳脂含量38%）600克

牛奶慕斯泡（20人份）

牛奶 500毫升
安摩拉多酒 20毫升
明胶片 8克

装饰（20人份）

香缇奶油（八分发）
├ 鲜奶油（乳脂含量47%）100克
└ 砂糖 8克
巧克力脆片（说明省略）适量
法式薄脆花边*2 适量
榛子 适量

*1 在蛋黄液中加入20%的砂糖。
*2 烤制得极薄、如花边般上面有洞的法式薄脆。

巧克力蛋糕

1 将切碎的黑巧克力、黄油和粗砂糖放入碗中，隔水化开。

2 将步骤1的材料从锅中取出，加入搅匀的蛋液和蛋黄，混合搅拌。

3 加入低筋面粉、公丁香粉、肉桂粉和黑胡椒，混合搅拌，最后浇上金万利力娇酒。

4 倒入半球形的模具中，放入冰柜中冷冻。

5 脱模，放入预热至220℃的烤箱中加热三四分钟，在温暖处静置。

焦糖慕斯

1 将600克细砂糖放入锅中加热，熬至即将变焦。

2 放入加热的鲜奶油A，搅拌混合。

3 用5倍量的水（材料外）将明胶片泡发，放入步骤2的材料中。

4 将50克细砂糖和加糖蛋黄液放入碗中，搅打至颜色发白。

5 将加热的牛奶少量多次加入步骤4的材料中，不断搅拌。

6 将步骤3的材料加入到步骤5的材料中搅拌，浸泡在冰水中，冷却至温热。

7 加入打至五分发的鲜奶油B搅拌，擀成薄片，放入冰柜冷冻。

8 用圆形刻模将步骤7的材料切割成圆形，上桌时用手按压成圆拱形。

牛奶慕斯泡

1 将牛奶、安摩拉多酒倒入锅中煮沸，加入明胶片化开。

2 将步骤1的材料倒入虹吸瓶中，填充进气体，放入冰箱中冷藏。

装饰

1 将香缇奶油铺在盘中，撒上巧克力脆片。放上法式薄脆花边，再将巧克力蛋糕放在薄脆上面，盖上焦糖慕斯。

2 用虹吸瓶将牛奶慕斯泡挤入盘中，覆盖在表面。最后削一些榛子碎片撒在慕斯泡外面。

巧克力巴巴蛋糕与朗姆酒冰激凌

古屋壮一 × 鲨鱼（Requinquer）

在烤得大大的巴巴蛋糕上面涂甘纳许，再放上朗姆酒冰激凌和巧克力味香缇奶油，
点缀上小巴巴蛋糕。客人可以愉快地享受大小不一的巴巴蛋糕带来的不同口感。上
桌前在巴巴蛋糕上淋朗姆酒，突显风味。

巴巴蛋糕（易做的量）

干酵母 6克
牛奶 60毫升
鸡蛋 120克
高筋面粉 250克
盐 3克
细砂糖 10克
鲜奶油（乳脂含量35%）20克
黑巧克力（法芙娜特苦巧克力，可可含量61%）60克
化黄油 50克
糖浆
├ 水 1升
└ 香草糖 210克

朗姆酒冰激凌（易做的量）

牛奶 600毫升
鸡蛋 10个
砂糖 170克
鲜奶油（乳脂含量35%）100克
朗姆酒 30毫升

巧克力味香缇奶油（易做的量）

黑巧克力（法芙娜"卡拉克"巧克力，可可含量56%）80克
鲜奶油（乳脂含量35%）200克

甘纳许（易做的量）

黑巧克力（法芙娜"圭那亚"巧克力，可可含量70%）80克
鲜奶油（乳脂含量35%）100克

装饰

意式浓缩咖啡
卡仕达奶油（说明省略）
朗姆酒
杏子镜面果胶（说明省略）

巴巴蛋糕

1 将干酵母与20毫升牛奶混合，35℃发酵约10分钟，使体积膨胀至最初的两倍。

2 将鸡蛋打散，放入步骤1的材料中混合搅拌。

3 用打蛋机将高筋面粉、盐和细砂糖混合搅拌，少量多次地加入步骤2的材料，一起搅拌。

4 将40毫升牛奶和鲜奶油混合、煮沸，加入切碎的黑巧克力化开，少量多次地加入到步骤3的材料中，搅拌均匀。

5 将搅拌机调至中速，搅拌10分钟，将粘在碗壁上的面团刮下来混合，再重复两次本操作。

6 将化黄油少量多次加入步骤5的材料中，搅拌混合，当所有黄油都加进去后，再继续揉面10分钟。

7 静置醒发片刻后，分成25克一块（大巴巴蛋糕）装入烘焙模具中。将剩余的边角料用手搓成小球（装饰用小巴巴蛋糕）。

8 将大巴巴蛋糕35℃发酵1.5～2小时，使体积膨胀至最初的两倍，然后放入预热至170℃的烤箱中烤制25分钟。小巴巴蛋糕同样35℃发酵至体积膨胀为最初的两倍，170℃烤制15分钟。

9 制作糖浆。将水和香草糖放入锅中煮沸，冷却至60℃。

10 将烤好的面团放入步骤9的材料中浸泡5分钟。

朗姆酒冰激凌

将牛奶倒入锅中加热。将鸡蛋和砂糖搅拌均匀后加入锅中，煮至83℃后过滤，浸泡在冰水中冷却。倒入鲜奶油搅拌，放入雪葩机中制成冰激凌。当食材凝固到一半时加入朗姆酒，继续冷却、凝固。

巧克力味香缇奶油

将切碎的黑巧克力隔水化开，少量多次加入加热的鲜奶油混合搅拌，使其乳化，静置一晚。打发。

甘纳许

将切碎的黑巧克力隔水化开，少量多次加入加热的鲜奶油混合搅拌。

装饰

1 将小巴巴蛋糕对半切开，将加入意式浓缩咖啡的卡仕达奶油夹在中间。

2 客人点单后，在大、小巴巴蛋糕的表面淋朗姆酒，涂上杏子镜面果胶。将大巴巴蛋糕放入盘底，涂上甘纳许，放上朗姆酒冰激凌。再将巧克力味香缇奶油挤在冰激凌上，最后适当点缀上小巴巴蛋糕。

巧克力芭菲

田边猛 × 阿特拉斯（L'Atlas）

杯子底部是香蕉味法式冰沙，上面放上切成小方块的巧克力蛋糕和香草冰激凌，点缀上香缇奶油、巧克力酱和雪茄饼干等。这道西餐厅风格的巧克力芭菲能让你享受到多层次的美味。

香蕉味法式冰沙（易做的量）

牛奶 300毫升
朗姆酒 30毫升
细砂糖 100克
香蕉 4根
蛋清 100克

巧克力蛋糕（易做的量）

黑巧克力（维斯"阿卡里瓜"巧克力，可可含量70%）285克
砂糖 145克
化黄油 285克
蛋黄 9个
朗姆酒 适量
低筋面粉 60克
蛋白霜
├ 蛋清 6个
└ 砂糖 140克

香草冰激凌（易做的量）

牛奶 1.5升
香草荚 2根
蛋黄 15个
砂糖 150克
转化糖 250克

巧克力酱（易做的量）

水 150毫升
细砂糖 175克
可可粉 60克
黄油 25克

焦糖酱（易做的量）

砂糖 400克
水 少许
葡萄汁 200毫升

雪茄饼干（易做的量）

黄油 38克
糖粉 50克
蛋清 30克
低筋面粉 30克

装饰

香缇奶油
巴旦木片
面包屑（说明省略）
开心果碎
薄荷叶
可可粉
糖粉

香蕉味法式冰沙

1 香蕉去皮，切成适当大小，和牛奶、朗姆酒、细砂糖一起放入搅拌机中搅拌。

2 将蛋清打发后加入步骤1的材料中混合，倒入模具中，放至冰柜内冷冻、凝固。注意在中间要数次用叉子将食材敲碎，使空气进入到内部，直至完全冷冻。

巧克力蛋糕

1 将黑巧克力隔水化开，放入砂糖、化黄油、蛋黄和朗姆酒，搅打至颜色发白。

2 加入过筛的低筋面粉，混合搅拌。

3 在蛋清中少量多次加入细砂糖，打发制成蛋白霜，然后加入步骤2的材料中，快速搅拌。

4 将步骤3的材料倒入用于制作海绵蛋糕的平底模具中，3厘米高即可。放入预热至180℃的烤箱中烤制20分钟。

5 冷却后切成1厘米见方的小方块。

香草冰激凌

1 将牛奶和从豆荚上剥下的香草籽放入锅中加热。

2 将蛋黄和砂糖放入碗中，搅打至颜色发白。加入步骤1的材料和转化糖混合，倒回锅中，煮至汤汁浓稠。

3 将步骤2的材料过滤后放入雪葩机中制成冰激凌。

巧克力酱

1 将水、细砂糖和可可粉放入锅中，搅拌均匀并加热至沸腾。

2 将冰黄油块放入步骤1的材料中搅拌，使液体浓稠。

焦糖酱

1 将砂糖和水放入锅中，加热成焦糖。

2 将葡萄汁倒入步骤1的材料中稀释、调味。

雪茄饼干

1 将恢复至室温的黄油和糖粉放入碗中，搅打至颜色发白。

2 分次加入蛋清，搅拌至表面平滑。

3 加入过筛的低筋面粉，快速混合搅拌。

4 倒入硅胶烤垫中，形成薄薄的一层，放入预热至150℃的烤箱中烤制5分钟。

5 趁步骤4的材料还没有硬化，将其切成细带状，螺旋形卷在直径2厘米左右的擀面杖上，冷却。

装饰

1 将香蕉味法式冰沙铺在玻璃杯底部，放上3个巧克力蛋糕，再盛上香草冰激凌。

2 将香缇奶油挤在香草冰激凌四周和上面，再淋上巧克力酱和焦糖酱。

3 撒巴旦木片和面包屑，装饰上雪茄饼干、开心果碎和薄荷叶，最后撒可可粉和糖粉。

巧克力阿芙佳朵

小阪步武 × 拉菲纳托（Raffinato）

这是一道融合了巧克力泡沫（慕斯）、法式冰沙、意式冰激凌和意式浓缩咖啡的甜品杯。法式冰沙的口感和慕斯泡及爽滑的冰激凌形成了鲜明的对比。

巧克力慕斯泡（易做的量）

黑巧克力（歌剧院"卡鲁帕诺"巧克力，可可含量70%）
　120克
焦糖
├ 细砂糖 40毫升
└ 鲜奶油（乳脂含量47%）150克
鲜奶油（乳脂含量47%）100克
蛋白霜
├ 蛋清 80克
└ 细砂糖 20克
格拉巴酒（上等格拉巴酒）40毫升

巧克力法式冰沙（易做的量）

黑巧克力（歌剧院"卡鲁帕诺"巧克力，可可含量70%）160克
水 300毫升
细砂糖 40克
巧克力力娇酒 30毫升

巧克力意式冰激凌（易做的量）

黑巧克力（歌剧院"卡鲁帕诺"巧克力，可可含量70%）70克
牛奶 500毫升
浓缩乳 200毫升
水 300毫升
细砂糖 180毫升
可可粉 65克
明胶片 1片

装饰

意式冰咖啡
├ 意式浓缩咖啡 60毫升
├ 细砂糖 20克
└ 冰块 适量

巧克力慕斯泡

1 将黑巧克力隔水化开。

2 制作焦糖。将细砂糖放入锅中加热，颜色变成焦黄色时加入鲜奶油混合搅拌。

3 将步骤2的材料少量多次加入步骤1的巧克力中，不断搅拌，直至汤汁表面平滑。

4 将鲜奶油打至七分发，加入步骤3的材料中。

5 将蛋清和细砂糖混合、打发，制成蛋白霜。与步骤4的材料混合搅拌，再倒入格拉巴酒。

6 将材料倒入烤盘中，放入冰箱内冷藏、凝固。

巧克力法式冰沙

1 将黑巧克力隔水化开。

2 将水和细砂糖放入锅中加热。

3 将步骤2的材料少量多次倒入步骤1的巧克力中，用手动打蛋器不断搅拌。

4 急速冷却，加入巧克力力娇酒，倒入烤盘中，放入冰箱冷藏、凝固。

巧克力意式冰激凌

1 将黑巧克力隔水化开。

2 将牛奶、浓缩乳、水和细砂糖放入锅中加热。

3 将步骤2的材料少量多次倒入步骤1的巧克力中，不断搅拌。

4 加入可可粉和泡发的明胶片混合搅拌。放入万能冰磨机的专用容器中冷冻，制成意式冰激凌。

装饰

1 制作意式冰咖啡。

①将细砂糖倒入意式浓缩咖啡中溶化，放入调酒器中。

②放入冰块，盖上调酒器的盖子，摇匀。

2 将巧克力慕斯泡放入玻璃杯底部，再放入法式冰沙，在上面放上意式冰激凌。将步骤1的意式冰咖啡的泡沫部分用勺子舀起，浇在意式冰激凌上面。

黑巧克力千层杯、焦糖巴旦木
配覆盆子焦糖与牛奶巧克力果冻

布鲁诺·鲁德尔夫 × 法国蓝带厨艺学院（日本）

（ Le Cordon Bleu Japan ）

这道时尚的甜品在小小的玻璃杯中放入了苦涩的巧克力奶油冻、焦糖巴旦木、覆盆子焦糖和牛奶巧克力制成的绵软果冻，还有圆盘形的巧克力作为夹层，使得层次鲜明、色彩美丽。

黑巧克力奶油冻（内径3.2厘米、高10厘米的玻璃杯，约20个）

鲜奶油（乳脂含量40%）500克
黑巧克力（可可百利"圣多明哥手枪"巧克力，可可含量70%）120克

覆盆子焦糖（内径3.2厘米、高10厘米的玻璃杯，约20个）

A ┌ 糖稀 95克
  │ 细砂糖 90克
  │ 鲜奶油（乳脂含量40%）45克
  └ 覆盆子果泥 390克
黄油 45克

牛奶巧克力果冻（内径3.2厘米、高10厘米的玻璃杯，约20个）

牛奶 350毫升
细砂糖 10克
果胶 3克
牛奶巧克力（可可百利，可可含量40.5%）390克

装饰

焦糖巴旦木（见P244）
装饰用巧克力（说明省略）

黑巧克力奶油冻

1 将鲜奶油放入锅中加热。
2 倒入隔水化开的黑巧克力中，用手动打蛋器搅拌至表面平滑。
3 装入裱花袋，挤入玻璃杯中，放入冰箱冷藏。

覆盆子焦糖

1 将材料A混合后放入锅中，中火加热15～20分钟，不断用刮刀在锅底来回搅动。
2 当液体有一定黏度后将锅离火，加入黄油搅拌。自然冷却至40℃左右后用搅拌机搅拌至表面平滑。

牛奶巧克力果冻

1 将牛奶倒入锅中，加热至40℃。
2 将细砂糖与果胶混合，少量多次加入牛奶中化开，继续加热至沸腾，加入牛奶巧克力，搅拌均匀。
3 浸泡在冰水中冷却至35℃。在果胶凝固前用搅拌机搅拌，制成表面平滑的果冻。

装饰

1 在挤入了奶油冻的玻璃杯中放入与杯子内径相同的圆盘状装饰用巧克力，并用竹签按压使其与奶油冻紧密结合。
2 放入焦糖巴旦木，挤入覆盆子焦糖，再放1片圆盘状装饰用巧克力，并用竹签按压使其与焦糖紧密结合。倒入牛奶巧克力果冻，使液面与杯口平行（放入圆盘状巧克力作为隔层可使各种材料不会混合在一起，形成鲜明、美丽的层次），放入冰箱内冷藏、凝固。
3 最后点缀上覆盆子（材料外）和装饰用巧克力。

巧克力意大利方饺、白巧克力与格拉巴酒口味意式冰激凌与水果腌泡汤

今村裕一 × 里戈莱蒂诺（Rigolettino）

就像在意大利传统甜品马其顿沙拉中加入红葡萄酒，令人联想到温暖的冬季。在盘底铺上热巧克力意大利方饺，淋上加入了蓝布鲁斯科的水果腌泡汤和甜白起泡葡萄酒果冻，最后放上白巧克力冰激凌。

巧克力意大利方饺（易做的量）

甘纳许
├ 黑巧克力（法芙娜"加勒比"巧克力，可可含量66%）200克
├ 牛奶 130毫升
├ 鲜奶油（乳脂含量38%）30克
└ 黄油 50克
意大利方饺面团（说明省略）
├ 低筋面粉（00粉）30克
├ 中筋面粉（0粉）180克
├ 粗粒粉 50克
├ 可可粉 28克
├ 蛋黄 265克
└ 细砂糖 5克

水果腌泡汤（易做的量）

蓝布鲁斯科*（中干型）750毫升
├ 水 250毫升
├ 细砂糖 215克
├ 橙皮 1/2个的量
├ 柠檬皮 1/2个的量
├ 香草荚 1根
A ┤ 薄荷叶 4片
├ 公丁香 2粒
├ 八角 2个
├ 肉桂 1个
└ 姜 4克
柠檬 2个
猕猴桃 5个
香梨 2个
草莓 2盒
蓝莓 1盒

阿斯蒂甜白起泡葡萄酒果冻（易做的量）

甜白起泡葡萄酒（阿斯蒂）750毫升
细砂糖 70克
香草荚 1/2根
明胶片 15克

装饰

白巧克力与格拉巴酒口味意式冰激凌（见P245）
金箔
薄荷叶
加工过的饴糖丝（说明省略）
可食用花卉

* 原产自意大利艾米利亚-罗马涅大区的天然弱发泡型红葡萄酒，历史悠久。原料选自单一的蓝布鲁斯科葡萄，口味涵盖从甜到干等各种类型。

巧克力意大利方饺

1 制作甘纳许。将切碎的黑巧克力放入碗中，将牛奶和鲜奶油混合煮沸后，少量多次倒入巧克力中，并不断搅拌。加入黄油混合搅拌，倒入半球形烘焙托盘中，放入冰箱冷藏。

2 将意大利方饺面团擀薄，用直径5厘米的方饺模具切割下饺子皮。

3 用两片饺子皮将甘纳许包住，捏紧边缘，使饺子皮不会张开。

水果腌泡汤

1 将蓝布鲁斯科倒入锅中加热，使酒精挥发。将材料A放入锅中一起煮沸。

2 水果去皮，切至适口大小，全部放入碗中。将步骤1的材料趁热倒入碗中，冷却至温热后放入冰箱内冷藏一两天，制成腌泡汤。

阿斯蒂甜白起泡葡萄酒果冻

1 将甜白起泡葡萄酒倒入锅中加热，煮沸后小火煮6分钟。

2 将细砂糖、香草荚和泡发的明胶片放入锅中加热，化开。

3 放入冰箱内冷却、凝固。

装饰

1 将巧克力意大利方饺煮熟，滤去水分，盛入有一定深度的容器中。

2 将水果腌泡汤浇在方饺上，依次放上切碎的阿斯蒂甜白起泡葡萄酒果冻以及白巧克力与格拉巴酒口味意式冰激凌。

3 在冰激凌上点缀适量金箔和薄荷叶。将加工过的饴糖丝放在器皿边缘，点缀适量可食用花卉。

白巧克力 "山脉45%" 配生姜和野草莓翻糖

森田一赖 × 自由（Libertable）

在可可含量高、余味悠长的白巧克力翻糖中塞入添加了腌生姜的甘纳许，别有一番风味。慕斯中则加入了姜汁，味道温和又带些许辛辣。生姜味法式冰沙营造出清凉之感。

白巧克力翻糖（易做的量）

白巧克力蛋糕底
├ 蛋黄 10克
├ 蛋清 30克
├ 细砂糖 25克
├ 白巧克力（卢克可可 "山脉" 巧克力，可可含量45%）80克
├ 黄油 50克
└ 低筋面粉 20克
野草莓与生姜口味甘纳许
├ 白巧克力（卢克可可 "山脉" 巧克力，可可含量45%）50克
├ 野草莓果泥 25克
├ 覆盆子果泥 20克
├ 腌生姜（市售）适量
└ 野草莓（去心）适量

生姜味白巧克力慕斯（易做的量）

鲜奶油（乳脂含量35%）195克
姜 20克
牛奶 25毫升
蛋黄 10克
细砂糖 5克
明胶片 3克
白巧克力（卢克可可 "山脉" 巧克力，可可含量45%）80克
姜汁 20毫升

白巧克力冰激凌粉（易做的量）

白巧克力（卢克可可 "山脉" 巧克力，可可含量45%）60克
可可脂 30克
水 225毫升
鲜奶油（乳脂含量35%）70克
细砂糖 20克

装饰

白巧克力雪葩（见P245）
生姜味法式冰沙（见P245）
野草莓（去心）
覆盆子果泥
可食用花卉

白巧克力翻糖

1 制作白巧克力蛋糕底。

①将蛋黄、蛋清和细砂糖混合搅打。

②将白巧克力和黄油分别化开后混合，加入步骤①的材料中。

③将低筋面粉加入步骤②的材料中，快速搅拌。

2 制作野草莓与生姜口味甘纳许。

①将白巧克力隔水化开，将野草莓果泥和覆盆子果泥混合，微微加热，加入白巧克力混合熬制，倒入烤盘中。

②将腌生姜和野草莓撒在步骤①的材料上，放入冰箱内冷藏。

3 准备直径4.5厘米的圆形模具。将步骤1的白巧克力蛋糕底挤入模具中，高度达一半即可。将步骤2的甘纳许切成同样大小的圆形，放入模具中，再继续挤入步骤1的材料。

4 放入预热至160℃的烤箱中加热12分钟。

生姜味白巧克力慕斯

1 将研磨成渣并滤去水分的姜和170克鲜奶油混合，静置2小时，使香味浸透。过滤后用手动打蛋器打发。

2 将牛奶与25克鲜奶油混合煮沸。

3 将蛋黄与细砂糖混合搅打，倒入步骤2的材料。放入锅中，边加热边不断搅拌。放入泡发的明胶片。

4 将化开的白巧克力与步骤3的材料混合加热，加入姜汁。

5 将步骤1的材料倒入步骤4的材料中，混合搅拌，放入冰箱静置一晚。

白巧克力冰激凌粉

1 将白巧克力与可可脂混合、化开。

2 将水、鲜奶油和细砂糖混合、煮沸，加入到步骤1的材料中，和制作甘纳许的要领一样熬制。

3 将步骤2的材料放入万能冰磨机的专用容器中冷冻，上桌前制成冰激凌粉。

装饰

1 将白巧克力翻糖、做成橄榄形的生姜味白巧克力慕斯、白巧克力雪葩和生姜味法式冰沙放入盘中，放入野草莓、覆盆子果泥和可食用花卉。

2 最后撒上白巧克力冰激凌粉。

巧克力蛋奶糕
都志见SEIJI × 影响力（Miravile Impact）

未使用面粉的面团经过低温隔水烘烤，形成了口感绵滑、入口即化的巧克力蛋奶糕。与香草冰激凌搭配，获得了简单而又深刻的美味。收尾时点缀上一些水果，增添甜品的华丽色调。

巧克力蛋奶糕（20人份）（长30厘米、宽6.5厘米、高7厘米的冻派模具，2个）
黑巧克力（法芙娜"加勒比"巧克力，可可含量66%）410克
黄油 100克
蛋黄 8个
细砂糖 130克
鲜奶油（乳脂含量38%）250克
蛋清 5个

英式香草蛋奶酱（20人份）
蛋黄 12个
细砂糖 100克
牛奶 1升
香草荚 2根

香草冰激凌（20人份）
蛋黄 12个
细砂糖 450克
牛奶 1升
香草荚 2根
鲜奶油（乳脂含量38%）500克

巧克力蛋奶糕
1 将黑巧克力和黄油混合，隔水化开。

2 将蛋黄和65克细砂糖搅打至颜色发白，加入步骤1的材料中搅拌。

3 将鲜奶油打至六分发。将蛋清略微打发，将65克细砂糖分两三次加入蛋清中，制成蛋白霜。

4 将打发的鲜奶油和蛋白霜依次加入到步骤2的材料中，搅拌至气泡不会破的状态。

5 放入预热至180℃的烤箱中烤制22分钟。降至150℃再烤14分钟。

英式香草蛋奶酱
1 将蛋黄和细砂糖搅打至颜色发白。

2 将牛奶和香草荚放入锅中煮沸，倒入步骤1的材料中搅拌。

3 将材料放回锅中，小火加热。在鸡蛋快要煮熟前（液体略浓稠时）离火，过滤。浸泡在冰水中冷却。

香草冰激凌
步骤1～步骤3与英式香草蛋奶酱相同，当材料完全冷却后，加入打至六分发的鲜奶油搅拌，然后放入冰激凌机中制成冰激凌。

松露夹心球

都志见SEIJI × 影响力（Miravile Impact）

在蛋糕外皮上淋一层巧克力镜面，做成松露的样子。用刀切开，看到的是浸在科涅克白兰地中的栗子蜜饯，还有扑面而来的松露清香，真是一道奢侈的甜点。搭配松露风味的科涅克白兰地热奶露。

松露味栗子蜜饯（易做的量）

松露 100克
科涅克白兰地 100毫升
栗子蜜饯 8个

巴旦木奶油馅（易做的量）

黄油 400克
糖粉 400克
鸡蛋 400克
巴旦木粉 400克

松露味科涅克白兰地奶露（各适量）

牛奶
糖浆
浸泡了松露的科涅克白兰地
可可粉

松露夹心球（1人份）

巧克力蛋奶糕（见P90）10克
松露味栗子蜜饯（见上）10克
松露（边长1厘米正方块1个+切碎）适量
巴旦木奶油馅 20克
卡仕达奶油（说明省略）10克
黄油 适量
酥皮面饼（市售）1张（50克）

装饰

巧克力镜面淋面（说明省略）
白巧克力（可可百利，可可含量34%）
糖丝碗（糖工艺。说明省略）
├ 糖稀 2
├ 细砂糖 3
└ 水
中东短面条
雪维菜叶
金箔
巧克力片（说明省略）

松露味栗子蜜饯

1 将松露和科涅克白兰地放入用酒精消毒过的空瓶中，腌制数日。

2 在另一空瓶中放入栗子蜜饯，倒入步骤1的科涅克白兰地，腌制数日。

巴旦木奶油馅

1 将糖粉加入软化的黄油中搅拌。

2 将鸡蛋打散，少量多次加入步骤1的材料中，不断搅拌。加入巴旦木粉混合搅拌。

松露味科涅克白兰地奶露

将糖浆和浸泡了松露的科涅克白兰地各少量加入牛奶中，煮沸。倒入容器中，撒入可可粉。

松露夹心球

1 将巧克力蛋奶糕碾碎，平铺在保鲜膜上。将松露味栗子蜜饯和切成方块的松露放在蛋糕碎上，包成球形，放入冰箱中冷藏入味。

2 将巴旦木奶油馅和卡仕达奶油混合，加入切碎的松露搅拌。

3 将步骤2的材料铺在保鲜膜上，再放上冷却的步骤1的材料，包成球形，再次放入冰箱内冷藏、凝固。

4 在铝箔上涂抹黄油，将切成8厘米见方的酥皮面饼放在铝箔上，再放上步骤3的材料，包成球形。再包上一层铝箔，放入冰箱中冷藏、凝固。

装饰

1 将松露夹心球放入预热至220℃的烤箱中烤制20分钟。将巧克力镜面淋面浇在整个夹心球上，再浇上少许化开的白巧克力。

2 将中东短面条用圆形刻模切割，放入烤箱中烤制，装入盘中，在上面放上松露夹心球。将糖丝碗盖在夹心球上，撒上雪维菜叶和金箔。将巧克力片插在糖丝碗上，最后将松露味科涅克白兰地奶露装入小杯中，放在旁边。

爽滑巧克力挞配牛奶冰激凌

奥村充也 × 吉野建餐厅（Restaurant Tateru Yoshino）银座

上菜前，将烤得膨松绵软的巧克力挞馅与酥皮面饼交相叠放，旁边是入口即化的法式腌梨。加入香料并打发的牛奶酱汁增添了轻盈的口感与充满异国情调的馨香。

千层酥皮挞底（20人份/长60厘米、宽40厘米的烤盘，2个）

- 低筋面粉 500克
- 高筋面粉 500克
- A 盐 20克
- 黄油 50克
- 水 500毫升
黄油（折叠用）80克

蛋挞液（20人份）

鲜奶油（乳脂含量35%）1千克
牛奶 400毫升
黑巧克力（法芙娜"卡拉克"巧克力，可可含量56%）1千克
蛋清 150克
蛋黄 100克

酸果酱（20人份）

橙子 7个
柠檬 1个
细砂糖 500克
糖稀 100克
水 500毫升

法式腌梨（20人份）

香梨 5个
黄油 300克

香草籽酱（20人份）

鲜奶油（乳脂含量35%）100克
香草荚 1/4根
蛋黄 35克
细砂糖 20克

巧克力酱（20人份）

水 150毫升
细砂糖 250克
可可粉 100克
鲜奶油（乳脂含量35%）150克
明胶 15克

香料味牛奶泡沫（20人份）

牛奶 500毫升
细砂糖 35克
明胶 9克
法式混合四香料 适量

浓缩牛奶冰激凌（20人份）

牛奶 500毫升
脱脂奶粉 440克
鲜奶油（乳脂含量35%）600克
糖稀 175克
转化糖 150克

千层酥皮挞底

1 将材料A制成面团，将黄油分6次放入面团中，每次叠三层。

2 将面团擀至2毫米厚，切成长10厘米、宽2厘米的棒，放入预热至180℃的烤箱烤制15分钟。切片，分成挞底用和装饰用。

蛋挞液

1 将鲜奶油和牛奶煮沸，加入溶化好的黑巧克力搅拌，使其乳化。加入蛋清和蛋黄，用料理棒搅拌均匀后过滤。

2 倒入烘焙托盘中，厚度达1厘米左右即可。放入预热至100℃的烤箱中烤制1小时。切成长10厘米、宽2厘米的棒。

酸果酱

1 将橙子、柠檬和水（材料外）放入锅中，煮至没有苦味。

2 将细砂糖、糖稀和水放入另一锅中加热，制成糖浆。

3 将步骤1中的橙子和柠檬放入糖浆中，小火熬煮30分钟。

4 冷却后用搅拌机搅拌、过滤。

法式腌梨

将香梨去皮、去核，切成适当小大。将黄油放入锅中加热化开，放入香梨，小火煮2小时左右，将香梨的水分煮干。从锅中捞出、冷却。

香草籽酱

1 将鲜奶油和香草荚放入锅中煮沸。

2 将蛋黄和细砂糖打发，加入步骤1的材料混合搅拌，再倒回锅中继续加热。用过滤漏斗过滤，静置冷却。

巧克力酱

1 将水和细砂糖煮沸，加入可可粉，煮一两分钟。

2 加入鲜奶油再次煮沸，最后加入泡发的明胶，化开后过滤。

香料味牛奶泡沫

1 将细砂糖和泡发的明胶加入牛奶中溶解，倒入烤盘等容器中冷却、凝固。

2 客人下单后，用搅拌机将其打发，加入法式混合四香料，轻轻搅拌。

浓缩牛奶冰激凌

1 将所有材料混合搅拌，使糖稀和转化糖溶解。

2 放入万能冰磨机的专用容器中冷冻，上桌前打碎。

装饰

1 将香草籽酱和巧克力酱浇在盘中，涂上酸果酱。

2 将蛋挞液放在用作挞底的千层酥皮上，放入预热至100℃的烤箱中加热5分钟左右，装入盘中。法式腌梨也同样加热后装盘。

3 将开心果碎（材料外）撒在酱汁周围。将香料味牛奶泡沫点缀在巧克力挞旁边，使之像是从挞底流出来的一样。将装饰用千层酥皮斜放在挞馅上，最后点缀上做成橄榄形的浓缩牛奶冰激凌。

潘芙蕾

辻大辅 × 飨宴（Convivio）

意大利托斯卡纳区的传统点心，寓意为"结实的面包"。塞满了干果和坚果的厚实面团是它的一大特点。潘芙蕾既有加了香料的内罗口味，也有不含香料的玛格丽特口味，而辻大厨做的这个是巧克力口味的。

潘芙蕾（长25厘米、宽20厘米的模具，1个）

巧克力（可可百利"半苦"巧克力，可可含量58%）100克
蜂蜜（板栗花）115克
细砂糖 80克
水 25毫升
中筋面粉 55克
肉桂粉 10克
可可粉 1大勺
无花果（干燥）90克
橙皮（糖渍）
核桃 适量
榛子 适量
巴旦木（去皮）适量

装饰

糖粉
无花果（干燥）
榛子
核桃
迷迭香叶

潘芙蕾

1 将切碎的巧克力、蜂蜜、细砂糖和水放入碗中，隔水化开。

2 将中筋面粉、肉桂粉和可可粉放入另一碗中，混合搅拌。

3 在步骤1的材料中依次放入切碎的无花果、橙皮、核桃、榛子、巴旦木和步骤2的材料。每加入一种材料都要搅拌均匀。

4 在长方形模具中铺上烘焙纸，倒入材料，放入预热至160℃的烤箱中烤制45分钟。

装饰

将潘芙蕾脱模。切成宽3厘米、长15厘米的条，撒上糖粉后装入盘中。在潘芙蕾周围装点上无花果和坚果，最后在旁边放上迷迭香叶。

巧克力萨拉米

辻大辅 × 飨宴（Convivio）

这是一道将面包丁、巧克力与黄油等混合在一起，做成萨拉米肉肠形状的传统点心。辻大厨对这道家庭式点心做了些创新，融入托斯卡纳特色元素，使其成为餐厅中的一道美食。在其中加入托斯卡纳面包，又考虑到因贸易繁荣而大量使用香料的托斯卡纳历史，便搭配上了用番红花调色的英式蛋奶酱。

巧克力萨拉米（直径6厘米、长12厘米的萨拉米模具，1个）

托斯卡纳面包（说明省略）30克
圣托里尼酒*适量
黑巧克力（可可百利"半苦"巧克力，可可含量58%）40克
黄油 40克
细砂糖 40克
蛋黄 1个
可可粉 60克
意式浓缩咖啡 30毫升
鲜奶油（乳脂含量36%）适量

装饰（1人份）

番红花酱汁
├ 英式蛋奶酱（说明省略）20克
└ 番红花（粉末）1克
朗姆酒 10毫升
朗姆酒腌渍葡萄干 5克
番红花粉 适量

* 托斯卡纳地区最具特色的葡萄酒之一。

巧克力萨拉米

1 将托斯卡纳面包切成小方块，浸泡在圣托里尼酒中。

2 将切碎的黑巧克力放入碗中，隔水化开，备用。

3 将恢复至室温的黄油和细砂糖放入另一碗中，混合搅拌。

4 在步骤3的材料中放入蛋黄搅拌均匀，再依次放入步骤2的材料和可可粉搅拌混合。放意式浓缩咖啡和鲜奶油搅拌，最后放入步骤1的材料，快速搅拌。

5 将步骤4的材料放在保鲜膜上，做成萨拉米形状，放入冰箱中静置一晚。

装饰

1 制作番红花酱汁。将番红花粉末和朗姆酒放入英式蛋奶酱中混合搅拌。

2 将番红花酱汁倒在盘中央，在其周围点缀上朗姆酒腌渍葡萄干和腌泡汁。

3 将切成约1厘米厚的巧克力萨拉米放在盘中央。撒番红花粉。

姆帕纳缇吉

星山英治 × 处女座（Virgola）

这道甜品再现了西西里岛中部拉古萨省莫迪卡地区的传统牛肉烘焙点心。用几乎没有甜味的巧克力将坚果和牛肉调和在一起，添加香料增香，裹在酥脆的面皮中烤制而成。用红葡萄酒熬煮酸酸的干西梅，制成酱汁，再配上香甜的香梨。

姆帕纳缇吉（10人份）

面团
- 高筋面粉 500克
- 细砂糖 125克
- 鸡蛋 1个
- 猪油 100克
- 水 约100毫升

内馅
- 巴旦木（去皮）200克
- 核桃（去皮）100克
- 牛肉（腿肉等瘦肉部位）200克
- 黑巧克力（大东可可的可可块，可可含量97%）100克
- 细砂糖 100克
- 公丁香粉 2颗的量
- 肉桂粉 5克

蛋清 适量

英式蛋奶酱（易做的量）

蛋黄 5个
细砂糖 100克
牛奶 500毫升

西梅果泥（易做的量）

干西梅 500克
红葡萄酒 700毫升
细砂糖 70克
肉桂 适量
香草荚 1根
柠檬 1个

装饰

糖粉
香梨（法国）
肉桂粉

姆帕纳缇吉

1 制作面团。

① 将高筋面粉、细砂糖、鸡蛋和溶化的猪油放入碗中混合，放入搅拌机，中速搅拌10~15分钟，中间少量多次加水，不断调整面团硬度。当硬度达到意大利面面团的硬度即可。

② 将面团揉成圆球，用保鲜膜包裹，在室温下醒1小时。

③ 将面团擀至两三毫米厚，用直径8厘米的圆形刻模切割。

2 制作内馅。

① 分别将巴旦木和核桃放入料理机中打碎。

② 将牛肉放入料理机中切碎。

③ 将步骤①和步骤②的材料以及切碎的黑巧克力、细砂糖、公丁香粉和肉桂粉放入碗中，用手搅至颜色均匀。

3 将打散的蛋清涂抹在步骤1的面皮上，放上内馅，将面皮对折、包好，用叉子用力按压边缘，使面皮贴紧。在包馅部分切一条两三毫米长的小口。

4 将肉饺放入预热至180℃的烤箱中烤制20分钟。

英式蛋奶酱

1 将蛋黄和细砂糖放入碗中，搅打至颜色发白。

2 将牛奶倒入锅中，加热至即将沸腾。

3 将牛奶少量多次加入步骤1的材料中，过滤后放入锅中加热。

4 一边加热一边不断用木刮刀搅拌，直至汤汁变浓稠。

西梅果泥

1 将干西梅、红葡萄酒、细砂糖、肉桂、香草荚以及切成薄圆片的柠檬放入锅中加热，煮至西梅变软即可。

2 西梅变软后取出，放入料理机中打成泥，用筛网过滤。

装饰

1 将姆帕纳缇吉放入预热至180℃的烤箱中加热，撒糖粉。

2 将英式蛋奶酱浇在盘中，放上姆帕纳缇吉。

3 在姆帕纳缇吉旁边放上西梅果泥和去皮并切成楔子形的香梨，最后撒上肉桂粉。

巧克力夹心饼

铠塚俊彦 × 铠塚俊彦甜品店市中心店（Toshi Yoroizuka Mid Town）

夹心饼中藏着柚子稀果酱，拿刀一切，巧克力汩汩流出。整道甜品都散发着柑橘类水果的清爽香气。搭配君度橙酒风味的蜜橘酱汁、橙子果肉、柚子冰激凌、巧克力冰激凌以及巧克力猫舌饼干。

巧克力夹心饼（30人份）

黑巧克力（卡芙卡"圣多美"巧克力，可可含量66%）475克
发酵黄油 450克
鸡蛋 15个
细砂糖 750克
低筋面粉 225克

柚子稀果酱（易做的量）

柚子果酱（说明省略）1千克
柠檬汁 100毫升

巧克力冰激凌（约40人份）

牛奶 1.8升
鲜奶油（乳脂含量32%）200克
脱脂奶粉 95克
细砂糖 230克
转化糖 180克
食品稳定剂（伊那食品工业"INAGEL C-200"）12克
黑巧克力（卡芙卡"圣多美"巧克力，可可含量66%）490克

柚子冰激凌（12人份）

英式蛋奶酱（见P165）300克
柚子果酱 80克

猫舌饼干（100人份）

发酵黄油（软化）100克
细砂糖 100克
蛋清 100克
低筋面粉 70克
可可粉 30克

蜜橘酱汁（30人份）

蜜橘 3个
糖浆（水2：砂糖1）50毫升
橙汁 80克
君度橙酒 10毫升

装饰

橙子（果肉）
可可粉
甜橙粉末（市售）
糖粉

巧克力夹心饼

1 将黑巧克力与发酵黄油混合，隔水化开。

2 将鸡蛋打散，放入细砂糖搅打，加热至37℃左右。

3 将步骤1的材料倒入步骤2的材料中，加入过筛的低筋面粉，快速搅拌至粉末完全消失。

柚子稀果酱

在柚子果酱中加入柠檬汁混合搅拌，倒入烘焙托盘中，放入冰柜冷冻、凝固。

巧克力冰激凌

1 将牛奶、鲜奶油和脱脂奶粉放入锅中加热，当温度升至30℃时加入转化糖和一半的细砂糖。当温度升至45℃时，将剩余的细砂糖和食品稳定剂混合，一起放入锅中，再放入黑巧克力，继续加热至温度达82～85℃。

2 用手动打蛋器搅拌，将锅离火，冷却至温热。放入冰箱内静置12小时左右，放入雪葩机中制成冰激凌。

柚子冰激凌

在英式蛋奶酱中加入柚子果酱混合搅拌，放入雪葩机中制成冰激凌。

猫舌饼干

1 在发酵黄油中加入细砂糖，搅拌均匀。

2 将蛋清加热至37℃左右，少量多次加入到步骤1的材料中。

3 将低筋面粉和可可粉混合、过筛，加入到步骤2的材料中混合搅拌。

4 将步骤3的材料塞入达克瓦兹模具中，放入预热至160℃的烤箱中烤制10～12分钟。

蜜橘酱汁

1 将蜜橘去蒂，放入水中焯后将水倒掉，重复3次。

2 将步骤1的材料与糖浆放入料理机中，再放入橙汁和君度橙酒，搅拌均匀。

装饰

1 在直径5.5厘米的圆形模具中铺上烘焙纸，将巧克力夹心饼的面团挤入，高度达模具的1/3即可。

2 将柚子稀果酱倒入步骤1的模具中，然后再挤入巧克力夹心饼的面团，放入预热至200℃的烤箱中烤制7分30秒。

3 将蜜橘酱汁倒入盘中，在上面放上切成小丁的橙子果肉。

4 在酱汁周围撒可可粉和甜橙粉末。

5 在烤好的步骤2的夹心饼上撒上糖粉，放在盘子中央。在两边分别放上巧克力冰激凌和柚子冰激凌。最后在两个冰激凌上各放一片撒了糖粉的猫舌饼干。

橙子樱桃风味玛克白兰地
巧克力奶油慕斯

高井实 × 变量餐厅（Restaurant Varier）

看上去像"软绵绵的巧克力翻糖"。在极薄的薄脆饼中层层堆叠了焦糖烤布蕾和充满气泡的巧克力慕斯。将注入了玛克白兰地的巴旦木奶油铺在薄脆饼的底部，对爱喝酒的客人来说，这是一道极富吸引力的甜品。

巧克力薄脆饼（易做的量）

A
- 蛋清 3 个
- 糖粉 150 克
- 低筋面粉 50 克
- 化黄油 125 克

B
- 糖粉 250 克
- 低筋面粉 60 克
- 可可粉 20 克

C
- 橙汁 95 毫升
- 化黄油 90 克

焦糖烤布蕾（易做的量）

蛋黄 4个
细砂糖 180克
牛奶 250毫升
鲜奶油（乳脂含量46%）250克
水 少许

巴旦木奶油（易做的量）

黄油（软化）400克
糖粉 320克
酸奶油 40克
香草油 4毫升
鸡蛋 216克
蛋黄 40克
巴旦木粉 480克
葡萄干 适量

巧克力慕斯（易做的量）

牛奶 480毫升
蛋黄 4个
明胶 6克
黑巧克力（可可百利"雷诺特协和"巧克力，可可含量66%）
　280克
可可粉 20克
力娇酒（樱桃金万利）60毫升
鲜奶油（乳脂含量46%）360克

装饰

玛克白兰地
樱桃
腌橙子（说明省略）
薄荷叶
橙子糖*

* 削成细丝的橙皮与细砂糖的混合物。

巧克力薄脆饼

1 将材料A中除化黄油以外的所有材料放入碗中，搅拌。
2 步骤1的材料搅拌至颜色均匀后，加入化黄油混合，静置。
3 将材料B全部放入另一碗中搅拌，加入材料C，静置。
4 将步骤2和步骤3的材料混合搅拌，倒入长方形模具中，放入预热至155℃的烤箱中烤制7分钟。
5 趁热将薄脆饼绕在圆形模具的侧面，使其成为筒状。

焦糖烤布蕾

1 将蛋黄和60克细砂糖放入碗中混合，搅打至颜色发白。
2 将牛奶和鲜奶油混合，倒入锅中加热。慢慢倒入步骤1的材料中，并不断搅拌。

3 将水和120克细砂糖放入另一锅中加热。当砂糖化开、液体呈透明状时倒入烤盘中冷却、凝固。
4 将步骤2的材料倒在步骤3的材料上，放入预热至83℃的烤箱中加热。

巴旦木奶油

1 将黄油和糖粉放入碗中混合，搅打至颜色发白。
2 将酸奶油和香草油倒入步骤1的材料中混合搅拌。
3 将鸡蛋和蛋黄放入另一碗中搅拌，加热至室温，然后将其少量多次加入步骤2的材料中，不断搅拌，使液体乳化。
4 加入巴旦木粉，混合搅拌，放入冰箱内静置一天。
5 将步骤4的材料放入烤盘中，放上葡萄干，放入预热至160℃的烤箱中烤制15分钟。

巧克力慕斯

1 将牛奶和蛋黄倒入锅中搅拌，小火加热的同时用木刮刀不断搅拌，直至温度达到83℃。
2 加入泡发的明胶，用筛网过滤，少量多次加入切碎的黑巧克力，使其化开。
3 加入可可粉和力娇酒，静置待其充分冷却。
4 将鲜奶油打至十分发，先将1/2倒入步骤3的材料中，混合搅拌至颜色均匀后再加入剩余的鲜奶油搅拌，装入容器中，放入冰箱冷藏、凝固。

装饰

1 将玛克白兰地注入巴旦木奶油中，塞进巧克力薄脆饼中。
2 将巧克力慕斯挤在巴旦木奶油上面，放上樱桃，再继续挤入巧克力慕斯。
3 将切片的腌橙子放在火上炙烤一下，使其表面略焦。
4 在步骤2的巧克力慕斯上放上焦糖烤布蕾，最后放上腌橙子片作为盖子，点缀上薄荷叶。
5 放入盘中，在旁边撒适量橙子糖。

香橙欧培拉

田中督士 × 喜悦（Sympa）

将味道浓郁的巧克力点心制成香橙风味，平添轻快感。夹在海绵蛋糕中的黄油奶油里混合了意式蛋白霜和糖渍橙皮。虽然制作过程较为费时，但装饰时只需切好、摆盘即可，即便在非常忙碌的时刻，也可以为客人献上最纯正的美味。

乔孔达海绵蛋糕（长35厘米、宽30厘米的烤盘，2个）

蛋清 240克
细砂糖 50克
巴旦木糖粉*（T.P.T）500克
低筋面粉 60克
鸡蛋 340克
化黄油 50克
金万利力娇酒 70毫升
糖浆（从以下取70毫升）
├ 水 100毫升
└ 细砂糖 130克
橙汁 70毫升

甘纳许（25人份）

鲜奶油（乳脂含量38%）400克
黑巧克力（可可百利特苦巧克力，可可含量64%）400克

黄油奶油（25人份）

意式蛋白霜
├ 细砂糖180克
└ 蛋清150克
黄油（软化）450克
糖渍橙皮（切碎）250克

巧克力镜面（约25人份）

细砂糖200克
水50毫升
鲜奶油（乳脂含量38%）100克
可可粉100克
明胶片15克

朗姆酒风味生巧克力（从以下取适量）

黑巧克力（可可百利特苦巧克力，可可含量64%）200克
鲜奶油（乳脂含量38%）400克
细砂糖50克
朗姆酒60毫升

装饰

黑巧克力（可可百利特苦巧克力，可可含量64%）
金箔

* 将巴旦木和细砂糖以相同的比例混合，碾碎制成粉末即可。

乔孔达海绵蛋糕

1 将蛋清打发，过程中将细砂糖分3次撒入碗中，打发成较为坚挺的蛋白霜。

2 将巴旦木糖粉、低筋面粉和鸡蛋放入碗中混合，用打蛋器搅拌。

3 在步骤2的材料中倒入步骤1的蛋白霜，快速混合搅拌，再加入化黄油混合。

4 在两个烤盘里铺上硅胶烤垫，分别各倒入一半的步骤3的面糊，放入预热至160℃的烤箱中烤制10分钟。

5 将金万利力娇酒、糖浆和橙汁装入喷雾器中，均匀且大量地喷在步骤4材料的表面。

6 用保鲜膜包好，用镇石压好，放入冰柜内冷冻。

甘纳许

1 将鲜奶油倒入锅中，加热至即将沸腾。

2 将锅离火，将鲜奶油慢慢倒入化开的黑巧克力中，不断混合搅拌，冷却至常温。

黄油奶油

1 将细砂糖和少许水（材料外）倒入锅中，加热至117℃。

2 将蛋清放入碗中打发，慢慢将步骤1的材料倒入碗中，混合搅拌，制成意式蛋白霜。

3 趁热放入黄油，混合搅拌。

4 加入糖渍橙皮，快速混合搅拌。

巧克力镜面

1 将细砂糖和水倒入锅中，加热至136℃。

2 加入鲜奶油、可可粉和泡发的明胶片混合搅拌。过滤后冷却至温热。

朗姆酒风味生巧克力

1 将黑巧克力隔水化开。

2 将鲜奶油和细砂糖倒入锅中加热。

3 在步骤1的材料中倒入步骤2的材料，并用搅拌机搅拌1分钟左右。

4 当步骤3的材料冷却至温热时，倒入朗姆酒混合搅拌。

装饰

1 将冻好的乔孔达海绵蛋糕取出，在一片的正反两面和另一片的其中一面涂抹甘纳许。

2 当两片海绵蛋糕表面的甘纳许凝固后，再在上面涂黄油奶油。

3 将只有一面涂了甘纳许和黄油奶油的乔孔达海绵蛋糕放在另一片上面，竖切成两半。

4 将两块乔孔达海绵蛋糕叠放在一起，注意要使没有涂黄油奶油的一面朝上。

5 用保鲜膜包好，用镇石压好，放入冰箱内静置一晚。

6 在步骤5的材料表面淋巧克力镜面，用抹刀抹去多余的巧克力镜面，将表面修饰平整。待巧克力镜面凝固后，将蛋糕切成宽1厘米的长条。

7 将步骤6的欧培拉放入盘中，用隔水化开的黑巧克力在盘中画一些纹路。

8 将朗姆酒风味生巧克力用勺子做成橄榄形，放在欧培拉旁边。再将调温后的黑巧克力冷却凝固成棒，装饰在生巧克力上。最后在巧克力棒的端部点缀上金箔。

酒心巧克力

藤原哲也 × 藤屋 1935（Fujiya 1935）

在由15道菜组成的晚餐中，这道甜品的出场顺序是最后那三四碟中的小甜品。刚烤好的酒心巧克力口感丝滑，伴随着浓浓香气。将温度保持在30℃的甘纳许凝固成夹心，在入口的一瞬间化开，唇齿留香。

甘纳许（约20个）

蛋黄 1½个
糖粉 25克
鲜奶油（乳脂含量47%）65克
香草荚 1/2根
黑巧克力（乔科维奇"塔拉坎"巧克力，可可含量75%）75克
牛奶巧克力（乔科维奇"纳亚里特"巧克力，可可含量37%）75克
黄油 25克
卡尔瓦多斯白兰地 25毫升

装饰

黑巧克力（法芙娜特苦巧克力，可可含量61%）

甘纳许

1 将蛋黄和糖粉放入碗中搅打。
2 将鲜奶油、香草荚和刮下来的香草籽一起放入锅中加热。

3 将1/2步骤2的材料倒入步骤1的材料中搅拌，混合均匀后再倒入另一半。
4 将步骤3的材料倒回锅中，开火熬煮。
5 当步骤4的材料有一定浓稠度且温度达80℃时，将锅离火。将两种巧克力切碎，隔水煮至化开且剩余一半时倒入锅中，乳化。
6 将步骤5的材料装入碗中，当温度降至50～60℃时加入黄油搅拌。当整体呈现均匀的乳化状态时，加入卡尔瓦多斯白兰地混合搅拌。
7 放入保温箱，使温度保持在30℃。

装饰

1 用勺子舀一勺甘纳许，当其自然滑动形成小山形状时，放入液氮中浸泡，使其凝固。注意只需使外表凝固，内里要保持绵滑的液体状。
2 将黑巧克力化开，放在保温箱中。将步骤1的巧克力块浸在黑巧克力液中再拿起，等多余的巧克力滴落后，再次浸泡在液氮中，使表面冷却、凝固。
3 将步骤2的巧克力块切成两半，装入容器中。

巧克力基础技术讲座

巧克力是西餐厅的甜品中必不可少的食材。奥克伍德（OAKWOOD）果子工房的横田秀夫大厨将为我们讲解，制作口感丝滑的巧克力所不可或缺的调温技艺，以及巧克力装饰的制作方法。

巧克力调温

调温是在制作巧克力装饰等材料过程中，使巧克力凝固所必不可少的技艺，是在将巧克力的油脂结晶时至关重要的操作。如果这一步失败的话，做出来的巧克力会口感粗涩且没有光泽。在小型厨房中，推荐大家采用将碗浸泡在冰水中调节温度的做法。至于调至什么温度，这与巧克力的可可含量及品牌有关，所以这里只能提供一个大致的范围。剩余的巧克力在下次调温时适当地掺入一半的量即可。

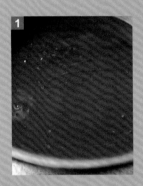

1. 将黑巧克力切碎，装入盆中，放入预热至60℃左右的蒸锅中隔水化开。

2. 将盆浸泡在冰水中，用木刮刀搅拌均匀。部分巧克力会粘在盆的内壁上，注意不断将其刮下来继续搅拌。

3. 巧克力会从底部开始凝固，当用木刮刀搅拌也看不见盆底时，将盆从冰水中拿出，继续搅拌。因为离开了低温环境，凝固的巧克力会再次化开。

4. 再继续重复几次步骤2和步骤3，同时慢慢使巧克力的温度下降至27~28℃。不断搅拌至整体变浓稠，处于半凝固的状态。

5. 接下去巧克力会完全凝固，所以此时需要开火，将盆举在火上方微微加热，直至温度上升至30~32℃。

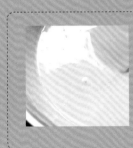

白巧克力调温
原料为白巧克力时，要先将温度降至26~27℃，再升至27~29℃。如果是牛奶巧克力，需要先将温度降至27~28℃，再升至29~30℃。

制作巧克力装饰

巧克力制成的装饰品可在15~20℃的室温下保存3个月左右。巧克力不耐热，最好室温下保存。在夏季，当厨房温度超过30℃时，需要将其放入冰箱中冷藏。此时需要避免受潮，必须将巧克力装在密封容器内。

片状

1 将烤盘翻转过来，使用它的底部。为了防滑，先喷一些酒精喷雾，再铺上OPP薄膜。

2 将适量调好温的巧克力液倒在上面，用弯抹刀分别向左右和前后重复抹开，抹得薄而均匀（图a~图c）。

3 当巧克力液抹到极薄时，覆盖一层OPP薄膜，注意不要进入空气，用刮片隔着薄膜进一步抹开巧克力液（图d），厚度约为1毫米。静置在室温（15~20℃）下凝固。

4 揭开薄膜，将巧克力片分成适当大小（图e）。

漩涡形

1 将烤盘翻转过来，使用它的底部。为了防滑，先喷一些酒精喷雾，再铺上OPP薄膜。

2 将薄膜卷成圆锥形，将调好温的巧克力倒入其中。

3 用剪刀在圆锥的尖角处剪个小洞。将巧克力在烤盘上挤成直径5厘米的漩涡形图案（图f），静置在室温下凝固。

4 揭下薄膜即可使用（图g）。

心形

1 将调好温的牛奶巧克力参照"片状"的步骤1~步骤3，制成巧克力片（图h、图i）。

2 揭下薄膜，将巧克力片切成适当大小（图j、图k）。

3 用喷灯将心形模具的边缘加热，按压在巧克力片上，制成心形巧克力（图l、图m）。

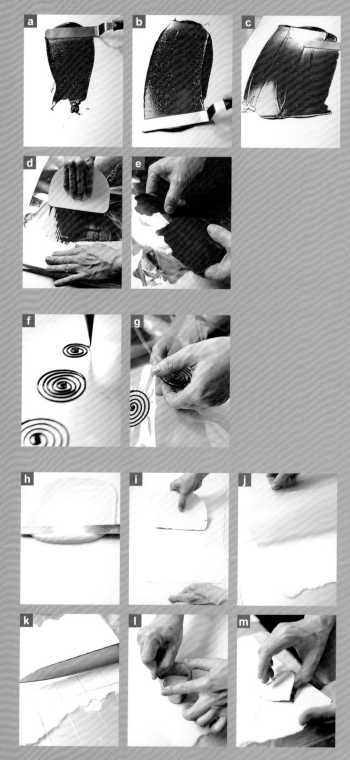

巧克力的使用

巧克力能够制作出众多美味。为了能够更加灵活地运用巧克力，我们拜访了奥克伍德果子工房的横田秀夫大厨。同时，我们还对奥克伍德果子工房的咖啡馆里最具人气的甜品套餐"巧克力下午茶"进行整理编排，为大家介绍这款将巧克力发挥到极致的甜品套餐。

巧克力下午茶

这款下午茶套餐组合了7款用巧克力制成的甜品。原料中包含了黑巧克力、白巧克力和牛奶巧克力，使甜品味道有苦有甜、丰富多彩。又通过冰甜品和热饮等不同表现形式突显温度差。每道甜品都各具特色、口感不一。为了使客人尽情享受巧克力而不厌腻，横田大厨颇费了一番功夫。

巧克力是一种味道多样、功能丰富的食材。在所谓的"巧克力味"中，包含着苦味、甜味和酸味，还有其特有的香味。因此，虽然只是一种食材，却可以像这次介绍的巧克力套餐那样，搭配出丰盛的拼盘。

要想在甜品中熟练运用巧克力，首先必须掌握黑、白、牛奶这3种巧克力各自的特征。黑巧克力苦味较重，在利用这一特点的同时也需用砂糖调和，使其不至于令人难以下咽。实际上，使用黑巧克力越多、越苦的甜品，就越需要加入更多的砂糖调味。此外，加入鲜奶油混合，通过油脂使口感绵软也是调节苦味的另一方法。

牛奶巧克力比黑巧克力甜一些，但有时也因此导致后味不够悠长，像是半成品。为了避免这种情况发生，必须谨慎选择

搭配的食材。像这组套餐里的"牛奶巧克力与咖啡口味烤布蕾"就是一个典型例子，通过添加咖啡这种增强苦味的食材，使整体味道更加平衡。

白巧克力在注重其牛奶般的固有味道同时，必须注意不要给人留下过甜的印象。可以搭配覆盆子等酸味较重的水果，并制成薄薄一片，使口感更佳。此外，白巧克力与其他巧克力相比，凝固能力较弱，在制作慕斯等甜品时需要放入更多明胶。

是恰到好处的苦涩，还是令人抱怨"太苦了"；是想让人品味巧克力的醇厚美味，还是要给人留下"重口味"的印象？这就是巧克力甜品的关键所在。在充分发挥巧克力特性的同时，也请不要忘记表现口感和香味等重点，还有后味。

Ⓐ 热巧克力

用热牛奶将事先准备好的甘纳许化开即可。在巧克力甜品中，除热巧克力外，还推荐咖啡或者更为浓郁的阿萨姆奶茶。

将90毫升牛奶用意式浓缩咖啡机的蒸汽功能加热，然后与80克黑巧克力甘纳许混合，使其溶化即可。

Ⓑ 巧克力马卡龙（说明省略）

面团和甘纳许夹心均采用可可含量55%的黑巧克力。因为巧克力的油脂可以消除马卡龙面团中的气泡，可多用一些蛋白霜。

Ⓒ 巧克力泡芙

很少有人制作巧克力味的卡仕达奶油，您可能会感到意外，这是因为卡仕达奶油本身就是甜的，如果再和可可含量高的巧克力搭配，味道会更甜腻。为了消除这一缺点，这里使用的是可可块，仅突出巧克力的苦味。泡芙面团使用的是以可可粉制成的巧克力马卡龙面团，香气诱人。

巧克力马卡龙面团 （约60个）	巧克力卡仕达奶油 （30个）
巴旦木粉 50克 糖粉 90克 可可粉 3克 蛋清 50克	牛轧糖 ┌ 细砂糖 100克 └ 巴旦木小方丁 50克 牛奶 200毫升 香草荚 1/5根
泡芙面团（直径 3厘米，70个）	┌ 蛋黄 32克 │ 细砂糖 50克 B 低筋面粉 9克 └ 奶油粉* 9克
┌ 牛奶 125毫升 │ 水 125毫升 A 黄油 113克 │ 细砂糖 5克 └ 盐 2.5克 低筋面粉 138克 鸡蛋 250克	可可块（贝可拉）55克 香缇奶油（乳脂含量45%） 　　110克 * 用于制作卡仕达奶油的奶油粉。

巧克力马卡龙面团

将过筛的巴旦木粉、糖粉和可可粉一起放入碗中，用打蛋器搅拌。加入打散的蛋清搅拌均匀，倒入带有5毫米口径圆形金属嘴的裱花袋中。

泡芙面团

1 将材料A放入锅中加热至沸腾，使黄油化开。加入低筋面粉搅拌均匀后再次加热，不停搅拌。当锅底仿佛被贴了层薄膜时关火。立刻倒入搅匀的蛋液，并不断搅拌。

2 倒入带有10毫米口径圆形金属嘴的裱花袋中，在烤盘上挤出直径3厘米的圆形面团。将叉子用水沾湿，轻轻按在面团上。将巧克力马卡龙面团以螺旋状挤在泡芙面团上。放入预热至180℃的烤箱中烤制约40分钟。冷却后，在面团上部1/3处切开。

巧克力卡仕达奶油

1 制作牛轧糖。将细砂糖加热至深棕色，加入巴旦木小方丁，倒在硅胶烤垫上冷却。之后将使用28克牛轧糖。

2 将牛奶和香草荚放入锅中加热。

3 将材料B放入碗中搅打，加入步骤2的牛奶混合，倒入锅中煮制。

4 当液体有一定浓稠度后再继续加热一两分钟，然后迅速过滤至碗中，用打蛋器搅拌至表面平滑。加入可可块化开，并不断搅拌至汤汁均匀。急速冷冻。

5 用打蛋器将步骤4的材料搅拌至表面平滑，加一勺香缇奶油稀释材料，剩余香缇奶油分3次加入到材料中，搅拌混合。加入步骤1的牛轧糖。

装饰

将巧克力卡仕达奶油倒入裱花袋中，挤入切好的泡芙面团里。将另1/3的泡芙面团盖在上面，撒可可粉（材料外）。

Ⓓ 巧克力吉安杜佳蛋糕（说明省略）

将可可含量70%的黑巧克力与蛋清混合后烘烤出的烤点心，口感醇厚、细腻。夹心由吉安杜佳、酥饼脆皮和牛奶巧克力甘纳许组成。

Ⓔ 巧克力慕斯冰激凌与开心果冰激凌

由蛋白霜、鲜奶油和炸弹面糊制成的慕斯冰激凌含有许多气泡，即使经过冷冻也能保持适宜的柔软度，可以马上上桌。采用可可含量70%、较为苦涩的巧克力，加入鲜奶油和鸡蛋，通过油脂使味道更为柔和。

（长33厘米、宽8厘米、高4厘米的长方形模具，4个）

圣米希尔饼干

蛋清 135克
海藻糖 21克
细砂糖 21克
巴旦木粉 50克
榛子粉 35克
糖粉 57克+适量
低筋面粉 9克

巧克力慕斯冰激凌

黑巧克力（韦斯"阿卡里瓜"巧克力，可可含量70%）170克
鲜奶油（乳脂含量38%）500克
蛋清 175克
细砂糖 90克
炸弹面糊
⌐ 蛋黄 140克
│ 细砂糖 50克
└ 水 50毫升

朗姆酒（黑）20毫升
白兰地 20毫升

开心果冰激凌

牛奶 750毫升
鲜奶油（乳脂含量38%）225克
⌐ 蛋黄 120克
│ 细砂糖 165克
A 海藻糖 75克
│ 液态转化糖（林原公司产）*
│　45克
└ 开心果果泥 45克
安摩拉多酒 23毫升

装饰

可可粉
开心果脆饼（说明省略）

* 含有海藻糖的糖稀。

圣米希尔饼干

1 将蛋清与海藻糖打至七分发，加入细砂糖，再打至八分发。

2 将过筛的巴旦木粉、榛子粉以及57克糖粉和低筋面粉加入步骤1的材料中，搅拌均匀。

3 放入烤盘中，擀至8毫米厚，撒适量糖粉，放入预热至200℃的烤箱中烤制13分钟。冷却后用长方形模具切割成长方形的饼干。

巧克力慕斯冰激凌

1 将黑巧克力切碎，隔水化开后将温度调整至50℃。

2 将鲜奶油打至七分发。将蛋清与细砂糖打至八分发，制成蛋白霜。

3 制作炸弹面糊。将蛋黄、细砂糖和水放入碗中，隔水加热，不断用打蛋器画圈搅拌。当泡沫完全消失后从锅中取出并过滤，倒入搅拌机中高速搅拌，打发至液体舀起时成丝带状。因为加入的蛋黄量较多，所以制成的炸弹面糊比较浓厚。

4 将两勺步骤2的鲜奶油加入步骤1的巧克力中，用打蛋器中搅拌，再加入步骤3的炸弹面糊搅拌混合。

5 在步骤2剩余的鲜奶油中加入朗姆酒和白兰地，加入步骤4的材料搅拌混合，再将步骤2的蛋白霜加进来一起搅拌。

6 当液体搅拌至颜色均匀后倒入裱花袋中，挤入长方形模具，高度达一半即可。将表面抹平整后放入冰柜内冷冻、凝固。

开心果冰激凌

1 将牛奶和鲜奶油加热至即将沸腾。

2 将材料A放入碗中，用打蛋器搅拌至颜色变白且浓稠。

3 将步骤1的材料少量多次加入步骤2的材料中，混合搅拌，过滤后放入锅中，加热至汤汁浓稠。加入安摩拉多酒，放入冰激凌机中制成冰激凌。

装饰

1 将开心果冰激凌装入裱花袋中，挤入装有巧克力慕斯冰激凌的长方形模具中，装至七分满即可，将表面抹平整。将圣米希尔饼干放入模具中，放入冰柜内冷冻、凝固。

2 将步骤1的长方形模具倒放，在火上快速烤一下，使冰激凌脱模。用锯齿刀先沿着长边将冰激凌一切为二，再切成4厘米见方的块。

3 再次放回冰柜中彻底凝固，包上一层保鲜膜。可在冰柜内（-20℃）保存1个月左右。

4 享用时从冰柜内取出，撒可可粉，再装饰上掰碎的开心果脆饼即可。

改变造型

将原本两层的开心果冰激凌用勺子制成橄榄形，放在巧克力慕斯冰激凌上。盘中淋开心果酱汁，并在冰激凌上插巧克力片装饰。

F 牛奶巧克力与咖啡口味烤布蕾

用可可含量40%的牛奶巧克力制成的焦糖烤布蕾，味道清淡、口感温和、老少皆宜。牛奶巧克力与黑巧克力相比，由于有甜味，容易给人留下后味寡淡的印象。加入苦味较重的速溶咖啡，可以突出巧克力的香味并增强苦味，使之回味悠长，效果出乎意料。

（直径6.5厘米、高3.3厘米的小烘焙盘，8个）

牛奶巧克力（法芙娜"吉瓦那"牛奶巧克力，可可含量40%）
　80克
鲜奶油（乳脂含量38%）240克
牛奶160毫升
香草荚1/3根
速溶咖啡1.5克
蛋黄55克
鸡蛋40克
细砂糖60克+适量

1 将牛奶巧克力切碎后放入碗中。

2 将鲜奶油、牛奶和香草荚放入锅中加热至沸腾，关火后加入速溶咖啡，用筛网过滤。

3 将1/4步骤2的材料沿着碗边倒入步骤1的巧克力中，使其从四周包围巧克力，将巧克力化开，不停用打蛋器搅拌。当材料完全变成甘纳许的状态时，再将剩余步骤2材料的一半倒入，搅拌均匀后再倒入另外剩余材料，搅拌。

4 将蛋黄与鸡蛋、60克细砂糖一起搅打。

5 将1/2步骤3的材料倒入步骤4的材料中搅拌，再倒入剩余材料搅拌均匀。为了避免进入空气，需要注意不要过分搅拌。

6 再次用筛网过滤。将保鲜膜迅速贴和，浸在液面中后再迅速揭开，去除表面的气泡。重复此步骤，将气泡完全去除。

7 将材料倒入小烘焙盘中，摆放在烤盘中。在烤盘中倒入热水，没至小烘焙盘高度的1/3即可。然后放入预热至150℃的烤箱中隔水烤制35～40分钟。烤好后静置冷却，备用。

8 当有客人点单时，裹一层细砂糖，用喷枪将表面烤焦即可。

改变造型

在牛奶巧克力与咖啡口味烤布蕾底部加入焦糖，脱模后直接装盘。在烤布蕾下面淋英式蛋奶酱和安摩拉多酒风味酱，放一圈果肉块，最后装饰漩涡形巧克力。

G 白巧克力与覆盆子口味拿破仑派（说明省略）

在这道颇具情人节情调的白巧克力与覆盆子口味拿破仑派中，你可以品尝到白巧克力的原始味道。白巧克力口感如牛奶般丝滑且甜味醇厚，十分适合与覆盆子等酸味较强的食材搭配。

改变造型

将制成心形的白巧克力与香缇奶油、覆盆子层层堆叠，再点缀上覆盆子风味酱和覆盆子鲜果。

咖啡馆巧克力甜品创意

生姜味巧克力蛋糕

堀利弘、堀美佳 × 咖啡咖啡（CafeCafe）

加入了姜末的巧克力蛋糕。考虑到香味和可可含量间的平衡，混合了两种巧克力。没有使用任何面粉，可以让人品尝巧克力最原始的苦涩。搭配打发的鲜奶油和加入酸奶的自制香蕉冰激凌，口味清爽。最后装饰上芝麻做的法式薄脆，口感更为丰富多样。

1 将使用了两种等量的黑巧克力（Le Pec "美洲" 巧克力，可可含量72%和 "超级盖尔吉尔"，可可含量64%）并混入姜末的巧克力蛋糕放在盘子中央，用微波炉加热约20秒。
2 在巧克力蛋糕旁放上自制的、加了酸奶的香蕉冰激凌和香缇奶油（乳脂含量40%）。
3 用焦糖酱汁画圈，将步骤2的材料包围，将芝麻做的法式薄脆点缀在巧克力蛋糕上。最后撒糖粉。

丝绸巧克力

板桥恒久 × 板桥糕点匠人（Artisan Patissier Itabashi）

如绸缎般口感丝滑的巧克力蛋糕，用加入了可可的法式薄脆和香缇奶油简单装饰。为了充分发挥原产自秘鲁阿普里马克的巧克力的异域风味与极致口感，将其置于130℃的烤箱中隔水烤制50～60分钟。此外，在砂糖中加入两成具有独特甜味的鹿儿岛黑砂糖，用以突出可可的风味，令人回味无穷。

1 制作巧克力法式薄脆。在蛋清中依次加入糖粉、低筋面粉、可可粉混合搅拌，放入冰箱内醒发后放在烤盘或烘焙纸上，直接用手擀成薄薄的圆形（直径7厘米），然后放入预热至190℃的烤箱中烤制2分钟。烤好后趁热用刮刀做成波浪状。
2 用意式浓缩咖啡酱在盘中画一个圈。
3 将 "丝绸巧克力" [将黑巧克力（多莫瑞 "阿普里马克" 巧克力，可可含量75%）、鸡蛋、黄油、可可粉、细砂糖和黑砂糖混合，放入预热至130℃的烤箱中隔水烤制50～60分钟]放在盘中央，挤上适量香缇奶油。
4 装饰上步骤1的巧克力法式薄脆，撒糖粉。

甜品"冬日"
——慕斯泡白巧克力挞
八木美纱穗、藤田健太 × 灯光（Las Luces）

柠檬味白巧克力甘纳许是在煮沸的鲜奶油中放入柠檬皮，虽然要立即捞出，但还是在后味中留下了柠檬的味道。使用了慕斯泡的覆盆子冰激凌口感轻柔，与塞入了白巧克力和巴旦木冰激凌的蛋挞形成了鲜明的对比。慕斯泡不仅口感别有风味，还是盘装甜品所独有的可食用装饰物，因此被广泛地运用于多种甜品中。

1 在蛋挞模具中放入极薄的莎布蕾面团，用烤箱烤制。将山核桃、巴旦木、南瓜子和葡萄干放入糖稀中，再加入由鲜奶油和蜂蜜熬煮成的奶油。
2 将巴旦木奶油倒入圆形模具中烤制，放在甘纳许［将白巧克力（法芙娜"伊芙瓦"巧克力，可可含量35%）和用柠檬皮调味的鲜奶油以2：1的比例混合搅拌制成］上。待甘纳许冷却凝固后，撒入步骤1的莎布蕾面团中。
3 将覆盆子奶油和鲜奶油以相同的比例混合，塞入虹吸瓶中，挤在步骤2的材料上。
4 点缀草莓、覆盆子和蓝莓，在盘中撒覆盆子粉，装饰糖丝网和薄荷叶。

巧克力雪球
三枝俊介 × 黄金调色板东京（Palet Dor TOKYO）

在如"雪球"般的球形香槟冰激凌上淋同样用香槟制成的浓醇酱汁，使其将"雪球"完全包裹。在柔软膨松的冰激凌中加入了用牛奶巧克力制成的丝滑奶油。口感温和却不失存在感的可可风味与香槟巧妙搭配，再装饰上酸甜的浆果和糖片，使造型更加典雅。

1 在半球形模具中塞入冰激凌（由蛋黄、砂糖、香槟和鲜奶油制成），再塞入用巧克力（可可含量50%）和鲜奶油（乳脂含量35%）制成的巧克力奶油。将两个半球形冰激凌合在一起组成完整的球形，放入冰箱内冷藏、凝固、备用。
2 将香槟和砂糖略加热，加入少许泡发的明胶化开，静置、冷却。当香槟果冻缓慢凝固后不断搅拌成黏稠的液体，倒一部分到盘中。
3 将步骤2的酱汁淋在步骤1的球形冰激凌上。
4 在盘中放几颗草莓和覆盆子，再放几颗覆盆子在冰激凌上，撒糖粉。
5 将饴糖捣碎成粉末，撒在烘焙纸上。将烤制过的干燥草莓、开心果等放在糖粉中，放入烤箱烤制，制成薄薄的糖片后放在步骤4的冰激凌上。
6 用抹刀将白巧克力抹开，做成羽毛状，静置、凝固后装饰在冰激凌两侧。最后在盘中淋适量用浆果类果酱和红葡萄酒制成的酱汁。

焦糖香梨、巧克力奶油冻与
百利甜酒风味冰激凌

宿院干久 × 杰明沙龙（Salon de Thé Jamin）

用果味巧克力强调香梨的轻柔芳香。为了追求更好的口感，将巧克力制成奶油冻。由弹性十足的巧克力牛轧糖、温热的香梨、冰凉的冰激凌以及松脆轻薄的阿拉伯点心"布里克薄饼"搭配在一起的这道甜点，将充分刺激你的感官。

1 用细砂糖、肉桂和香草荚将香梨制成焦糖果，并将焦糖酱汁浇在盘中，撒上适量焦糖榛子。

2 将核桃味巧克力牛轧糖放在盘子中央，再放上巧克力奶油冻［将鲜奶油、蛋黄和细砂糖隔水加热，再放入化开的巧克力（国王"桑德拉戈"巧克力，可可含量70%），打至六分发后冷却、凝固］。

3 将步骤1的香梨放入小烘焙盘中，170℃烤制约7分钟后切成茶筅形。用竹签固定在步骤2的奶油冻上。

4 放上冰激凌（由鲜奶油、牛奶、香草荚、砂糖、百利甜酒制成）。

5 装饰上布里克薄饼（撒百里香和粗磨的胡椒后烤制而成的薄饼）和细条巧克力。

安摩拉多风味"波涅"
与柚子味意式冷霜冰糕

森直史 × 透明（Trasparente）

这道芭菲的主角是皮埃蒙特的传统点心"波涅（巧克力布丁）"，波涅中使用了醇厚的法芙娜可可粉。此外，还搭配了在意大利很常见的柚子味冷霜冰糕。入口即化的意式冷霜冰糕与浓醇厚重的波涅形成了鲜明的对比，妙趣横生。还盛有各色新鲜水果、坚果和酥饼脆皮等，令人大饱口福。

1 制作波涅。将鸡蛋、蛋黄和砂糖混合在一起搅打，当液体起泡时加入可可粉（法芙娜），与热牛奶和鲜奶油混合。再放入碾碎的安摩拉多味脆饼和坚果（榛子、巴旦木、腰果），放入预热至120℃的烤箱中隔水烤制30分钟，静置冷却。

2 用勺子将波涅舀入玻璃杯中。

3 放入水果（蓝莓、无花果、香梨）、坚果（巴旦木、腰果、榛子、果仁糖），撒上千层酥皮饼碎，再放上葡萄和橙子果肉。

4 放入事先切成三角形的柚子味意式冷霜冰糕（在炸弹面糊中加入打发的鲜奶油和柚子果泥，混合搅拌后放入冰柜冷冻、凝固即可）。

5 放上装饰用的调温巧克力（可可百利特苦巧克力），撒开心果和覆盆子冻干制成的粉末，最后点缀雪维菜叶。

"热情"巧克力

铠塚俊彦 × 铠塚俊彦甜品店市中心店

(Toshi Yoroizuka Mid Town)

为了强调温和的印象，使用的是比利时嘉利宝和水果牌的巧克力，加工后入口即化。搭配用苦巧克力、少许砂糖和君度橙酒制成的清凉冰激凌，并将加量使用牛奶巧克力的巧克力慕斯制成同样硬度，突显巧克力味道的不同。

1 将巧克力面团（由鸡蛋、砂糖、梵豪登可可粉、低筋面粉制成）擀至直径8厘米，放入相同大小的圆形模具中，在上面倒入巧克力慕斯[将黑巧克力（嘉利宝，可可含量70%）和牛奶巧克力（水果，可可含量34%）以3：7的比例混合，再加入鲜奶油（乳脂含量40%）制成]，冷却、凝固后备用。

2 将步骤1的材料脱模，放入盘中。在百香果果酱中加入砂糖制成酱汁，淋在周围。

3 在巧克力慕斯上放长方形猫舌饼干（由黄油、砂糖、蛋清、梵豪登可可粉、低筋面粉制成）。

4 将烘烤过并切碎的坚果（巴旦木、开心果、榛子）撒在慕斯和猫舌饼干上。

5 放上君度橙酒风味巧克力冰激凌[黑巧克力（水果，可可含量72%～74%）]。

6 在冰激凌上淋百香果酱汁，撒坚果。

7 装饰上加入了榛子的糖丝网和三角形的猫舌饼干，最后在盘中撒适量可可粉。

"本质"

藤田统三 × MOTOZO工作室（L'atelier MOTOZO）

这款冬日甜品充满了意大利风情，是藤田大厨用自己的方式对意大利经典甜品提拉米苏的重新演绎。在加入了香味浓烈的娅曼蒂"托斯卡诺"黑巧克力、马斯卡彭奶酪和黑松露口味的烤布蕾上放上巧克力布朗尼蛋糕，和加入了嘉利宝"加纳"巧克力、烤得脆脆的自制意大利面。此外，用口感更好的意式冰激凌代替萨白利昂蛋黄酱，使整体更加美味诱人。

1 将巧克力味烤布蕾[加入与牛奶等量的马斯卡彭奶酪和黑巧克力（娅曼蒂"托斯卡诺"黑巧克力），做好后放入适量松露油增添香味]放在盘中隔水化开，放入冰箱冷藏。有客人下单时，在表面撒细砂糖，用喷枪微微烤焦，并重复3次本步骤。

2 将碾碎的咖啡豆和咖啡豆制成的巧克力装饰在容器周围。

3 在烤布蕾上放上用菊花形模具制作的布朗尼蛋糕，再放上巧克力味意大利细宽面[将粗粒粉、加拿大马尼托巴省产的小麦和日本产小麦制成的高筋面粉、可可粉、细砂糖、鸡蛋、黑巧克力（嘉利宝原产地巧克力"加纳"，可可含量60.4%）、盐混合在一起揉匀，放入意大利面机中制成宽2毫米左右的扁平面条。用手整理成圆形、松软的造型，放入烤箱中，160℃烤制20分钟]。

4 放上加入了马萨拉酒的萨白利昂口味意式冰激凌，再放上表面裹了盐的胡椒味焦糖核桃和糖衣开心果，最后装饰上"S"形糖丝。

Fruits

3

第 章

水果

草莓拿破仑派

铠塚俊彦 × 铠塚俊彦甜品店市中心店（Toshi Yoroizuka Mid Town）

将草莓和君度橙酒风味的卡仕达奶油夹在酥皮面饼中，再放上开心果冰激凌。酥皮面饼在撒过糖粉后微微烤成焦黄色，底部酱汁是由草莓和白葡萄酒制成的慕斯泡酱汁，盘子边缘点缀着一圈开心果碎。

酥皮面饼（易做的量/1人份使用2张）

A
┌ 低筋面粉 900克
│ 高筋面粉 900克
│ 细砂糖 40克
└ 发酵黄油 200克

冰水 450毫升
盐 40克
牛奶 450毫升
黄油（折叠用）1.8千克
糖粉 适量

君度橙酒味奶油（易做的量）

香缇奶油
┌ 鲜奶油（乳脂含量45%）50克
│ 鲜奶油（乳脂含量38%）50克
│ 细砂糖 7克
└ 香草果泥 0.25克

卡仕达奶油（见P245）500克
君度橙酒（酒精度54%）12.5毫升

开心果冰激凌（20人份）

英式蛋奶酱（P165）800克
开心果果泥 50克

草莓酱（9人份）

草莓 120克
白葡萄酒 80毫升
细砂糖 70克
水 30毫升
明胶片 3克
食用胶化剂 总重量的1%

装饰

糖粉
草莓
开心果碎

酥皮面饼

1 将材料A放入碗中，混合搅拌。

2 将盐放入冰水中化开，放入冷牛奶，再加入步骤1的材料搅拌。

3 将步骤2的材料揉成团，在中心处切"十"字，用保鲜膜包裹后静置一晚醒面。将面团擀成27厘米见方的正方形。

4 用刀背将黄油（折叠用）拍打成19.5厘米见方的正方形。

5 用步骤3的材料将步骤4的黄油包住、擀开。折3折后擀开，重复两次，静置2小时醒面。再次折3折后擀开，重复两次，再静置2小时醒面。最后再折3折后擀开，静置一晚醒面。

6 将步骤5的材料擀至2.7毫米左右厚，用直径8.5厘米的圆形模具切成圆形，静置1小时醒面。

7 将步骤6的材料放在烤盘中，盖上金属丝网，放入预热至200℃的烤箱中烤制约12分钟。当面饼呈淡淡的焦黄色时，从烤箱中取出，取下金属丝网，撒糖粉，将烤箱的温度调至190℃，再继续烤制约10分钟。

君度橙酒味奶油

1 制作香缇奶油。将两种鲜奶油混合，加入细砂糖和香草果泥混合，打至九分发。

2 将卡仕达奶油放入碗中搅拌均匀，加入步骤1的香缇奶油和君度橙酒，一起搅拌均匀。

开心果冰激凌

将开心果果泥加入英式蛋奶酱中混合，放入雪葩机中制成冰激凌。

草莓酱

1 草莓去蒂，放入白葡萄酒中，用手动打蛋器搅拌成液体。

2 将细砂糖和水放入锅中加热，制成糖浆，加入泡发的明胶片化开。

3 将步骤2的材料倒入步骤1的材料中搅拌均匀，用筛网过滤。

4 加入食用胶化剂，塞入虹吸瓶中。

装饰

1 将一张酥皮面饼从侧面对半切开，分成两片更薄的面饼，在其中一片上撒糖粉。

2 在没有切片的酥皮面饼上挤君度橙酒味奶油，将草莓切成4块，放在上面。

3 在切成两片的酥皮面饼（没有撒糖粉的那片）上也挤上君度橙酒味奶油，放上草莓块。

4 在盘子边缘撒一圈开心果碎，在盘中央挤上草莓酱。

5 在盘中央摆上步骤2和步骤3的材料，在最上面放上撒了糖粉的面饼。

6 最后在面饼上放开心果冰激凌。

艾蒿与春莓

藤原哲也 × 藤屋1935（Fujiya 1935）

在由15道菜组成的晚餐中，这道甜品的出场顺序是最后3碟甜品中的第2道，是最关键的甜品。它能在你的脑海中勾画出童年记忆里的春日图景——艾蒿丛生的草莓园。将艾蒿煮软，制成口感顺滑的蒸包和意式冰激凌。将用蒸包面团制成的粉末铺撒在盘中，营造出春风吹绿大地的景象，在上面放上草莓等浆果，并搭配意式冰激凌。

艾蒿蒸包（直径约15厘米的圆形模具，1个）

低筋面粉 75克
烘焙粉 4克
淀粉*1 5克
鸡蛋 1个
糖粉 70克
橄榄油 25毫升
艾蒿酱*2 60克

白巧克力慕斯（20人份）

鲜奶油（乳脂含量35%）225克
白巧克力（乔科维奇"丛林"巧克力，可可含量32.3%）100克

焦糖慕斯（40人份）

焦糖
├ 细砂糖 45克
├ 鲜奶油（乳脂含量47%）200克
└ 牛奶 65毫升
蛋黄 80克
细砂糖 20克

片状饴糖（易做的量）

翻糖 100克
糖稀 50克
益寿糖 50克
抹茶粉 2克

艾蒿味意式冰激凌（万能冰磨机专用容器，1个）

艾蒿酱*2 160克
菠菜酱*3 80克
酸奶 450克
粗砂糖 200克

装饰

草莓
蓝莓
覆盆子
牛至叶

*1 是擅长淀粉加工的日本松谷化学公司研制的食用淀粉。为保持食品中的水分，可使用该产品抑制面团发黏，并保持面团的形状。
*2 用沸水将艾蒿叶煮软，用搅拌机搅拌，用过滤漏斗滤去水分即可。
*3 将菠菜煮软，用搅拌机搅拌，用过滤漏斗滤去水分即可。

艾蒿蒸包

1 将低筋面粉、烘焙粉和淀粉混合、过筛。

2 将鸡蛋打入碗中搅散，加入糖粉混合，再放入橄榄油、艾蒿酱和步骤1的材料，快速搅拌。

3 将材料倒入圆筒形模具中，放入预热至100℃的烤箱中加热30分钟。

白巧克力慕斯

1 将70克鲜奶油倒入锅中加热，离火后放入切碎的白巧克力混合，使其乳化。

2 将75克鲜奶油加入步骤1的材料中，使其再次乳化，静置一晚。

3 将80克鲜奶油加入步骤2的材料中，打至七分发到八分发。

焦糖慕斯

1 制作焦糖。将细砂糖放入锅中加热，变为焦糖后加入鲜奶油和牛奶，离火，静置冷却。

2 将蛋黄和细砂糖放入碗中搅打。

3 将焦糖和步骤2的材料混合，倒入铝罐中，放入预热至150℃的烤箱中隔水烤制70分钟。

4 冷却后用过滤漏斗过滤，制成奶油状。

片状饴糖

1 将翻糖、糖稀和益寿糖放入锅中混合搅拌，加热至160℃。

2 离火，当温度降至140~150℃时加入抹茶粉搅拌，使饴糖凝固。在此阶段大约可获得200克的糖块。

3 在烤盘中垫上硅胶烤垫，将步骤2的糖块取出需要的量，捣碎后放在烤垫上，在上面盖一层硅胶烤垫。

4 放入预热至160℃的烤箱中，当材料变软后取出。保持被烤垫夹着的状态，用擀面杖擀成薄薄一片，冷却后切成5毫米见方的小片。

艾蒿味意式冰激凌

1 将所有材料放入碗中搅拌混合。

2 放入万能冰磨机的专用容器中冷冻。

装饰

1 将艾蒿蒸包表面的薄皮削去后切成两半，将其中一半碾碎，与艾蒿味意式冰激凌的一部分混合搅拌。

2 将剩余的艾蒿蒸包切薄片，放入预热至80℃的烤箱中干燥1.5~2小时，然后用料理机粗打碎。

3 将步骤1的材料放入容器中，在上面和周围撒满步骤2的粉末，再挤上适量白巧克力慕斯和焦糖慕斯。在焦糖慕斯上面放上片状饴糖。

4 将艾蒿味意式冰激凌制成橄榄形放在步骤3材料旁边，放上切成两半的草莓、蓝莓和覆盆子，最后撒牛至叶。

椰子"雪球"
裹温热覆盆子稀果酱
山本圣司 × 拉图爱乐（La Tourelle）

将椰子酱与蛋白霜等混合，冻成球形，注入温热的覆盆子稀果酱。一刀切下去，便能看到色泽鲜艳的液体汩汩流出。搭配草莓鲜果与腌制品，还有加入了生姜的糖渍银耳。

雪球

雪球（15人份）
- 椰子酱（市售）200克
- 意式蛋白霜（说明省略）
  - 蛋清 70克
  - 砂糖 140克
  - 水 25毫升
- 明胶片 4克
- 鲜奶油（乳脂含量38%）300克
- 酸橙皮碎1/2个酸橙的量
- 椰子力娇酒 15毫升
- 椰子粉 35克

温热覆盆子稀果酱（10人份）
- 覆盆子果酱（市售）200克
- 砂糖 70克
- 覆盆子果醋 15毫升
- 水 10毫升

糖渍银耳（20人份）

银耳 50克
水 300毫升
砂糖 80克
柠檬汁 30毫升
姜汁 50毫升

腌草莓（10人份）

草莓 20个
樱桃白兰地 适量
科涅克白兰地 适量
糖粉 适量

草莓稀果酱（20人份）

草莓酱 120克
覆盆子果酱（市售）30克
糖浆 20毫升
野草莓力娇酒 20毫升

装饰

糖粉
蜂蜜花叶
草莓
糖丝（说明省略）

雪球

1 制作雪球。将材料搅拌混合，倒入半球形模具中，放入冰柜中冷冻。

2 在步骤1的材料快要完全凝固前，用挖球器将中间的材料挖出，将一个半球的厚度做成7毫米～1厘米，另一个做成5毫米左右。将前者放在下面，后者放在上面，用手指将接缝处捏合，制成一个球体。再次放入冰柜内冷冻。将挖出的材料放在一边备用。

3 制作温热覆盆子稀果酱。将所有材料混合，放入锅中煮沸。

4 上桌前将细漏斗插入步骤2的球体顶部，将步骤3的材料注入内部。用挖出的材料将洞口封上。

糖渍银耳

将银耳用流水冲洗、泡发，切成适当大小，和水、砂糖、柠檬汁一起放入锅中，煮至材料变软。煮好后加入姜汁增添风味。

腌草莓

将草莓纵向切成两半，淋樱桃白兰地和科涅克白兰地，撒糖粉，室温下静置。

草莓稀果酱

将所有材料搅拌混合。

装饰

1 将雪球放入盘中，置于更靠近客人的一边，撒糖粉。

2 在离客人较远的一边放糖渍银耳、腌草莓，滴几滴草莓稀果酱，装饰上蜂蜜花叶、切成适当大小的草莓和糖丝。

温草莓红葡萄酒中的"漂浮之岛"
配草莓味法式冰沙

长谷川幸太郎 × 感官与味道（Sens & Saveurs）

创造性地赋予传统甜品"漂浮之岛"轻柔且现代的风格。用由草莓和红葡萄酒制成的
温热汤汁代替英式蛋奶酱，添加蛋白霜使牛奶慕斯和草莓味法式冰沙"漂浮"起来。

草莓汤（约5人份）

汤底 从以下取100克
- 红葡萄酒 1.5升
- 细砂糖 200克
- 香草荚 2根
- 八角 2个
- 肉桂 1根
- 白胡椒 3粒
- 甘草 1根
- 橙皮 3个的量
- 柠檬皮 3个的量

草莓 100克
细砂糖 适量
柠檬汁 适量

牛奶慕斯（约20人份）

牛奶 120毫升
含糖炼乳 90克
鲜奶油（乳脂含量42%）90克
鲜奶油（乳脂含量36%）90克

草莓味法式冰沙（约20人份）

草莓 50克
草莓酱 50克
矿泉水 200毫升
糖浆 适量
水 适量

蛋白霜（12人份）

蛋清 60克
细砂糖 30克

饼干棒（约100人份）

低筋面粉 300克
糖粉 50克
啤酒 220毫升
鸡蛋 2个
化黄油 50克

结晶糖片（约100人份）

益寿糖 125克
翻糖 250克
糖稀 125克
水 适量

草莓汤

1 制作汤底。将红葡萄酒熬煮至原有量的1/3，加入剩余材料继续煮5分钟，使香气浸透。过滤。

2 草莓切大块，与步骤1的材料混合。加入细砂糖、柠檬汁调和味道。

牛奶慕斯

将所有材料混合，放入虹吸瓶中，注入气体，放入冰箱内保存。

草莓味法式冰沙

1 将草莓、草莓酱和矿泉水混合，用搅拌机搅拌。加入水和糖浆，将液体糖度调节至15波美度。

2 倒入烤盘中，放入冰柜。适当搅拌，制成法式冰沙。

蛋白霜

1 将所有材料混合、打发，制成球形。

2 放入预热至90℃的烤箱中加热3分钟，放入冰箱保存。

饼干棒

1 将低筋面粉与糖粉混合、过筛，将啤酒与鸡蛋混合搅拌后少量多次加入其中。

2 将化黄油加入步骤1的材料中混合，装入裱花袋中，在硅胶烤垫上挤成细棒形。

3 放入预热至160℃的烤箱中烤制4分钟，翻面后再继续烤制2分钟。

结晶糖片

1 将所有材料放入锅中，加热至160℃。

2 倒在硅胶烤垫中，静置冷却。用料理机加工成粉。

3 用滤茶器将步骤2的材料铺撒在硅胶烤垫上，放入预热至170℃的烤箱中加热一两分钟，使粉末化开。静置冷却后切成适当大小。

装饰

1 上桌前将草莓汤加热。若浓稠度不够，可加入玉米面（材料外）调节。倒入加热过的容器中。

2 将牛奶慕斯挤入圆形模具中，高度达1/2即可，在上面放草莓味法式冰沙。

3 将步骤2的材料放在步骤1的中央，脱模。在蛋白霜上插上饼干棒和结晶糖片，放在法式冰沙上即可。

草莓翻糖巧克力蛋糕

涩谷圭纪 × 贝卡斯（La Becasse）

草莓搭配巧克力是人气很高的组合。在这道甜品中，草莓被直接塞入翻糖巧克力的面团中一同烤制。方法简单却不失新意，令人大饱眼福。搭配略捣碎的草莓制成的酱汁。

草莓翻糖巧克力蛋糕（1人份）

黑巧克力（法芙娜"圭那亚"巧克力，可可含量70%）130克
黄油 100克
鸡蛋 150克
砂糖 150克
低筋面粉 40克
可可粉 15克
草莓 1个

酱汁（1人份）

草莓 2个

装饰（1人份）

草莓 1个
糖粉

草莓翻糖巧克力蛋糕

1 将切碎的黑巧克力放入碗中，隔水化开。

2 在巧克力中加入化开的黄油，搅拌至颜色均匀，再加入搅匀的蛋液和砂糖，混合搅拌。

3 将低筋面粉和可可粉混合、过筛，放入步骤2的材料中混合，搅拌至颜色均匀，倒入事先垫好烘焙纸的圆形模具中。

4 将草莓整个塞入面团中央。

5 放入预热至180℃的烤箱中烤制8分钟。

酱汁

将去蒂的草莓放入碗中，捣碎。

装饰

将烤好的翻糖巧克力蛋糕放入容器中，撒糖粉，在周围淋酱汁，点缀切好的草莓。

浆果果冻

涩谷圭纪 × 贝卡斯（La Becasse）

由浆果制成的甜汤和果冻，一道汇集各类浆果的华美甜品，
令人不由得想起春日的原野。果冻略硬，为的是在品尝时与
其他果肉融为一体。搭配温度不同、口感各异的草本香料黑
麦蛋糕，以突出果冻的特色。

黑加仑果冻（5人份）

砂糖 30克
琼脂 6克
热水 100毫升
黑加仑果酱（迪吉福）250克

黑莓汤（各适量）

黑莓
糖浆

草本香料黑麦蛋糕制成的焦糖棒（各适量）

细砂糖
水
草本香料黑麦蛋糕（市售）

装饰

草莓
红加仑
蓝莓
黑莓
覆盆子
糖粉

黑加仑果冻

1 将砂糖和琼脂放入碗中混合，倒入热水化开。

2 加入黑加仑果酱，搅拌至颜色均匀后倒入烤盘中，
放入冰箱冷却、凝固。

黑莓汤

将黑莓与糖浆混合，用搅拌机搅拌，制成较稀的果酱。

草本香料黑麦蛋糕制成的焦糖棒

1 将细砂糖和水放入平底锅中加热。在细砂糖化开、
糖水沸腾后，放入切成长6厘米、宽0.5厘米的草本香
料黑麦蛋糕棒。

2 当液体成焦糖状后，将草本香料黑麦蛋糕棒取出，
放在烤盘中静置、冷却。

装饰

1 将黑加仑果冻装入盘中，倒入黑莓汤，撒上切成适
当大小的5种水果。

2 在焦糖草本香料黑麦蛋糕棒上撒糖粉，烤制后点缀
在盘中。

哈斯卡普果汤

田中督士 × 喜悦（Sympa）

哈斯卡普果是北海道特产，拥有和蓝莓相似的独特酸味与苦涩。以此为原料，再加
入黑加仑奶油和糖浆等制成酱汁，塞入白巧克力中。酱汁中还藏着用白巧克力淋面
的薄荷味蛋白霜，相互映衬下更突出了口感与风味。

哈斯卡普果汤（6份）

哈斯卡普果[1] 400克
黑加仑奶油 10克
糖浆
├ 水 20毫升
└ 细砂糖 26克
柠檬汁 适量

薄荷味蛋白霜（易做的量）

蛋清 120克
糖粉 180克
薄荷力娇酒 20毫升
白巧克力（可可百利"白色手枪"巧克力，可可含量30%）
  适量

白巧克力圆顶（适量）

白巧克力（可可百利"白色手枪"巧克力，可可含量30%）

巧克力蛋糕（长17厘米、宽7厘米的模具，2个）

蛋黄 5个
细砂糖 100克
黑巧克力（可可百利半苦巧克力，可可含量58%）120克
黄油 100克
鲜奶油（乳脂含量38%）80克
蛋白霜
├ 蛋清 5个
├ 细砂糖 100克
├ 可可粉 80克
└ 低筋面粉 80克

拔丝哈斯卡普果（1个）

细砂糖 30克
糖稀 5克
水 10毫升
糖渍哈斯卡普果[2] 1颗

甜葡萄酒果冻（易做的量）

白葡萄酒（甜型）100毫升
水 100毫升
细砂糖 20克
柠檬汁 5毫升
明胶片 适量

装饰

黑巧克力（可可百利半苦巧克力，可可含量58%）
香缇奶油

*1 分布于日本本州中部以北至北海道之间的高寒山地的忍冬科浆果。日文名为"忍冬黑果"。果实颜色黑中泛青，具有独特的酸味与微微的苦涩。除生食外，多用于制作水果酒或果酱。"哈斯卡普果"是阿依努语，意为"挂在树枝上的果实"。
*2 在100克哈斯卡普果中撒50克细砂糖，静置一晚即可。

哈斯卡普果汤

1 将哈斯卡普果和黑加仑奶油放入搅拌机中略搅拌。

2 将水和细砂糖放入锅中加热，制成糖浆。和柠檬汁一起倒入步骤1的材料中调和味道。

薄荷味蛋白霜

1 打发蛋清。过程中将糖粉分3次加入蛋清中，再倒入薄荷力娇酒，打发成坚挺的蛋白霜。

2 用口径10毫米的裱花嘴将蛋白霜挤在烘焙纸上，长5厘米即可。放入预热至120℃的烤箱中烤制3分钟。

3 冷却后切成1厘米长的小段，用隔水化开的白巧克力做淋面。

白巧克力圆顶

将白巧克力隔水化开，倒入直径6.5厘米的半球形模具中冷却，制成圆形。

巧克力蛋糕

1 在蛋黄中加入细砂糖，搅打至颜色发白。

2 在另一碗中放入黑巧克力和黄油，隔水化开。将步骤1的材料少量多次倒入碗中，一边搅拌，一边将加热至37℃的鲜奶油加入其中。

3 在蛋清中少量多次加入细砂糖，不断搅拌直至打发，制成蛋白霜。

4 将步骤3的材料迅速倒入步骤2的材料中搅拌，再加入可可粉和低筋面粉混合搅拌。

5 将步骤4的材料倒入长17厘米、宽7厘米的模具中，放入预热至180℃的烤箱中烤制30分钟。

拔丝哈斯卡普果

将细砂糖、糖稀和水放入锅中熬煮，当温度达160℃时关火。放入糖渍哈斯卡普果，冷却至温热。将哈斯卡普果取出，制成彗星拖尾状。

甜葡萄酒果冻

将白葡萄酒、水和细砂糖放入锅中，加热至细砂糖化开后离火，倒入柠檬汁，放入泡发的明胶片，冷却、凝固。

装饰

1 在白巧克力圆顶中注入哈斯卡普果汤，再放入薄荷味蛋白霜。将化开的黑巧克力作为黏合材料，将巧克力蛋糕作为"盖子"粘上。

2 将步骤1的材料倒放在容器中。将捣碎的甜葡萄酒果冻放在周围，将香缇奶油挤在圆顶的顶点处，最后在上面装饰上拔丝哈斯卡普果。

棉花糖圣诞果料面包、
开心果蛋奶冻、牛奶意式冰激凌
与女峰草莓"四重奏"

筒井光彦 × 奇美拉餐厅（Ristorante Chimera）

这道华丽的甜品会让人联想起盛大的宴席。将意大利过圣诞节时必不可少的圣诞果料面包切片，在上面依次放上开心果蛋奶冻和加入了炼乳的牛奶意式冰激凌，再放上鲜草莓，最后点缀上如雪雾般轻盈的薄荷柠檬味棉花糖。

开心果蛋奶冻（易做的量）

牛奶 350毫升
鲜奶油（乳脂含量47%）700克
香草荚 1根
蛋黄 15个
细砂糖 125克
开心果果泥（市售）230克
蜂蜜（槐花）25克

牛奶意式冰激凌（易做的量/1人份使用约50克）

牛奶 650毫升
含糖炼乳 480克
海藻糖 50克
脱脂浓缩乳 100毫升

酱汁A

草莓（女峰）适量
龙舌兰糖浆[1] 适量

酱汁B

草莓酒[2] 适量

装饰

圣诞果料面包（意大利产）适量
草莓（女峰）1人份需2~3个
棉花糖（说明省略）
├ 细砂糖 适量
├ 柠檬 少许
└ 薄荷精华 少许

*1 以主要生长在中南美洲的龙舌兰根茎制成的糖浆，具有清新淡爽的甜味。
*2 产自奥地利。与普通白葡萄酒的制法相同，以100%的草莓为原料，不加糖、未经着色的酒。

开心果蛋奶冻

1 将牛奶、鲜奶油和香草荚放入锅中，加热至即将沸腾。
2 将蛋黄和细砂糖放入碗中，搅打至颜色发白，将步骤1的材料少量多次倒入碗中搅拌混合。
3 倒入锅中，边搅拌边加热。当液体逐渐浓稠后加入开心果果泥和蜂蜜，搅拌混合。
4 过滤，倒入直径7厘米的圆形模具中，高度达2厘米即可。放入预热至115℃的烤箱中烤30分钟。放入冰箱内冷却。

牛奶意式冰激凌

1 将所有材料混合，略微加热。倒入万能冰磨机的专用容器中，放入冰柜中冷冻。
2 上桌前用万能冰磨机制成意式冰激凌。

酱汁A

将草莓表面红色较深的部分用擦菜板擦碎，将擦碎的部分放入搅拌机中搅拌。过滤后加入龙舌兰糖浆混合搅拌。

酱汁B

熬煮草莓酒，直至汤汁浓稠且甜度适中。

装饰

1 用圆形模具将圣诞果料面包切成厚2厘米、直径7厘米的圆形，放在盘中。将脱模的开心果蛋奶冻放在面包片上。再将牛奶意式冰激凌塞入圆形模具中，放在蛋奶冻上。
2 将切成大块的草莓放在冰激凌上，在面包片周围浇上酱汁A和酱汁B，最后将棉花糖做成大圆帽形放在草莓块上。

红果子迷你甜甜圈

藤原哲也 × 藤屋1935（Fujiya 1935）

在草莓酱中加入白巧克力和奶油奶酪，制成草莓奶油，外面包裹着用根甜菜汁着色的蛋白霜，一口就能吃下。蛋白霜中不含糖，烤得膨松棉软。拿起一个品尝，你会感到草莓的香甜在口中扩散，蛋白霜慢慢化开。

蛋白霜（约40个）

干燥蛋清 30克
干燥蛋清（白蛋白*1）2.8克
水 85毫升
根甜菜汁*2 20毫升
蛋清 70克

草莓奶油（约40个）

草莓酱（市售）110克
明胶粉 2克
细砂糖 20克
白巧克力（乔科维奇白巧克力，可可含量30.3%）40克
奶油奶酪（法国贝尔"基里"）40克
樱桃白兰地 10毫升

挂糖粉（易做的量）

蛋清 20克
糖粉 75克
柠檬汁 适量

装饰（1人份）

覆盆子 1颗
糖粉

*1 西班牙索萨（SOSA）公司生产的制点心材料。提取蛋清中富含的蛋白质"白蛋白"精制而成。
*2 将根甜菜去皮，放入搅拌机中搅拌后过滤。

蛋白霜

1 将两种干燥蛋清和水放入碗中混合搅拌，放入冰箱内静置一晚。
2 将根甜菜汁加热煮沸，浸泡在冰水中冷却。
3 将打散的蛋清和盐（材料外）加入步骤1的材料中，用打蛋器搅拌，制成硬挺的蛋白霜。加入步骤2的材料，用橡胶刮刀搅拌混合。
4 用甜甜圈形的裱花嘴将步骤3的材料挤在烤盘中。放入预热至约100℃的烤箱中烤制70~80分钟。

草莓奶油

1 将草莓酱、明胶粉和细砂糖放入锅中加热，明胶粉化开后离火。
2 将切碎的白巧克力加入步骤1的材料中乳化。
3 将奶油奶酪置于室温下软化，放入步骤2的材料中，整体搅拌至颜色均匀后过滤，加入樱桃白兰地。

挂糖粉

将蛋清和糖粉放入碗中混合搅拌，加入柠檬汁混合。

装饰

1 将挂糖粉淋在蛋白霜上，自然晾干。
2 在蛋白霜中间的洞中尽可能多地塞入草莓奶油，再放上1颗覆盆子。最后撒糖粉。

苦枝与枇杷

高田裕介 × 山峰（La Cime）

这道甜品通过加入苦涩的味道来突显枇杷细腻的甜味。将枇杷低温加工成蜜饯，保留了鲜嫩水润的口感，搭配由雪维菜茎和麦芽粉、可可粉、苦瓜粉这3种带苦味的粉末制成的"苦枝"与焦糖酱汁。枇杷下面铺着肉松状的莎布蕾面团、白巧克力奶油、蛋白霜片这3种口感各异的松软小点心。

枇杷蜜饯（4人份）

枇杷 6个
糖浆 50毫升
抗坏血酸 少许
酸橙皮碎 1/2个酸橙的量

白巧克力奶油（易做的量/1人份使用40克）

白巧克力（法芙娜"伊芙瓦"巧克力，可可含量35%）180克
鲜奶油（乳脂含量35%）240克
明胶片 2克
安摩拉多酒 10毫升

蛋白霜片（易做的量/1人份使用3片）

蛋清 60克
细砂糖 60克
柠檬汁 1个柠檬的量
糖粉 60克

雪维菜制成的"枝"（易做的量）

蛋清 50克
糖粉 50克
雪维菜茎 适量
麦芽粉 30克
可可粉 30克
苦瓜粉（说明省略）30克

装饰

莎布蕾面团
熏制风味酸奶*
焦糖酱汁（说明省略）
可可粉

* 用熏香微熏的山羊奶制成的酸奶。

枇杷蜜饯

1 枇杷剥皮、去核，切成两半。
2 将糖浆倒入锅中煮沸，放入抗坏血酸，将枇杷放入锅中浸泡。
3 将步骤2的材料装入真空袋中，放入调至35℃的恒温水浴锅中加热30分钟。放入冰箱内冷却。
4 将枇杷取出，上桌前在表面撒酸橙皮碎。

白巧克力奶油

1 将白巧克力切碎，隔水化开，静置、冷却。
2 将80克鲜奶油煮沸，放入泡发的明胶片搅拌混合，使温度降至40～45℃。
3 将步骤1、步骤2的材料与160克打至七分发的鲜奶油混合。加入安摩拉多酒搅拌，放入冰箱内冷却。

蛋白霜片

1 将蛋清与细砂糖、柠檬汁混合，制成蛋白霜。加入糖粉混合搅拌。
2 在厚纸板上开几个直径2厘米的洞，制成模具。将模具放在案板上，将步骤1的材料涂抹在圆洞处。
3 脱模，用烘干机烘干。

雪维菜制成的"枝"

1 将蛋清和糖粉混合搅拌，放入雪维菜茎。
2 将麦芽粉、可可粉和苦瓜粉混合搅拌，与步骤1的材料混合，用烘干机烘干。

装饰

1 将制成肉松状的莎布蕾面团装盘，在上面放白巧克力奶油、蛋白霜片和枇杷蜜饯。
2 在蛋白霜片上滴几滴熏制风味酸奶，在盘中滴几滴焦糖酱汁。将雪维菜制成的"枝"散放在盘中，最后撒可可粉。

黄金桃羹、巨峰葡萄与莼菜柠檬"针"

末友久史 × 祇园 末友

将黄金桃与糖浆熬煮成羹，搭配口感爽滑的葡萄与莼菜。为了留住黄金桃的香气，将加热时间控制在3分钟。使用新鲜葡萄，入口鲜嫩多汁。将糖渍"柠檬针"放在最上面，增添柑橘的清新香气。

黄金桃羹

桃子（黄金桃*）2个
糖浆 300毫升
明胶片 适量

柠檬"针"

柠檬皮 10克
黄金桃羹的汤汁 150毫升

装饰

葡萄（巨峰）2颗
莼菜 50克
柠檬"针"的汤汁

* 桃子的一个品种。拥有金黄色的果肉，口感富有弹性且有浓烈的香气与甜味。

黄金桃羹

1 将桃子切成两半，剥皮、去核，皮备用。

2 将糖浆倒入锅中煮沸，将桃子果肉和桃子皮放入锅中，继续煮3分钟。

3 将锅离火，将桃子皮捞出。熬煮的汤汁用于制作柠檬"针"。

4 趁热将步骤3的材料放入搅拌机中搅拌，加入泡发的明胶片混合搅拌。

柠檬"针"

1 将柠檬皮切成针形。

2 将黄金桃羹的汤汁煮沸，放入步骤1的材料，快速焯一下后捞出。

3 将步骤2的汤汁熬煮至糖稀状，作为"柠檬针"的汤汁。

装饰

1 将黄金桃羹装入容器中。将去皮、去籽的葡萄与焯水后变成鲜绿色的莼菜点缀在羹中。

2 淋上柠檬"针"的汤汁，点缀柠檬"针"。

拔丝草莓

永野良太 × 永恒（éternité）

糖衣、雪葩、甜汤，将用3种方式制成的草莓料理组合在一起，是令人联想到春天的一道餐后甜品。甜汤是将草莓和白葡萄酒等放入搅拌机中搅拌，再加入汤力水调和，口感清爽。为了消解吃过肉食后口中的油腻，选取的草莓是酸味颇重的品种。

草莓汤（6人份）

草莓（幸香）115克
白葡萄酒 35毫升
细砂糖 15克
覆盆子力娇酒 5毫升
汤力水 适量

草莓雪葩（6人份）

草莓酱（市售）500克
糖浆* 2大勺
覆盆子力娇酒 1/2大勺

拔丝草莓（6人份）

焦糖 各适量
├ 细砂糖
└ 水

草莓 6颗
蓝莓 6颗

* 将水与细砂糖以4:1的比例混合即可。

草莓汤

1 草莓去蒂，与白葡萄酒、细砂糖、覆盆子力娇酒一起放入搅拌机中搅拌，用过滤漏斗过滤。
2 将步骤1的材料与汤力水混合。

草莓雪葩

将草莓酱与糖浆、覆盆子力娇酒混合，放入雪葩机中制成雪葩。

拔丝草莓

1 将细砂糖和水放入锅中加热，制成焦糖。
2 用牙签插着草莓浸入焦糖中，裹上一层糖衣，冷却、凝固。在牙签尖端插上一颗蓝莓。

装饰

1 用手动打蛋器将草莓汤略搅拌，倒入容器中。
2 将草莓雪葩放在容器中央，放上拔丝草莓。

糖渍珍珠柑拿破仑派

小泷晃 × 紫红餐厅（Restaurant Aubergine）

在充分烤制的千层酥皮中，夹入甜美多汁的糖渍珍珠柑和奶油般丝滑的茉莉奶茶冰激凌。令人可以一边享受口感的变化，一边欣赏多重香气。使用千层酥皮的甜品是小泷大厨多年来的经典招牌料理。

糖渍珍珠柑与酱汁（3人份）

珍珠柑*1个
细砂糖 适量
水 适量

千层酥皮（易做的量/1人份使用约40克）

黄油 500克
低筋面粉 500克
盐 10克
温水 230毫升

茉莉奶茶冰激凌（易做的量/使用适量）

茉莉花茶（球状）15克
牛奶 1升
蛋黄 8个
细砂糖 100克

* 个大，皮黄且厚。日本熊本县是主要产地。

糖渍珍珠柑与酱汁

1 将珍珠柑的外皮剥去，一瓣一瓣地分开。

2 将细砂糖放入锅中加热，制成焦糖，倒水调节浓度。趁热将珍珠柑放入锅中，静置、冷却。

3 冷却后将珍珠柑捞出，继续熬煮剩余的汁液，制成酱汁。

千层酥皮

1 将125克黄油切成2厘米见方的块。将剩余的黄油置于室温下化成奶油状，装入长23厘米的长方形容器中，冷却、凝固。

2 将低筋面粉、2厘米见方的黄油块、盐和温水混合，快速搅拌。

3 用擀面杖将步骤2的材料擀成"十"字形，在中心放上步骤1中装入容器凝固的黄油块。按照左、右、前、后的顺序折叠面皮，将黄油块包裹起来。

4 用擀面杖擀开，叠4叠。旋转90°后再次擀开，再叠4叠。再重复两次本步骤。放入冰箱内醒约15分钟。

5 将步骤4的材料擀至3毫米厚，切成适当大小，放在铺好烘焙纸的烤盘上。

6 放入预热至150℃的烤箱中烤制约15分钟。静置30分钟，利用预温继续加热。

茉莉奶茶冰激凌

1 将茉莉花茶与牛奶混合加热，使香气浸透。

2 将蛋黄和细砂糖混合搅打，倒入步骤1的材料一起搅拌，过滤。倒入锅中，加热至83～85℃，静置、冷却，放入雪葩机中制成冰激凌。

装饰

1 将千层酥皮放入盘中，再放上茉莉奶茶冰激凌，点缀糖渍珍珠柑，再放一块千层酥皮。

2 淋珍珠柑酱汁。

金橘挞

小笠原圭介 × 平衡（Equilibrio）

在上桌的瞬间，金橘清爽、芬芳的味道令人印象深刻。迅速制作完成是关键。基础油酥挞皮烤得薄而脆，口感轻盈。选用鲜美多汁的高知县产5L型金橘。几乎不添加水分，突出食材本身水嫩而细腻的风味。

基础油酥挞皮（易做的量/1人份使用30克）

低筋面粉 500克
细砂糖 75克
盐 10克
发酵黄油 375克
牛奶 200毫升
蛋黄 1个

挞液（约10人份）

牛奶 200毫升
鲜奶油（乳脂含量41%）100克
鸡蛋 3个
细砂糖 65克
低筋面粉 25克

金橘果酱（1人份）

金橘（5L型）1个
水 适量

基础油酥面团

1 将事先冷藏过的低筋面粉放入碗中，加入细砂糖、盐和切成2厘米见方的发酵黄油，用手将材料搅拌至颗粒较大的肉松状。
2 将牛奶和蛋黄混合搅拌，倒入步骤1的材料中。将材料揉成一个整体，装入真空袋中，放入冰箱内静置醒面一天以上。
3 在步骤2的材料上撒干粉（材料外），用擀面杖擀成厚度为1毫米左右的面皮。切成直径10厘米左右的圆形面皮，铺在直径8.5厘米的蛋挞圈模具中。放入冰箱冷藏一两个小时。

挞液

1 将牛奶和鲜奶油倒入锅中煮沸。
2 将鸡蛋、细砂糖和低筋面粉放入碗中搅拌均匀。
3 将步骤1的材料倒入步骤2的材料中混合搅拌，倒回锅中，小火煮至浮粉完全消失。用筛网过滤。

金橘果酱

金橘去籽，上桌前和水一起放入搅拌机中搅拌，制成果酱。注意要一边观察金橘的出汁量一边调整加水量。

装饰

1 在上主菜前，在基础油酥面团底部扎几个洞，放在烘焙纸上，压上烘焙重石，放入预热至180℃的烤箱中烤制20分钟。
2 拿掉烘焙重石和烘焙纸，在面团表面涂上加水搅打好的蛋液（材料外），继续烤制10分钟。
3 将挞液倒入烤好的基础油酥面团中，放入预热至180℃的烤箱中烤制10分钟。
4 将金橘果酱放在表面上。

血红甜橙挞

涩谷圭纪 × 贝卡斯（La Becasse）

在加入了黑莓的挞皮上放上血红甜橙，周围淋上血红甜橙果冻。挞皮由黑莓和少许面团团组成，经烤制固定在一起。烤制后被浓缩的黑莓的甜味与血红甜橙的酸味形成了鲜明的对比。

血红甜橙果冻（4人份）

血红甜橙汁 2个橙子的量
砂糖 少许
明胶片 果汁的1%

挞皮（4人份）

鸡蛋 15克
细砂糖 10克
低筋面粉 10克
烘焙粉 0.5克
化黄油 7克
黑莓 8个

装饰（4人份）

血红甜橙 1个
透明镜面果胶 适量

血红甜橙果冻

1 将血红甜橙汁与砂糖放入碗中，隔水煮制。加入泡发的明胶片化开。

2 将步骤1的材料倒入烤盘中，在室温下冷却后放入冰箱冷藏、凝固。

挞皮

1 将细砂糖加入搅匀的蛋液中搅拌，打发至汤汁有光泽，且提拉时呈缓慢垂下的带状即可。

2 将低筋面粉和烘焙粉混合、过筛，少量多次加入到步骤1的材料中，用橡胶刮刀以从碗底向上舀的动作将材料混合，搅拌均匀。

3 将在室温下化好的黄油放入步骤2的材料中，用橡胶刮刀以从碗底向上舀的动作将材料搅拌至颜色均匀。

4 倒入铺好烘焙纸的圆形比萨盘中，并将黑莓整齐地塞入面皮中。

5 放入预热至180℃的烤箱中烤制18分钟。

装饰

1 将挞皮放入容器中，将去皮并切成薄圆片的血红甜橙放在挞皮上，涂抹透明镜面果胶。

2 将血红甜橙果冻淋在挞的周围。

柚子味希布斯特奶油

小泷晃 × 紫红餐厅（Restaurant Aubergine）

这道甜品突出了希布斯特奶油爽滑的特点。主体仅是一块加入了柚子的奶油，为了强调绵软的口感，未经任何焦糖化处理。搭配用柚子皮和果汁制成的香醇酱汁。

柚子味希布斯特奶油（长45厘米、宽30厘米的烤盘，1个）

柚子皮碎 3个柚子的量
蛋黄 100克
鲜奶油（乳脂含量35%）150克
细砂糖 62克
柠檬汁 75毫升
玉米淀粉 10克
明胶片 6克
蛋清 2个

酱汁（5人份）

糖浆 整个制作过程使用540毫升
├ 水 3
└ 细砂糖 1
柚子汁 5大勺
柚子皮碎 2个柚子的量
玉米淀粉 少许
水 少许

柚子味希布斯特奶油

1 将柚子皮碎、蛋黄、鲜奶油和37克细砂糖放入锅中混合搅拌，小火慢慢加热。
2 将柠檬汁、玉米淀粉和泡发的明胶片放入另一锅中加热，将明胶片化开。
3 将步骤2的材料倒入步骤1的材料中，加热至沸腾。
4 将蛋清与剩余的25克细砂糖混合，打发至出现直立尖角。
5 将步骤4的材料倒入步骤3的材料中混合，倒入烤盘中，冷却后放入冰箱冷藏、凝固。

酱汁

1 制作糖浆。将少许水与细砂糖一起放入锅中加热，熬煮至汤汁着色。再加入剩余水，煮沸。
2 将柚子汁加入步骤1的糖浆中，煮至汤汁有一定浓稠度后关火，冷却后加入柚子皮碎。
3 加入用水溶解好的玉米淀粉，调整浓度。

装饰

将切块的柚子味希布斯特奶油装入盘中，淋足量的酱汁。

日向夏橙希布斯特奶油与查尔特勒酒风味
款冬嫩花茎奶油糖霜

今归仁实 × 芳香（L'odorante Par Minoru Nakijin）

精选日向夏橙，将希布斯特奶油制作得香软可口。这是一道由加入了果汁的希布斯特
奶油、糖渍橙肉和糖渍橙皮组合而成的拼盘。搭配加入了查尔特勒酒和款冬嫩花茎的
奶油糖霜和巧克力酱汁，增添了清凉的香气、微微的苦涩和悠长的回味。

日向夏橙希布斯特奶油（30人份）

蛋黄 100克
细砂糖 35克
玉米淀粉 10克
鲜奶油（乳脂含量35%）150克
日向夏橙汁 225毫升
柠檬汁 75毫升
明胶片 6克
意式蛋白霜
├ 细砂糖 25克
└ 蛋清 2个

糖渍日向夏橙（各适量）

日向夏橙果肉
糖浆（30波美度）

糖渍日向夏橙果皮（各适量）

日向夏橙果皮
糖浆（30波美度）

奶油糖霜（20人份）

蛋黄 8个
细砂糖 90克
牛奶 500毫升
款冬嫩花茎 2个
查尔特勒酒 50毫升
鲜奶油（乳脂含量35%）250克

欧帕丽努糖片（20人份）

细砂糖 100克
水 25毫升
糖稀 25克

巧克力酱汁（易做的量）

牛奶 210毫升
细砂糖 75克
香草荚 1/4根
可可粉 35克
黑巧克力（韦斯"索科托"苦味黑巧克力，可可含量62%）
　50克

装饰

糖粉
三色堇花瓣
金箔

日向夏橙希布斯特奶油

1 将蛋黄和细砂糖放入碗中搅拌均匀，加入玉米淀粉。

2 将鲜奶油、日向夏橙汁和柠檬汁倒入锅中加热。放入步骤1的材料，中火煮制。

3 将泡发的明胶片放入步骤2的材料中化开。浸泡在

冰水中冷却。

4 制作意式蛋白霜。

①将细砂糖放入锅中，加热至115℃。

②少量多次倒入打发的蛋清中，不停地继续打发。

5 静置意式蛋白霜，当其温度降至25℃左右时，与步骤3的材料搅拌混合，倒入直径8厘米的圆形模具中。

糖渍日向夏橙

将热糖浆淋在日向夏橙果肉上，静置、冷却。

糖渍日向夏橙果皮

1 将日向夏橙果皮的白色部分除去，焯水煮沸两三次后切成细丝。

2 将热糖浆淋在果皮细丝上，静置、冷却。

奶油糖霜

1 将蛋黄和细砂糖放入碗中搅拌均匀。

2 将牛奶倒入锅中加热，将步骤1的材料倒入锅中，煮至汤汁有一定浓稠度，静置、冷却至温热。

3 将款冬嫩花茎切碎，放入锅中煮软。

4 滤去步骤3材料的水分，静置、冷却后与查尔特勒酒、鲜奶油混合搅拌。再与步骤2的材料混合，放入雪葩机中制成糖霜。

欧帕丽努糖片

1 将所有材料放入锅中，加热至150℃左右，静置、冷却至温热。

2 放入搅拌机中搅拌，再倒入直径8厘米的圆形模具中，用喷枪将表面烤焦。

巧克力酱汁

将所有材料放入锅中煮沸，混合均匀后再继续熬煮片刻，调整浓度。

装饰

1 将切成两半的日向夏橙希布斯特奶油放入容器中。将糖渍日向夏橙放在奶油上，装饰上欧帕丽努糖片并撒糖粉。

2 将制成橄榄形的奶油糖霜放在希布斯特奶油中间，淋巧克力酱汁。

3 在容器周围装点上三色堇花瓣、金箔和糖渍日向夏橙果皮。

向日葵意大利馄饨
配柑橘水果宾治

井上裕一 × 贝利卡利亚（Antica Braceria Bellitalia）

在意大利馄饨皮中包入意大利鲜奶酪、濑户香皮和洋槐花蜂蜜，做成向日葵形状。将葡萄柚、濑户香与调浓的姜汁汽水混合在一起，淋在容器中。和歌山县产嫩姜制成的姜汁汽水的清爽辛辣，与意大利馄饨的酸甜口味相得益彰。

向日葵意大利馄饨（100人份）

意大利馄饨皮
├ 高筋面粉（日清制粉公司产"强力小麦粉"）460克
├ 粗粒粉 40克
├ 蛋黄 120克
├ 蛋清 118克
├ 盐 8克
└ 橄榄油 12毫升
馄饨馅
├ 意大利鲜奶酪 250克
├ 濑户香[*1]（和歌山县产）皮 1个的量
└ 蜂蜜（洋槐花）50克

装饰

葡萄柚
蜜柑
姜汁汽水（生姜榨汁制成的和歌山姜汁汽水[*2]）
增稠剂
粉红胡椒
濑户香[*2]皮碎
雪维菜叶
柠檬泡[*3]

*1 清见柑橘与安科尔柑橘杂交后，又与莫科特柑橘杂交后诞生的柑橘品种。糖度非常高，甜味浓厚。
*2 加入和歌山县产的嫩姜，连皮一起榨成的汁。JA和歌山公司生产。
*3 将溶解了卵磷脂的水加入柠檬汁中，用空气泵制成泡沫。

向日葵意大利馄饨

1 制作意大利馄饨皮。
①将所有材料放入碗中，揉成肉松状。
②将步骤①的材料装入保鲜袋中，抽出空气，放入冰箱醒发一晚。
③将面团连着保鲜袋一起揉和，再次放入冰箱内醒发两三个小时。不断重复此步骤，直至面团成为一个整体，最后再放入冰箱内醒发一晚。
④将保鲜袋中的面团取出，用意大利面机将面团擀至厚约1毫米的面皮，切成两半。
2 制作馄饨馅。
①将意大利鲜奶酪包裹在纱布中，脱水一晚。
②将濑户香皮和蜂蜜加到步骤①的材料中，混合搅拌。
3 将馄饨馅包入馄饨皮中。
①在一片面皮上放上1小勺馄饨馅，然后将另一片馄饨皮盖在上面。
②将直径3厘米的圆形模具扣在馄饨馅周围，使馅与皮紧密结合。再用直径6厘米的圆形模具制作馄饨。
③用拇指和食指在步骤②馄饨的边缘捏出褶子，使馄饨边向斜上方立起。全部8个馄饨包好后拼成向日葵形。

装饰

1 将向日葵意大利馄饨放入加盐的开水中煮6分钟，静置、冷却。
2 将葡萄柚和蜜柑去皮，分成小瓣。
3 将增稠剂加入姜汁汽水中，与步骤2的材料混合。
4 将步骤3的材料装入容器中，再放上馄饨。撒切碎的粉红胡椒与濑户香皮碎，装饰上雪维菜叶，最后放入柠檬泡。

八朔柑粒粒果肉配柑皮奶油
与椰子味冰激凌

藤原哲也 × 藤屋1935（Fujiya 1935）

在由大约15道菜组成的晚餐中，这道甜品的出场顺序是最后那三四碟小甜品中的第一道。八朔柑果肉颗粒感明显，与蜂蜜味的法式冰沙的沙沙口感形成有趣的对照，令人印象深刻。搭配用八朔柑白色"棉花"状内果皮制成的微苦酱汁。

八朔柑粒粒果肉（15人份）

八朔柑（大）1个

法式冰沙（长40厘米、宽25厘米、高5厘米的烤盘，1个）

水 3.3毫升
蜂蜜 525克
糖浆 200毫升

八朔柑皮奶油（20人份）

八朔柑的内果皮* 80克
细砂糖 12克
黄油 60克
橙汁 适量

椰子味意式冰激凌（万能冰磨机专用容器，2个）

鲜奶油（乳脂含量47%）100克
牛奶 300毫升
细砂糖 175克
椰奶 500毫升
炼乳 80克

装饰

薄荷叶碎

* 皮内侧如棉花般的白色部分。

八朔柑粒粒果肉

将八朔柑的外皮剥掉，再剥去每瓣外面的透明囊衣，将果肉弄散。

法式冰沙

1 将水倒入锅中煮沸，倒入蜂蜜和糖浆煮化。冷却至温热后装入容器中，放入冰柜冷冻。
2 用刀将步骤1的材料粗粗地刨成冰沙。

八朔柑皮奶油

1 将八朔柑的内果皮焯水5次，去除苦涩味。将内果皮煮至绵软、黏稠，滤去水分。
2 趁热在步骤1的材料中加入细砂糖和黄油，倒入搅拌机中搅拌。
3 加入橙汁，用搅拌机搅拌至汤汁表面平滑，用过滤漏斗过滤。

椰子味意式冰激凌

1 将所有材料放入锅中，加热至80℃左右。
2 将步骤1的材料放入万能冰磨机的专用容器中冷冻。
3 在上桌前将步骤2的材料放入万能冰磨机中制成冰激凌。

装饰

在盘中抹一道八朔柑皮奶油，旁边放法式冰沙，将八朔柑粒粒果肉放在冰沙上，并撒少许薄荷叶碎。最后将椰子味意式冰激凌制成橄榄形点缀在一旁。

日向夏橙法式脆饼配卡斯特马诺奶酪风味意式冰激凌

佐藤真一、米良知余子 × 欲望（il desiderio）

因清爽的酸味和微苦味道而独具魅力的日向夏橙，与以独特酸味和发酵味而闻名的皮埃蒙特特产硬奶酪——卡斯特马诺奶酪组合而成的甜品拼盘。用焦化粗红糖、日向夏橙皮制成的粉末增添苦味，搭配加入了玉米渣粉的法式脆饼。

法式脆饼（20人份）

面团
- 高筋面粉 100克
- 玉米渣粉 20克
- 砂糖 40克
- 盐 2克
- 鸡蛋 1个
- 蛋黄 1个
- 牛奶 250毫升

黄油 适量

酱汁
- 橙汁 500毫升
- 柠檬汁 1个柠檬的量
- 砂糖 50克

日向夏橙味奶油（易做的量/1人份使用30克）

日向夏橙果酱[1] 400克
明胶片 6克
柠檬汁 适量
鲜奶油（乳脂含量35%）200克

日向夏橙味酱汁（易做的量）

日向夏橙果酱[1] 100克
玉米淀粉 7克

卡斯特马诺奶酪风味意式冰激凌（易做的量/1人份使用30克）

脱脂浓缩乳 1升
砂糖 100克
卡斯特马诺奶酪[2]（酿制8个月）250克

装饰

巧克力酱汁（说明省略）
日向夏橙
粗红糖
日向夏橙皮制成的粉[3]

*1 将日向夏橙的果肉与砂糖以2：1的比例放入锅中煮制，然后用搅拌机搅拌、过滤即可。
*2 意大利皮埃蒙特大区产的牛奶奶酪。也有加入羊奶的。将凝乳装入麻布中滤去水分，加盐混合搅拌后倒入模具中发酵制成。拥有淡淡的酸味和独特的发酵味，口感略干涩。
*3 将日向夏橙皮放入热水中煮制，再放入调至低温的烤箱中烘干，然后用手动打蛋器搅碎即可。

法式脆饼

1 将所有面团材料混合搅拌，醒面12小时。
2 将步骤1的材料倒入涂抹了黄油的平底锅中，烤制成直径10厘米和15厘米两种大小的薄饼。
3 将酱汁材料放入锅中煮沸，将步骤2中略小的薄饼放入锅中，小火煮制。
4 将大的薄饼铺在半球形硅胶烤垫中，放入预热至120℃的烤箱中烤制40分钟，使薄饼变得酥脆。

日向夏橙味奶油

1 将一部分日向夏橙果酱加热，放入泡发的明胶片，使其化开，再加入柠檬汁调节酸味。
2 将剩余的日向夏橙果酱和步骤1的材料、打至九分发的鲜奶油混合搅拌。

日向夏橙味酱汁

将日向夏橙果酱煮沸，加入玉米淀粉勾芡，静置冷却。

卡斯特马诺奶酪风味意式冰激凌

1 将砂糖、卡斯特马诺奶酪加入浓缩脱脂乳中加热，使奶酪化开。
2 当步骤1的材料沸腾后趁热倒入搅拌机中搅拌、过滤。冷却至温热后倒入雪葩机中制成冰激凌。

装饰

1 用巧克力酱汁在盘中画几道线，放入用酱汁熬煮的小法式脆饼，淋日向夏橙味酱汁。
2 在步骤1的脆饼上放上日向夏橙果肉与日向夏橙味奶油，装饰上烤得酥脆的大个法式脆饼。
3 在大的脆饼上放上卡斯特马诺奶酪风味意式冰激凌，在冰激凌上撒一层粗红糖，用喷枪将表面烤焦。最后淋日向夏橙味奶油，撒日向夏橙皮制成的粉末。

樱桃慕斯配白巧克力冰激凌

古贺纯二、池田舞 × 切兹·因诺（Chez Inno）

这道甜品的主角是樱桃。筒状白巧克力片中塞入了奶油奶酪制成的慕斯和糖渍樱桃，搭配白巧克力冰激凌。巧克力筒底还藏着柠檬味奶油，使整体味道酸甜有度。

奶油奶酪慕斯（约6人份）

奶油奶酪 110克
白奶酪 40克
糖浆
├ 水 20毫升
└ 细砂糖 40克
蛋黄 30克
鲜奶油（乳脂含量35%）80克

柠檬味奶油（约500克/1人份使用约10克）

鲜奶油（乳脂含量35%）120克
细砂糖 150克
鸡蛋 4个
柠檬汁 2个柠檬的量
柠檬皮碎 2个柠檬的量

白巧克力片（各适量）

草莓粉（冻干）
白巧克力（法芙娜"伊芙瓦"巧克力，可可含量35%）

装饰

透明镜面果胶*
酥皮面饼（见P246）
糖渍樱桃（见P246）
樱桃（切成两半、去核）
薄荷叶
白巧克力冰激凌（见P246）
樱桃味金万利力娇酒
樱桃果酱（说明省略）

* 将市售的镜面果胶[玛格丽特（Marguerite）生产]与香草籽一起熬煮制成。

奶油奶酪慕斯

1 将奶油奶酪加热至软化，放入白奶酪一起混合搅拌。

2 将水和细砂糖放入锅中，小火加热至118℃，熬煮成糖浆。

3 用台式打蛋器将蛋黄略打发，倒入步骤2的糖浆，搅拌至汤汁冷却至温热。

4 将步骤1的材料倒入步骤3的材料中搅拌，加入打至八分发的鲜奶油继续搅拌。

柠檬味奶油

1 将除柠檬皮碎以外的所有材料放入碗中，用打蛋器搅拌的同时放入锅中，隔水加热至82℃。

2 用筛网过滤，冷却至温热后加入柠檬皮碎混合搅拌。

白巧克力片

1 用滤茶器将草莓粉撒在保鲜膜上。

2 将调好温的白巧克力淋在步骤1的材料上并抹开，放入冰箱冷藏。

3 将步骤2的材料切成长19厘米、宽5厘米的长方形，卷绕在直径5厘米的圆形模具内壁上，放入冰柜彻底冷却、凝固。

4 上桌前脱模。

装饰

1 将透明镜面果胶装入裱花袋，挤在盘中，将白巧克力片放在果胶上，将酥皮面饼放入白巧克力片中。

2 在酥皮面饼上挤入奶油奶酪慕斯，高度达酥皮面饼的一半即可，再在上面挤入柠檬味奶油。

3 将糖渍樱桃去核，切成4等份，放在步骤2的柠檬味奶油上，再挤上适量奶油奶酪慕斯，点缀樱桃和薄荷叶。

4 在白巧克力片旁边放上制成橄榄形的白巧克力冰激凌。在樱桃味金万利力娇酒中加入少许樱桃果酱，熬成酱汁。在盘中任意3处淋适量酱汁，在客人左手边和离客人较远的两处酱汁上点缀樱桃。

樱桃味希布斯特奶油

铃木谦太郎、田中二郎 × 切兹·肯塔罗（Chez Kentaro）

这道甜品将传统希布斯特奶油中的苹果替换为樱桃，更加突出了季节感。在樱桃克拉芙缇上放着焦化的希布斯特奶油，搭配加入樱桃果酱和葡萄果肉的酱汁。

克拉芙缇

基础油酥挞皮（直径6厘米的蛋挞模具，10个）
├ 低筋面粉 65克
├ 高筋面粉 70克
├ 黄油 150克
├ 水 33毫升
├ 盐 4克
└ 砂糖 3克
蛋挞液（易做的量）
├ 细砂糖 50克
├ 鸡蛋 60克
├ 蛋黄 40克
├ 牛奶 90毫升
└ 鲜奶油（乳脂含量35%）90克
樱桃白兰地腌渍的樱桃（市售）3颗

希布斯特奶油

卡仕达奶油
├ 牛奶 125毫升
├ 香草荚 1/2根
├ 蛋黄 60克
├ 细砂糖 30克
├ 低筋面粉 15克
└ 明胶片 6克
意式蛋白霜
├ 蛋清 60克
├ 细砂糖 120克
└ 水 30毫升

酱汁

樱桃果酱（市售）200克
细砂糖 200克
水 100毫升
柠檬汁 10毫升
透明镜面果胶 适量
樱桃白兰地腌渍的樱桃 适量
葡萄 适量

克拉芙缇

1 制作基础油酥挞皮。
①将低筋面粉、高筋面粉和冷冻黄油放入碗中，用塑料刮板边搅拌边将黄油切细。
②当黄油变成豆子般大小时，用两手揉搓。
③将水、盐和砂糖混合，倒入步骤②的材料中。用塑料刮刀搅拌均匀后将面团对折，放入冰箱醒面。
④将面团擀至2毫米厚，放入直径6厘米的蛋挞模具中。
2 制作蛋挞液。
①将细砂糖、鸡蛋、蛋黄放入碗中混合搅拌，倒入牛奶继续搅拌。
②当步骤①的材料变得平滑时，加入鲜奶油混合搅拌。
3 将樱桃白兰地腌渍的樱桃放在基础油酥挞皮上，倒入蛋挞液，放入预热至180℃的烤箱中烤制20分钟。

希布斯特奶油

1 制作卡仕达奶油。
①将牛奶和香草荚放入锅中，加热至即将沸腾。
②将蛋黄和细砂糖放入碗中混合、搅打。加入低筋面粉，搅拌至材料表面平滑。
③将步骤①的材料少量多次加入步骤②的材料中，混合搅拌。过滤后倒回锅中熬煮，注意要不断搅拌防止煮焦。离火后趁热放入泡发的明胶片，使其化开。
2 制作意式蛋白霜。
①用打蛋器将蛋清打发至能立起尖角。
②将细砂糖和水放入锅中，加热至120℃，少量多次倒入步骤①的材料中，不断用打蛋器搅拌，直至硬性打发。
3 趁热将意式蛋白霜与卡仕达奶油混合搅拌，倒入直径6厘米的模具中，放入冰柜冷却、凝固。

酱汁

1 将樱桃果酱、细砂糖和水放入锅中加热，熬煮至汤汁略浓，静置、冷却。
2 将柠檬汁和1/2透明镜面果胶倒入步骤1的材料中，冷却后放入樱桃白兰地腌渍的樱桃与切成两半的葡萄。

装饰

将希布斯特奶油放在克拉芙缇上，撒上粗红糖（材料外），用喷枪将表面烤焦，淋酱汁。

温热樱桃克拉芙缇与吉田牧场鲜奶酪冰激凌

万谷浩一 × 拉托图加（La Tortuga）

克拉芙缇中塞满了樱桃白兰地腌渍的樱桃。万谷大厨将最喜爱的冈山县吉田牧场生产的味道醇厚的鲜奶酪用于冰激凌中，作为主料。这道甜品可以让你领略樱桃白兰地与鲜奶酪的完美融合，享受温度差带来的乐趣。

樱桃味克拉芙缇

主食面包 85克
牛奶 85毫升
黄油（软化）40克
蛋黄 1½个
细砂糖 55克
巴旦木粉 40克
樱桃白兰地腌渍的樱桃（法国产）200克
柠檬皮碎 1/3个柠檬的量
蛋清 2个

鲜奶酪冰激凌

英式蛋奶酱
├ 牛奶 1升
├ 柠檬皮 2个柠檬的量
├ 蛋黄 10个
└ 细砂糖 240克
鲜奶酪（每块400克）6块
细砂糖 480克

鲜奶油 672克
牛奶 720毫升

装饰

糖粉

樱桃味克拉芙缇

1 将主食面包切成5毫米见方的小方块，浸泡在牛奶中。
2 将蛋黄和40克细砂糖加入黄油中，搅打均匀后加入巴旦木粉搅拌混合，再加入樱桃白兰地腌渍的樱桃和柠檬皮碎。
3 将15克细砂糖加入蛋清中打发。
4 将步骤3的材料加入到步骤2的材料中，倒入模具中，放入预热至180℃的烤箱中烤制20分钟。取出后静置30分钟。

鲜奶酪冰激凌

1 制作英式蛋奶酱。
①将牛奶和柠檬皮放入锅中加热。
②将蛋黄和细砂糖放入碗中，搅打至颜色变为奶油色。
③当步骤①的材料沸腾后，少量多次倒入步骤②的材料中搅拌均匀。将材料倒回锅中，小火边加热边搅拌，直至汤汁有一定浓稠度。
2 将细砂糖放入鲜奶酪中搅拌，再将英式蛋奶酱少量多次倒入鲜奶酪中，搅拌均匀后再倒入鲜奶油和牛奶一起混合搅拌。
3 将步骤2的材料倒入万能冰磨机的专用容器中冷冻。食用时制成冰激凌。

装饰

将克拉芙缇放入盘中，在靠近客人一边放上制成橄榄形的冰激凌，最后撒上糖粉。

荔枝 "云"

芝先康一 × 灰色餐厅（Ristorante Siva）

入口即化的同时怡人的风味在口中不断扩散，一道能令人联想到"云朵"的初夏甜品。"云"是由荔枝力娇酒和明胶混合在一起，经长时间搅拌制作而成。搭配覆盆子味的焦糖烤布蕾及法式薄脆，还有荔枝果肉和罗勒酱汁，使口感与风味更加多姿多彩。

荔枝 "云"（约15人份）

荔枝力娇酒 200毫升
细砂糖 100克
明胶片 20克
冷水 350毫升

焦糖烤布蕾（约15人份）

鸡蛋 1个
蛋黄 60克
细砂糖 80克
鲜奶油（乳脂含量35%）250克
覆盆子果酱（法国产）220克
粗红糖 适量

覆盆子味法式薄脆（约30人份）

黄油（软化）65克
细砂糖 100克
高筋面粉 30克
覆盆子果酱（法国产）50克

罗勒酱汁（约20人份）

罗勒叶 20克
牛奶 50毫升
含糖炼乳 10克
玉米淀粉 10克

装饰

荔枝 1人份使用1颗
陈皮
覆盆子果酱（法国产）

荔枝 "云"

1 将荔枝力娇酒与细砂糖放入锅中加热。
2 将冰水（材料外）与泡发的明胶片放入步骤1的材料中化开，过滤。
3 将步骤2的材料与冷水一起放入台式打蛋机中搅拌1.5～2小时。倒入烤盘中，放入冰柜内冷冻。

焦糖烤布蕾

1 将鸡蛋、蛋黄和细砂糖混合，搅打至颜色发白。
2 将鲜奶油和覆盆子果酱加入步骤1的材料中混合搅拌，倒入铺好烘焙纸的烤盘中，放入预热至150℃的烤箱中隔水加热20分钟。

3 步骤2的材料冷却至温热后放入冰柜冷冻。
4 用圆形模具将步骤3的材料切割成直径分别为4厘米和2厘米的小圆饼，在表面撒粗红糖，用喷枪烤焦。

覆盆子味法式薄脆

1 将黄油和细砂糖混合熬煮。
2 将高筋面粉和覆盆子果酱加入步骤1的材料中混合搅拌。
3 将步骤2的材料放在铺好烘焙纸的烤盘中，擀至极薄，放入预热至160℃的烤箱中烤五六分钟。

罗勒酱汁

1 将罗勒叶放入盐水中略煮，再过冰水冷却。
2 挤干罗勒叶的水分，与牛奶、含糖炼乳一起放入搅拌机中搅拌。
3 过滤步骤2的材料，放入锅中加热。加入用水（材料外）溶解好的玉米淀粉勾芡。

装饰

1 将荔枝 "云" 切成横截面为1.5厘米见方的长棒，在容器中摆成蜿蜒的形状。
2 将焦糖烤布蕾、切成适当大小的覆盆子法式薄脆和去皮、去核并切块的荔枝果肉点缀在荔枝 "云" 的上方及两侧。装饰上陈皮，滴适量罗勒酱汁和覆盆子果酱。

鲜芒果与法芙娜阿拉瓜尼
72%巧克力制拿破仑派
配芒果雪葩、芒果酸果酱和果肉

小玉弘道 × 弘道餐厅（Restaurant Hiromichi）

这道甜品充分展现了芒果的多样性，线条分明的摆盘令人印象深刻。在芒果雪葩做成的基底上放着由芒果果肉与巧克力制成的拿破仑派和芒果酸果酱。你可以尽情品尝到芒果的酸甜与巧克力的苦涩。

芒果雪葩（10人份）

芒果（菲律宾产）2个
柠檬汁 40毫升
糖浆（30波美度）*30毫升

芒果酸果酱（10人份）

芒果（干）110克
芒果（菲律宾产）1个
水 110毫升
柠檬皮碎 3克
蜂蜜 适量

装饰

黑巧克力（法芙娜"阿拉瓜尼"巧克力，可可含量72%）
芒果
薄荷叶

* 将水与细砂糖以1：1的比例混合即可。

芒果雪葩

1 将所有材料混合，放入搅拌机中打成果酱。

2 将步骤1的材料放入雪葩机中搅打，装入长10厘米、宽10厘米、高1厘米的方形模具中，放入冰柜冷冻、凝固。

芒果酸果酱

1 将用水（材料外）泡发的干芒果和用搅拌机打成果酱的芒果以及其他剩余材料一起放入锅中，用木刮刀搅拌、碾碎，小火将液体加热至有一定浓稠度。

2 步骤1的材料冷却后，放入冰箱内保存。

装饰

1 将巧克力调温，抹成两三毫米厚，静置，待其冷却、凝固后切成长5厘米、宽3厘米和长3厘米、宽2厘米两种大小的巧克力片。

2 将芒果切成与步骤1巧克力相同的两种大小，将大小相同的芒果片与巧克力片交叉叠放。

3 将芒果雪葩放入盘中，将步骤2的材料放在雪葩上。将芒果酸果酱放在雪葩上，点缀薄荷叶。

烤菠萝配金橘酱

涩谷圭纪 × 贝卡斯（La Becasse）

将又甜又酸又有浓郁香气的菠萝烤制，增添略微的苦味。和用牛奶煮糯米制成的法式糯米糕、完美呈现了金橘的清香与酸甜的酱汁以及焦糖冰激凌组合成拼盘，展现了多样的味道与口感。

烤菠萝（1人份）

菠萝 1块
细砂糖 适量
黄油 适量

法式糯米糕（1人份）

糯米 50克
砂糖 少许
牛奶 适量
卡仕达奶油（说明省略）从以下取20克
├ 牛奶 250毫升
├ 香草荚 1根
├ 蛋黄 50克
├ 细砂糖 50克
└ 高筋面粉 20克

金橘酱（各适量）

金橘
糖浆

焦糖冰激凌（易做的量）

细砂糖 300克
牛奶 500毫升
鲜奶油（乳脂含量42%）75克
蛋黄 100克

烤菠萝

在菠萝表面撒细砂糖，摆放在耐热容器中，涂黄油后放入预热至180℃的烤箱烤约10分钟。

法式糯米糕

1 将淘好的糯米和砂糖放入电饭煲中，倒入足量牛奶没过糯米，煮约40分钟。
2 将步骤1的材料和卡仕达奶油一起放入锅中，小火煮制，注意适当搅拌，防止煮煳。

金橘酱

将切成两半并去籽的金橘和糖浆一起放入搅拌机中，搅拌成果酱。

焦糖冰激凌

1 将75克细砂糖放入锅中，大火煮成焦糖。
2 将牛奶和鲜奶油倒入步骤1的焦糖中煮沸。
3 将蛋黄和225克细砂糖放入碗中，搅打至颜色发白。
4 将步骤2的材料少量多次倒入步骤3的材料中混合搅拌，放入雪葩机中制成冰激凌。

装饰

将烤好的菠萝放入盘中，搭配上法式糯米糕、酱汁和冰激凌。用制作卡仕达奶油时使用过的香草荚装饰。

烤芒果配椰子慕斯

小泷晃 × 紫红餐厅（Restaurant Aubergine）

将香气浓郁的芒果放入黄油和砂糖熬制的酱汁中烤制，外表的香甜味与内部残留的新鲜口感令人耳目一新。搭配添加香草调节气味的椰子慕斯，使整体的口感更加醇厚，回味悠长。

烤芒果（2人份）

芒果 1个
黄油 适量
细砂糖 适量

椰子慕斯（2人份）

牛奶 70毫升
香草荚 1根
椰肉碎 30～40克
细砂糖 70克
明胶片 11克
鲜奶油（乳脂含量35%）400克
蛋白霜
├ 蛋清 3个
└ 细砂糖 45克

芒果稀果酱（2人份）

芒果果肉 100克
砂糖 30～40克
水 少许

烤芒果

将黄油和细砂糖放入锅中加热。芒果去皮、去核，放入锅中煮至着色。

椰子慕斯

1 将牛奶、香草荚、椰肉碎和细砂糖放入锅中加热，使香味浸润。加入泡发的明胶片，静置、冷却。
2 将打至八分发的鲜奶油倒入步骤1的材料中，快速搅拌。
3 将蛋清与细砂糖混合打发，制成蛋白霜，倒入步骤2的材料中快速搅拌，然后将材料倒入烤盘中，放入冰箱内冷藏、凝固。

芒果稀果酱

将所有材料混合，放入搅拌机中搅拌，用筛网过滤。

装饰

将烤好的芒果放入盘中，再放上椰子慕斯，淋芒果稀果酱。

时令意大利果蔬汤

佐藤真一、米良知余子 × 欲望（il desiderio）

这是一道连接主菜和点心的头道甜品。在草莓、橙子等水果上面放着一个透明的"胶囊"，里面包裹着薄荷风味、微甜的水。将"胶囊"表面的凝胶状薄膜戳破，就变成了水果汤，这就是这道甜品的奥秘所在。水果中混杂着略炒过的芹菜，增添了爽脆的口感和青涩的香气，令人印象深刻。

水果类（1人份）

芹菜 适量
橙子橄榄油（意大利产）[*1] 适量
盐 少许
水果 从以下共取30克
├ 文旦柚
├ 橙子
├ 草莓
├ 菠萝
├ 粉红葡萄柚
└ 柠檬

芳香"胶囊"（约30人份）

芳香水
├ 矿泉水 300毫升
├ 海藻糖 50克
├ 蜂蜜 20克
├ 迷迭香 5克
├ 百里香 2克
├ 薄荷叶 10克
└ 薰衣草甜醋[*2] 45毫升
明胶液
├ 水 500毫升
├ 砂糖 50克
└ 植物明胶（见P40）25克

装饰

百香果
薄荷叶
洋甘菊（粉末）
砂糖

*1 将橄榄与橙子以7∶3的比例混合压榨制成的橄榄油。
*2 在苹果醋中添加薰衣草、蜂蜜等，提升甜度。

水果类

1 芹菜去皮，切成约1.5厘米见方的块，用橙子橄榄油炒制。放盐，炒出甜味后再加入文旦柚果肉继续炒制。当果肉炒散后离火，冷却。
2 将橙子、草莓、菠萝、粉红葡萄柚果肉分别切成约1厘米见方的块，将柠檬果肉切成约5毫米见方的小丁。
3 将步骤1和步骤2的材料混合。

芳香"胶囊"

1 制作芳香水。将矿泉水、海藻糖和蜂蜜放入锅中煮沸。
2 在步骤1的材料中加入迷迭香、百里香和薄荷叶，关火，盖上锅盖，静置至材料冷却，使香气和味道浸入其中。
3 步骤2的材料冷却后过滤，加入薰衣草甜醋，倒入半球形的硅胶烤垫中，放入冰柜冷冻。
4 制作明胶液。将水和砂糖放入锅中煮沸，加入植物明胶化开。
5 在步骤3的材料上插入竹签，浸没在步骤4的材料中，使表面覆上一层明胶膜。在常温下静置片刻，使内部的芳香水化开。

装饰

1 将水果装入盘中，在正中间放上芳香"胶囊"。
2 在"胶囊"上放上百香果的果肉和籽，装饰上切细的薄荷叶。
3 在盘子边缘撒洋甘菊粉和砂糖。

中国风清凉糯米豆馅汤圆与水果

皆川幸次 × 阿斯特（Aster）银座总店

汤圆原本是和汤汁一起上桌的冬日点心，但这里是和夏季水果、龟苓膏和杏仁冰激凌一起，做成水果凉粉的样式。这道甜品在广东等地较为流行。

汤圆（12人份）

糯米粉 120克
水 约100毫升
红豆馅（说明省略）120克

杏仁冰激凌（12人份）

南杏[*1] 35克
北杏[*1] 15克
水 400毫升
明胶 10克
砂糖 80克
牛奶 200毫升
鲜奶油（乳脂含量45%）200克

装饰

龟苓膏[*2]
西瓜
芒果
火龙果
红糖汁
薄荷叶

[*1] 南杏和北杏均为杏仁。南杏较甜，北杏较香且有苦味。二者的药效略有差异，但总体上都具有改善呼吸系统和调整肠胃功能的效用。
[*2] 用龟板（乌龟腹部两侧的甲壳）、茯苓等约20种中药熬煮制成的甜品，起源于中国广西。因其富含明胶质，冷却后即可自然凝固。具有解毒、祛暑、美容等功效。

汤圆

1 将糯米粉和水混合，制成面团。
2 取20克面团，包裹住10克红豆馅，放入热水中煮，浮起后即可捞出。

杏仁冰激凌

1 将南杏和北杏在水中浸泡一晚，沥干后与等量的水一起放入搅拌机中搅拌。用纱布过滤。
2 小火将步骤1的材料完全煮透，放入明胶、砂糖和牛奶。在明胶和砂糖化开后静置、冷却至温热。加入鲜奶油混合搅拌。
3 将步骤2的材料放入雪葩机中制成冰激凌。

装饰

1 将汤圆和切成适当大小的龟苓膏、西瓜、芒果和火龙果装入容器中。
2 放上杏仁冰激凌，淋红糖汁，点缀薄荷叶。

苹果与安摩拉缇蛋挞
配巧克力酱汁与榛子味
意式冰激凌

堀川亮 × 菲奥奇餐厅（Ristorante Fiocchi）

将用巴旦木粉和蛋清制作成的传统点心安摩拉缇与苹果、鸡蛋、黄油、低筋面粉、肉桂粉等混合，略搅碎后低温烤制成松软的面团，搭配略微加热后化开的巧克力和意式冰激凌。

苹果与安摩拉缇蛋挞（6人份）

苹果 150克
黄油 15克
鸡蛋 1个
细砂糖 20~30克
低筋面粉 10克
玉米淀粉 5克
安摩拉缇[*1] 20克
面包粉 3~4大勺
肉桂粉 适量
公丁香粉 适量
肉豆蔻粉 适量

榛子味意式冰激凌（15人份）

牛奶 500毫升
鲜奶油（乳脂含量42%）100克
榛子果泥（市售）3大勺
蛋黄 5个
细砂糖 100克

装饰

巧克力酱汁（见P246）
苹果片[*2] 1人份需使用1片
薄荷叶 1人份需使用1片
糖粉

*1 巴旦木风味的小块烤制点心。
*2 将苹果切成薄片，撒糖粉，夹在硅胶烤垫中，放入低温烤箱中干燥而成。

苹果与安摩拉缇蛋挞

1 苹果去皮、去核、切块，将果皮切碎。
2 将步骤1的材料、恢复至室温的黄油和其他所有材料混合，放入料理机中，将苹果和安摩拉缇略打碎。
3 在直径2厘米的小烘焙盘内侧涂抹黄油（材料外），撒细砂糖（材料外）。塞入步骤2的材料，放入预热至130℃的烤箱中烤制25分钟。
4 将步骤3的材料放入冰箱内静置两天。

榛子味意式冰激凌

1 将牛奶和鲜奶油倒入锅中加热至即将沸腾，放入榛子果泥混合。
2 将蛋黄和细砂糖搅打至颜色发白，少量多次加入步骤1的材料，混合搅拌。
3 倒入锅中加热，当液体有一定浓稠度后过滤，静置、冷却。
4 放入雪葩机中制成冰激凌。

装饰

将热巧克力酱汁倒入容器中，放入用烤箱略微加热过的苹果与安摩拉缇蛋挞，放上榛子味意式冰激凌，将苹果片插在冰激凌上，最后装饰上薄荷叶，撒糖粉。

烤苹果、迷迭香味法式薄脆与香草冰激凌

克里斯托弗·帕科德 × 里昂卢格杜努姆餐厅
(LUGDUNUM Bouchon Lyonnais)

为了使苹果保持完美的形状，将其放入80℃的烤箱中加热6小时。搭配回味悠长的香草冰激凌以及散发着微微迷迭香与查尔特勒酒香气的糖浆，令人回味无穷。

烤苹果（易做的量）

苹果 1个
黄油 15克
粗红糖 15克
肉桂粉 适量
香草糖 适量

迷迭香味法式薄脆（易做的量）

黄油 100克
迷迭香粉末（干燥）适量
面粉 80克
糖粉 160克
蜂蜜 80克

香草冰激凌（易做的量）

蛋黄 14个
细砂糖 225克
香草荚（马达加斯加产）2根
牛奶 1升
鲜奶油（乳脂含量35%）500克
转化糖 75克

糖浆（易做的量）

蜂蜜 250克
查尔特勒酒 30毫升
迷迭香粉末（干燥）适量
水 100毫升

装饰

细砂糖
巴旦木片

烤苹果

1 苹果去核，塞入黄油、粗红糖、肉桂粉和香草糖。

2 用专用保鲜膜将苹果包裹起来，放入预热至80℃的烤箱加热6小时。

迷迭香味法式薄脆

1 在恢复至室温的软化黄油中加入迷迭香粉末、面粉、糖粉和蜂蜜，混合搅拌。

2 将步骤1的材料擀薄，夹在吸水垫中间，放入冰箱静置一晚。

3 将步骤2的材料放入预热至180℃的烤箱中加热10~12分钟，取出后切成适当大小。

香草冰激凌

1 将蛋黄和细砂糖搅打至颜色变白，加入香草荚。

2 将牛奶煮沸，少量多次倒入步骤1的材料中。将材料温度保持在82℃左右，不断缓慢搅拌。

3 加入鲜奶油和转化糖，搅拌均匀后倒入万能冰磨机的专用容器中冷冻一晚。

4 上桌前将步骤3的材料放入万能冰磨机中制成冰激凌。

糖浆

1 将蜂蜜熬煮至焦糖状，加入查尔特勒酒，用火点燃。

2 在步骤1的材料中加入迷迭香粉末和水继续熬煮。

装饰

1 将烤苹果加热，放在盘中央。将细砂糖和巴旦木片混合，放在苹果上，淋糖浆。

2 在苹果上放香草冰激凌，插上迷迭香味法式薄脆。

法式苹果挞

铠塚俊彦 × 铠塚俊彦甜品店市中心店（Toshi Yoroizuka Mid Town）

分别准备好酥皮面饼和苹果，根据客人点单搭配组合。用烤箱将苹果加热至暗黄色，上桌前用喷灯将表面烤焦。在酥皮面饼和苹果之间夹着卡仕达奶油，上面放着肉桂味冰激凌。酱汁有焦糖和朗姆酒风味两种。在容器周围撒肉桂粉装饰。

加工苹果（约1人份）

苹果（红玉）1½个
发酵黄油 适量
细砂糖 适量

肉桂味冰激凌（约20人份）

英式蛋奶酱（易做的量/需使用1千克）
├ 牛奶 800毫升
├ 鲜奶油（乳脂含量32%）400克
├ 蛋黄 10个
├ 细砂糖 180克
└ 蜂蜜 100克
肉桂粉 适量

苹果糖片（约40人份）

苹果（红玉）3个
细砂糖 350克
水 700毫升

装饰

香草糖
酥皮面饼（见P117）
焦糖酱汁（见P246）
朗姆酒酱汁（见P247）

肉桂粉
卡仕达奶油（见P245）
巴旦木碎

加工苹果

1 苹果去皮、去核，切成半月形的4等份。

2 在直径9厘米的小烘焙盘中涂黄油，撒满细砂糖。将1个苹果块切成3小块，塞入小烘焙盘中，再放入1块切成1厘米见方的黄油，表面撒1/2大勺细砂糖，再在上面放切成3小块的苹果块，最后撒1/2大勺细砂糖。

3 放入预热至160℃、风速调至4挡的烤箱中烤制45分钟。将温度调至150℃、风速调至3挡，再烤约20分钟，注意时刻观察苹果的状态。关闭电源，闷20分钟。脱模，做成漂亮的圆形，冷却至温热后放入冰箱内静置。烤制完成时注意小心地将烤箱内的蒸气放出。

肉桂味冰激凌

1 制作英式蛋奶酱。

①将牛奶和鲜奶油倒入锅中，加热至沸腾。

②将蛋黄和细砂糖放入碗中搅打，加入蜂蜜继续搅拌。

③将步骤①的材料倒入步骤②中，搅拌均匀后再将材料倒回锅中，加热至82℃。过滤后静置、冷却。

2 将英式蛋奶酱和肉桂粉放入碗中，用手动打蛋机搅拌、混合均匀。

3 放入雪葩机中制成冰激凌。

苹果糖片

1 将去核的苹果切成0.5～1毫米厚的薄片。

2 将细砂糖和水放入锅中煮沸，加入苹果片，小火煮5分钟左右。

3 将步骤2的材料放在硅胶烤垫上，放入预热至80℃的烤箱中烘干。

装饰

1 在加工好的苹果表面撒香草糖，用喷枪烤焦。重复两次此步骤后将苹果放入冰箱内，使表面降温。

2 将酥皮面饼放入容器中，在周围淋上两种酱汁，将肉桂粉撒在容器边缘。

3 在酥皮面饼上挤卡仕达奶油，放冷却好的步骤1的材料，撒巴旦木碎，放冰激凌。最后将两片苹果糖片插在冰激凌上。

无花果挞

铃木谦太郎、田中二郎 × 切兹·肯塔罗（Chez Kentaro）

这道甜品的主角是用红葡萄酒腌渍的无花果。将其切成薄片，与相同厚度的千层酥皮挞底和巴旦木奶油馅堆叠在一起。品尝时，三者的味道紧密结合，融为一体。搭配香草冰激凌和无花果蜜饯。

无花果挞

无花果蜜饯（易做的量）
- 红葡萄酒 400毫升
- 水 400毫升
- 细砂糖 400克
- 无花果 1千克

千层酥皮挞底（易做的量）
- 面团
  - 高筋面粉 1175克
  - 低筋面粉 1175克
  - 水 1128毫升
  - 盐 35克
- 黄油（每块450克，5块）

巴旦木奶油馅（易做的量）
- 黄油 200克
- 糖粉 200克
- 鸡蛋 180克
- 巴旦木粉 200克
- 低筋面粉 30克

细砂糖 适量

装饰

冰激凌（说明省略）
- 牛奶 940毫升
- 香草荚 2根
- 黄油 90克
- 脱脂奶粉 70克
- 糖稀 50克
- 食品稳定剂 3克
- 蛋黄 120克
- 细砂糖 150克

无花果蜜饯（上述）
巧克力
蜂蜜

无花果挞

1 制作无花果蜜饯。将红葡萄酒、水和细砂糖混合，放入锅中煮沸，放入无花果后再次煮沸。冷却至温热，放入冰箱内静置一晚。

2 制作千层酥皮挞底。

①制作面团。将高筋面粉和低筋面粉放入碗中混合，将盐放入水中溶化后倒入碗中，用指尖快速搅拌混合。当面团表面平滑后，团成一团。在面团上切"十"字，用保鲜膜包裹后放入冰箱内醒一晚。

②用擀面杖将黄油压平、擀开，制成与面团相同的硬度，切成长25厘米、宽20厘米的长方形。

③将黄油包进面团的"十"字切口中。

④将步骤③的材料擀成长宽比为3：1的长方形。两边往中间折，叠成一个正方形。旋转90°后再擀开，像叠被子一样叠成四叠。放入冰箱内醒1小时。

⑤再重复一次步骤④的工序，制成千层酥皮挞底。

3 制作巴旦木奶油馅。

①将软化的黄油和糖粉放入碗中，用打蛋器搅打。

②将搅匀的蛋液慢慢倒入步骤①中，搅拌均匀。加入巴旦木粉和低筋面粉，混合搅拌。

4 将步骤2的千层酥皮挞底擀至厚2毫米，扎几个洞后用直径12厘米的蛋挞模具切割成圆形。在表面薄薄地挤一层巴旦木奶油馅。

5 将步骤1的无花果蜜饯切成圆片，整齐地摆放在步骤4的材料上，撒细砂糖，放入预热至200℃的烤箱中烤制30～40分钟。

装饰

将无花果挞放入盘中。将无花果蜜饯切成4等份，将其中3块和冰激凌一起放在挞上，点缀撒满糖粉的巧克力，最后淋适量蜂蜜。

焦糖香梨巧克力卷与手指饼干

饭塚隆太 × 琉球餐厅（Restaurant Ryuzu）

对香梨夏洛特进行的全新演绎——添加了现代美式风格与日本的秋日元素。在拥有焦糖风味的巧克力筒中塞入焦糖香梨和香梨味奶油，放在手指海绵饼干上。搭配香梨味雪葩和果冻，再加上柿子等秋季水果，使味道富有变化。

巧克力卷

巧克力（法芙娜多汁*1巧克力，可可含量35%）适量

焦糖香梨（6人份）

香梨 1个
砂糖 适量
柠檬汁 适量

香梨味奶油（15人份）

牛奶 250毫升
香梨果酱（法国布瓦龙产）250克
香草荚 1/4根
蛋黄 60克
砂糖 20克
明胶片 7克
香梨味白兰地 40毫升
鲜奶油（乳脂含量38%）200克

威廉姆斯香梨果冻（易做的量）

水 375毫升
砂糖 75克
香梨味白兰地（威廉姆斯香梨）40毫升
明胶片 7克
柠檬汁 20毫升

装饰

手指海绵饼干（见P247）
卡仕达奶油（见P247）
日本梨（果肉丁）
柿子（细条）
香梨味雪葩（见P247）
柿子酱*2
柿子皮粉末*3
薄荷叶

*1 法芙娜公司研发的金色巧克力淋面。除了具有饼干般的风味和略微的甜味外，还有一丝丝咸味。
*2 将成熟的柿子果肉放入搅拌机中搅拌，加入柠檬汁调味制成。
*3 将柿子皮切成细丝后烘干制成。
*4 加工巧克力时专用的塑料垫。略厚，使巧克力易于剥离，并使巧克力产生漂亮的光泽。

巧克力卷

1 将化开的巧克力均匀地在长10厘米、宽8厘米的薄膜*4上擀开，形成薄薄的一层。

2 当巧克力开始凝固时，连着薄膜一起卷起，放进直径3厘米的筒状模具中，放入冰箱内冷却、凝固一晚后脱模并揭下薄膜。

焦糖香梨

1 香梨去皮、去核，切成4等份。

2 将香梨块与砂糖放入平底锅中加热，砂糖焦化后倒入柠檬汁。将每块香梨再切成6等份。

香梨味奶油

1 将牛奶、香梨果酱以及竖着切开的香草荚放入锅中加热。

2 加入打散的蛋黄和砂糖，边搅拌边加热至84~85℃，熬煮成类似英式蛋奶酱的状态。

3 将用冰水（材料外）泡发的明胶片加入步骤2的材料中化开。将材料浸泡在冰水中冷却。

4 倒入香梨味白兰地，再加入打至六七分发的鲜奶油。

威廉姆斯香梨果冻

1 将水和砂糖放入锅中加热，砂糖化开后倒入香梨味白兰地煮沸。

2 将事先用冰水（材料外）泡发的明胶片加入步骤1的材料中化开，浸泡在冰水中冷却。

3 倒入柠檬汁。将材料倒入烤盘中，放入冰箱内冷藏、凝固一晚。

装饰

1 将手指海绵饼干放入盘中，在上面涂上卡仕达奶油。

2 将焦糖香梨和香梨味奶油塞入巧克力卷中，将巧克力卷放在步骤1的材料上。

3 撒上略捣碎的威廉姆斯香梨果冻和日本梨果肉丁、柿子果肉条，点缀做成橄榄形的香梨味雪葩，淋柿子酱，撒柿子皮粉末，用薄荷叶装饰。

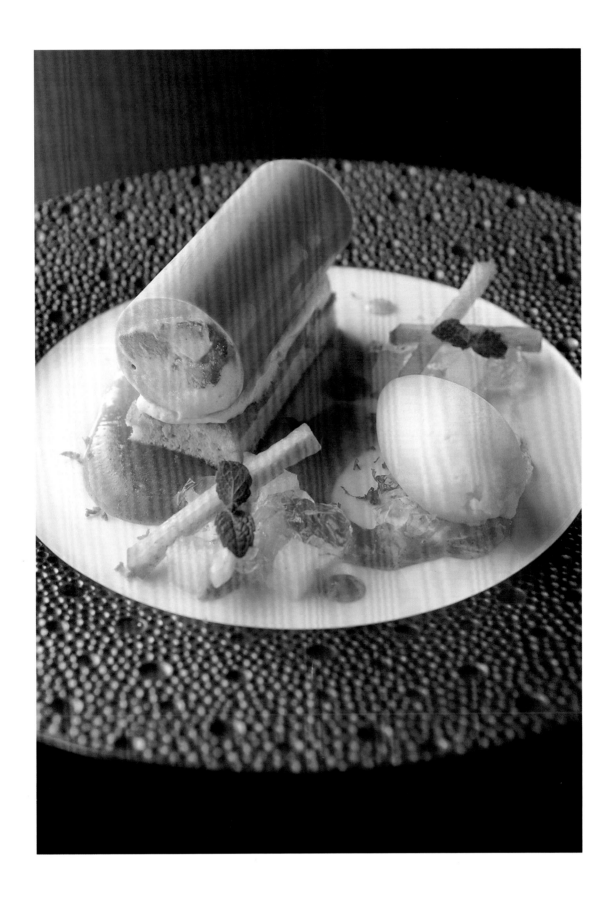

托瑞哈与香梨雪葩

本多诚一 × 苏里奥拉（Zurriola）

"托瑞哈"是西班牙版的法式吐司。原本是先将吐司浸泡在加入了肉桂、橙皮等香料的牛奶或白葡萄酒中，再裹上一层鸡蛋液，放入油锅中煎炸制成。本甜品进行了创新——不使用鸡蛋，也不用油锅煎炸，而是裹上一层焦糖，制成松软的口感。咬一口，内馅就会汩汩流出，鲜美多汁。搭配香梨雪葩、香梨蜜饯、巧克力酱汁和面包屑。

托瑞哈

布里欧修（易做的量）
- 高筋面粉 500克
- 砂糖 50克
- 盐 10克
- 牛奶 50毫升
- 干酵母 8克
- 鸡蛋 6个
- 黄油（软化）250克

内馅（易做的量）
┌ 鲜奶油（乳脂含量35%）250克
├ 牛奶 100毫升
├ 砂糖 40克
├ 柠檬皮 1/2个柠檬的量
├ 橙皮 1/2个橙子的量
├ 香草荚 1/2根
└ 肉桂 1根
特级初榨橄榄油 适量
粗红糖 适量

香梨雪葩（20人份）

```
    ┌ 香梨果酱（市售）500克
    ├ 葡萄糖（粉末）50克
    ├ 转化糖 50克
A   ├ 砂糖 50克
    ├ 水 200毫升
    └ 香草荚 1根
食品稳定剂 5克
```

香梨蜜饯（易做的量/1人份使用1块）

糖浆
┌ 水 200毫升
├ 砂糖 135克
└ 香梨味白兰地 20毫升
香梨 1个

巧克力酱汁（易做的量）

可可粉 30克
水 60毫升
砂糖 40克

面包屑（易做的量）

砂糖 50克
低筋面粉 50克
黄油 50克
巴旦木粉 50克

装饰

酢浆草
三色堇花瓣

托瑞哈

1 制作布里欧修。

①将高筋面粉、砂糖、盐、牛奶和干酵母放入台式打蛋机中略搅拌，加入鸡蛋后搅打4分钟。

②加入黄油，再继续高速搅打约4分钟，直到面团变成一个整体。

③将面团揉圆，放入碗中，包上一层保鲜膜后放入冰箱内醒一晚。

④放入面包模具中，放在温度约为36℃的地方发酵1小时。

⑤放入预热至200℃的烤箱中烤制40分钟。

⑥将布里欧修脱模，静置、冷却。切去硬壳，切成长2.5厘米、宽2.5厘米、高4.5厘米的立方体。

2 将内馅的所有材料放入锅中煮沸，盖上锅盖，将锅离火，静置1小时左右，等香气浸润后再过滤。

3 将布里欧修浸泡在步骤2的内馅中两三个小时。

4 将橄榄油和粗红糖放入平底锅中加热，制成焦糖。

5 将浸泡在内馅中的布里欧修取出后立刻放入焦糖中，煎成焦黄色并裹上一层焦糖。

香梨雪葩

1 将材料A放入锅中，加热至40℃。

2 加入食品稳定剂，继续加热至80℃后将锅离火，浸泡在冰水中冷却至温热，放入冰箱内静置4~8个小时。

3 将步骤2的材料过滤，装入万能冰磨机的专用容器中冷冻。

4 上桌前制成雪葩。

香梨蜜饯

1 制作糖浆。将水、砂糖放入锅中煮沸。将锅离火后倒入香梨味白兰地，静置、冷却。

2 将去皮并切成半月形的香梨和步骤1的材料一起装入容器中，抽真空。重复两三次，使糖浆完全渗透进香梨块中。

巧克力酱汁

将所有材料倒入锅中煮沸。

面包屑

1 将砂糖、低筋面粉、黄油和巴旦木粉搅拌均匀，在烤垫上擀成薄薄一层。放入预热至180℃的烤箱中烤制10分钟左右，直至外表呈焦黄色。

2 冷却至温热后放入碗中，略捣碎。

装饰

用巧克力酱汁在盘中画一条线，撒上面包屑。将托瑞哈、做成橄榄形的香梨雪葩和香梨蜜饯放入盘中，点缀上酢浆草和三色堇花瓣。

香梨蜜饯与
酸橙风味法式雪花蛋奶糕

中多健二 × 论点（Point）

传统的名字与现代的造型之间的强烈反差是这道甜品的一大特色。在香梨蜜饯上放着法式雪花蛋奶糕和焦糖冰激凌，冰激凌上还插着烤成片状的蛋白霜。将香梨置于真空中，使糖浆无须加热就能浸润到梨肉中。在客人面前将英式蛋奶酱淋入碗中。

香梨蜜饯（20人份）

香梨 4个
糖浆 200毫升
柠檬汁 1小勺

法式雪花蛋奶糕（20人份）

蛋清 150克
细砂糖 120克
酸橙皮碎 1/2个酸橙的量

焦糖冰激凌（20人份）

焦糖
├ 细砂糖 100克
├ 水 100毫升
├ 鲜奶油（乳脂含量47%）200克
├ 黄油 50克
└ 盐 5克
英式蛋奶酱
├ 蛋黄 200克
├ 细砂糖 60克
├ 香草荚 1根
├ 牛奶 1升
└ 转化糖 25克

蛋白霜片（易做的量）

蛋清 100克
细砂糖 100克
糖粉 100克

英式蛋奶酱（易做的量）

蛋黄 40克
细砂糖 60克
香草荚 1/2根
牛奶 250毫升
柠檬皮（只擦碎表面）1小勺

装饰

可食用花卉花瓣

香梨蜜饯

香梨切成两半，去核，与糖浆、柠檬汁一起装入袋中，抽真空，静置一天。

法式雪花蛋奶糕

1 将蛋清与细砂糖放入碗中，打发成质地极细的蛋白霜，加入酸橙皮碎混合搅拌。

2 将步骤1的材料倒入较深的烤盘中，放入预热至90℃的烤箱中加热7分钟，静置、冷却后用直径6.5厘米的圆形模具切割成高两三厘米的圆形。

焦糖冰激凌

1 制作焦糖。将细砂糖和水放入锅中，加热至材料变为褐色。将锅离火，加入鲜奶油、黄油和盐混合搅拌。

2 制作英式蛋奶酱。

①将蛋黄和细砂糖放入碗中，搅打至颜色发白。

②将香草荚和从豆荚上刮下的香草籽、牛奶、转化糖放入锅中，加热至即将沸腾。

③将步骤②的材料缓缓倒入步骤①的材料中混合，然后再倒回锅中加热，并不断用刮刀搅拌。当温度达到62℃时离火，过滤。

3 将焦糖倒入英式蛋奶酱中，搅拌均匀后倒入万能冰磨机的专用容器中冷冻。

4 上桌前制成冰激凌。

蛋白霜片

1 将蛋清放入锅中打散，加入细砂糖打发。当材料变膨松后加入糖粉，继续打发，制成蛋白霜。

2 在烘焙纸上薄薄地涂抹一层步骤1的材料，放入预热至70℃的烤箱中烤制一天。

英式蛋奶酱

参考"焦糖冰激凌"的步骤2制作并过滤，浸泡在冰水中冷却。

装饰

1 将香梨蜜饯的皮剥去，切成5厘米见方的小丁。

2 将香梨丁放在容器中央，再放上法式雪花蛋奶糕和焦糖冰激凌。

3 装饰上切成适当大小的蛋白霜片，撒可食用花卉花瓣。

4 将英式蛋奶酱倒入调料瓶中，和步骤3的材料一起上桌，推荐客人淋蛋奶酱后品尝。

红葡萄酒煮香梨与经典意式奶冻

堀川亮 × 菲奥奇餐厅（Ristorante Fiocchi）

这道甜品在皮埃蒙特的著名点心红葡萄酒煮香梨中夹着意式奶冻。意式奶冻的口感正如"经典"二字所传达的那样紧实有弹性。香梨选用的是小个、香脆的品种，葡萄酒是由单宁较少、颜色浓重的皮埃蒙特产巴贝拉葡萄制成的。

红葡萄酒煮香梨（7~8人份）

红葡萄酒（意大利皮埃蒙特产巴贝拉葡萄制）800毫升
水 400毫升
细砂糖 300~400克
肉桂 适量
公丁香 适量
月桂叶 适量
白胡椒 适量
香梨（葡萄白兰地*）7~8个

意式奶冻（10人份）

A ┌ 鲜奶油（乳脂含量45%）500克
  │ 牛奶 50毫升
  │ 细砂糖 50克
  └ 香草荚 适量
明胶片 9克
白兰地 适量

装饰

薄荷叶
糖粉

* 香梨的一个品种。个头较小，每个重约150克，成熟时会散发出如酒般的香甜气味。酸甜均衡，果汁丰富。

红葡萄酒煮香梨

1 将红葡萄酒、水和细砂糖放入锅中加热，当细砂糖化开、液体沸腾后，加入肉桂、公丁香、月桂叶和白胡椒。放入去皮的香梨，将火候调节在液体即将沸腾的状态，煮制7分钟。
2 将香梨浸泡在汤汁中，放入冰箱静置两天。

意式奶冻

1 将材料A混合煮沸，加入泡发的明胶片化开。
2 将步骤1的材料离火，倒入白兰地，静置、冷却、过滤，倒入直径4厘米、深2厘米的模具中，放入冰箱冷藏、凝固。

装饰

1 将红葡萄酒煮香梨的汤汁继续熬煮至有一定浓稠度，制成酱汁。
2 将煮好的香梨从下往上1/3的位置横向切开，去核。将意式奶冻切成1厘米厚，夹在香梨中间。
3 将步骤1的酱汁倒入容器中，放上步骤2的材料，插上薄荷叶，撒糖粉。

Ice Cream,
Sorbet,
Gelato,
Granité

第4章

美式冰激凌、雪葩、意式冰激凌、法式冰沙

腌桃子、雪葩、
意式冰糕配巴旦木酱汁

伊藤延吉 × 巴里克餐厅（Ristorante La Barrique）

将桃子腌制后和雪葩等组合在一起。为了制作出不过于甜、
适合成年人的甜品，在腌泡汁中加入了康帕利酒和君度橙
酒，增添苦味和橙子风味。搭配巴旦木酱汁，令人联想到桃
核中的桃仁。

腌桃子（10人份）

桃子 5个
腌泡汁
├ 白葡萄酒 700毫升
├ 康帕利酒 160毫升
├ 君度橙酒 50毫升
├ 细砂糖 100克
└ 柠檬汁 1个柠檬的量

桃子味雪葩（20人份）

桃子 3个
柠檬汁 少许
糖浆* 300毫升

桃子味意式冰糕（30人份）

水 300毫升
细砂糖 60克
桃子味力娇酒 80毫升

巴旦木酱汁（易做的量）

蛋黄 4个
细砂糖 50克
牛奶 250毫升

鲜奶油（乳脂含量46%）50克
巴旦木片 25克
安摩拉多酒 200毫升

桃子糖片（易做的量）

桃子 适量
海藻糖浆（说明省略）
├ 海藻糖 30克
└ 水 100毫升

装饰

薄荷叶

* 将砂糖和水以2∶3的比例混合制成。

腌桃子

1 将腌泡汁的材料放入锅中，小火加热至酒精挥发后
将锅离火，静置、冷却。
2 将切成两半并去核的桃子放入腌泡汁中浸泡。1小
时后观察腌渍情况，再继续浸泡1小时。

桃子味雪葩

1 将桃子切成适口大小，淋柠檬汁，放入万能冰磨机
的专用容器中，倒入糖浆。
2 将步骤1的材料冷冻，上桌前制成雪葩。

桃子味意式冰糕

将所有材料混合，放入冰柜冷冻。每隔30分钟搅拌几
下，制成意式冰糕。

巴旦木酱汁

1 将蛋黄和细砂糖放入碗中搅打。
2 将牛奶、鲜奶油和巴旦木片混合，加热至37℃左
右，使巴旦木的香气浸润到食材中。
3 将步骤1、步骤2的材料和酒精挥发后的安摩拉多酒
混合，过滤后倒入锅中，煮至有一定浓稠度，注意要
不断搅拌。

桃子糖片

1 将桃子切薄片，放入海藻糖浆中浸泡1小时。
2 将桃子从糖浆中捞出，放入预热至90℃的烤箱中加
热2小时。

装饰

1 将巴旦木酱汁倒入盘中，放上腌桃子。
2 将桃子味雪葩和意式冰糕放入盘中，再装饰上桃子
糖片和薄荷叶。

根甜菜味法式冰沙
与青苹果味果冻

金山康弘 × 箱根凯悦酒店贝斯餐厅（Hyatt Regency
Hakone Resort&Spa Restaurant Berce）

"在根甜菜田的附近，苹果熟了"，金山大厨旅居法国时看到
的这一景象给他带来了灵感，于是这道甜品拼盘便诞生了。
在青苹果制成的果冻上放着根甜菜味法式冰沙和加入了酸奶
油的微酸奶油酱汁，再点缀上具有清凉感的草本绿叶。根甜
菜是生的，苹果也仅是加热到能使明胶化开的程度，二者均
未加糖，充分运用了食材本身的美味与清香。

根甜菜味法式冰沙（易做的量/1人份使用约7克）

根甜菜 1个

青苹果味果冻（易做的量/1人份使用约15克）

澳大利亚青苹果 2个
明胶片 2克

装饰

奶油酱汁
├ 鲜奶油（乳脂含量35%）
└ 酸奶油
茴香叶
酸模叶

根甜菜味法式冰沙

1 根甜菜去皮，放入果汁机中榨汁后过滤。
2 将步骤1的果汁倒入万能冰磨机的专用容器中，放
入冰柜内冷冻。
3 上桌前制成法式冰沙。

青苹果味果冻

1 青苹果去皮、去核，放入果汁机中榨汁，过滤。
2 将步骤1的果汁中的一部分倒入锅中加热，放入泡
发的明胶片化开。
3 将步骤2的材料和剩余的果汁混合，倒入容器中，
薄薄的一层即可，放入冰箱冷藏、凝固。

装饰

1 将打至三分发的鲜奶油和等量的酸奶油混合搅拌，
制成奶油酱汁。装入裱花袋中，在已经凝固的青苹果
味果冻中间挤一条直线。
2 在奶油线右侧放上根甜菜味法式冰沙，在左侧装饰
上茴香叶和酸模叶。

意大利鲜奶酪冷霜冰糕
配美国大樱桃温热酱汁

滨本直希 × 菲丽西琳娜（Felicelina）

在充分展现意大利鲜奶酪风味的冷霜冰糕上，淋上满满的、热腾腾的酱汁，和阿芙佳朵有异曲同工之处。酱汁只经过短时间加热，保留了美国大樱桃的新鲜感，而熬煮过的酒醋使得回味更加悠长。最后撒百香果果肉和胡椒碎，增添了别样的酸味与口感。

意大利鲜奶酪冷霜冰糕（约20人份）

意大利鲜奶酪 500克
细砂糖 200克
鲜奶油（乳脂含量38%）500克
格拉巴酒 30毫升

美国大樱桃温热酱汁（2人份）

蜂蜜 5克
意大利香醋 10毫升
雪莉酒醋 10毫升
红葡萄酒醋 10毫升
红波尔图酒 60毫升
红葡萄酒 60毫升
黄油 5克
美国大樱桃 100克

装饰

百香果
胡椒

意大利鲜奶酪冷霜冰糕

1 将意大利鲜奶酪和100克细砂糖放入打蛋器中搅拌。
2 将鲜奶油和100克细砂糖混合，打至七八分发。
3 将步骤2的材料倒入步骤1的材料中，快速搅拌，倒入格拉巴酒调味。装入法式冻派模具中，放入冰柜内冷冻。

美国大樱桃温热酱汁

1 将蜂蜜放入锅中加热，制成焦糖。
2 将意大利香醋、雪莉酒醋和红葡萄酒醋倒入步骤1的材料中，继续熬煮至酸味挥发。
3 将红波尔图酒、红葡萄酒和黄油加入步骤2的材料中混合搅拌，再放入切成两半并去核的美国大樱桃，略加热。

装饰

1 将意大利鲜奶酪冷霜冰糕脱模，切成2厘米左右厚，放入盘中。
2 将美国大樱桃温热酱汁淋在步骤1的材料上，撒上百香果的果肉和籽，将胡椒碾碎撒在表面。

八宝饭配冰激凌

皆川幸次 × 阿斯特（Aster）银座总店

八宝饭是将果干、猪背脂肪等与糯米混合蒸煮，再淋上甜甜的糖浆食用，是我国江南地区的传统点心。原本上桌时应该热腾腾的，而在这道甜品中，则是等八宝饭冷却至常温，放上椰子味冰激凌，再淋上调节了甜味的黑醋酱汁。

八宝饭（10人份）

糯米 500克
果干（葡萄干、越橘干、菠萝干、木瓜干）共350克
猪背脂肪 50克
冰糖 120克

椰子味冰激凌（10人份）

椰奶 200毫升
牛奶 300毫升
砂糖 80克
明胶 10克
鲜奶油（乳脂含量45%）300克

香醋酱汁

香醋（黑醋）
矿泉水
胶蜜糖
玉米淀粉

八宝饭

1 将在水中浸泡一晚的糯米与切成适当大小的果干混合蒸制，较硬即可，无须蒸软。
2 将切成细条的猪背脂肪和冰糖一起加入步骤1的材料中，蒸2小时后将所有食材搅拌均匀。

椰子味冰激凌

1 将椰奶、牛奶、砂糖和泡发的明胶一起放入锅中加热，当砂糖和明胶化开后将锅离火，静置、冷却至温热。
2 在步骤1的材料中倒入鲜奶油，放入雪葩机中制成冰激凌。

香醋酱汁

1 用矿泉水稀释香醋，再加入胶蜜糖调节甜味。
2 将略加热过的玉米淀粉加入步骤1的材料中勾芡，静置、冷却。

装饰

将冷却至常温的八宝饭装入盘中，每盘装70克左右即可。将冰激凌放入盘中，淋上酱汁。

马鞭草味果冻、白巧克力味冰激凌与蜂蜜味法式冰沙

中田雄介 × 尚特里尔（Les chanterelles）

在马鞭草味果冻上放着草莓、白巧克力味冰激凌和蜂蜜与百里香口味的法式冰沙，充满清凉感的一道甜品。请一边用勺子搅拌一边品尝这如"刨冰"般的滋味。草莓选用的是具有醇厚酸味的栃木县产"栃少女"。草莓的酸味突显了冰激凌和法式冰沙的甜美。

马鞭草味果冻（10人份）

白葡萄酒 160毫升
水 400毫升
砂糖 125克
马鞭草叶（干燥）1.5克
柠檬皮 2片
明胶片 6克

白巧克力味冰激凌（10人份）

牛奶 1升
糖稀 100克
砂糖 50克
白巧克力（韦斯"涅维亚"巧克力，可可含量29%）550克

蜂蜜味法式冰沙（20人份）

水 900毫升
白葡萄酒 300毫升
百里香叶 2片
蜂蜜 360克
柠檬汁 100毫升

装饰

草莓
薄荷叶

马鞭草味果冻

1 将白葡萄酒、水、砂糖、马鞭草叶和柠檬皮放入锅中煮沸。将锅离火，静置2小时左右，使香气浸润，过滤。
2 放入泡发的明胶片混合搅拌，放入冰箱内冷却、凝固。

白巧克力味冰激凌

1 将牛奶、糖稀、砂糖放入锅中煮沸。
2 放入隔水化开的白巧克力混合搅拌后放入搅拌机中，搅拌至表面平滑。
3 倒入雪葩机中制成冰激凌。

蜂蜜味法式冰沙

1 将水、白葡萄酒和百里香叶放入锅中煮沸。
2 放入蜂蜜，再倒入柠檬汁。
3 倒入烤盘中冷却至温热，放入冰柜内冷冻、凝固。

装饰

1 将马鞭草味果冻装入盘中，再放上白巧克力味冰激凌和去蒂的草莓。
2 放薄荷叶，再倒入用叉子捣碎的蜂蜜味法式冰沙。

网纹甜瓜奶油苏打

浅井努 × 汤姆珍品（TOM Curiosa）

"用香甜的甜瓜制作奶油苏打会怎么样呢？"这道甜品杯就是在这一想法下诞生的。杯子里放着原料仅为网纹甜瓜果肉的果汁冰糕、香草冰激凌、甜瓜果肉、炼乳酱汁和加入了苏打水的甜瓜汁。用勺子从下往上搅拌，快来享受这浑然一体的口感吧。

甜瓜果汁冰糕和苏打水基底（易做的量）

甜瓜（网纹甜瓜）1个
糖浆 适量

香草味意式冰激凌（易做的量/1人份使用约40克）

牛奶 600毫升
脱脂浓缩乳 400克
香草荚 2根
蛋黄 300克
细砂糖 300克
鲜奶油（乳脂含量47%）1千克

炼乳酱汁（易做的量）

含糖炼乳 200克
鲜奶油（乳脂含量47%）20克
蜂蜜 20克

装饰

甜瓜（网纹甜瓜）

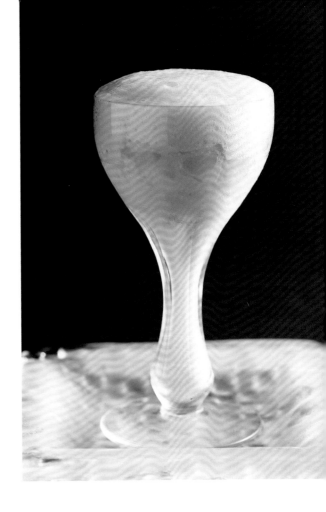

甜瓜果汁冰糕和苏打水基底

1 将甜瓜果肉放入果汁机中打碎，倒入糖浆调整甜度。
2 将一半步骤1的材料倒入万能冰磨机的专用容器中冷冻，上桌前制成果汁冰糕。
3 将步骤1的剩余材料倒入虹吸瓶中，填充进二氧化碳，放入冰箱内冷藏（苏打水基底）。

香草味意式冰激凌

1 将牛奶、脱脂浓缩乳和竖着切开的香草荚放入锅中，加热至即将沸腾。
2 将蛋黄和细砂糖混合搅打至颜色发白，倒入步骤1的材料，搅拌均匀后倒入锅中，加热至有一定浓稠度。
3 将步骤2的材料过滤，加入鲜奶油，静置、冷却后倒入万能冰磨机的专用容器中冷冻。上桌前制成意式冰激凌。

炼乳酱汁

将含糖炼乳、鲜奶油和蜂蜜混合，略熬煮后冷却。

装饰

1 将约30克甜瓜果汁冰糕装入冷藏过的玻璃杯中，放上香草味意式冰激凌。将甜瓜果肉切成适口大小，放几块到杯中，淋炼乳酱汁。
2 将虹吸瓶中的苏打水基底挤在步骤1的材料上。将玻璃杯放在同样经过冷藏的玻璃盘中上桌。

新加坡斯林酒风格雪葩

山根大助 × 维奇奥桥（Ponte Vecchio）

山根大厨把鸡尾酒中的新加坡斯林酒创造性地改造成甜品。将菠萝制成雪葩和慕斯泡，将樱桃用樱桃白兰地调味，制成酱汁，顶饰是一颗鲜樱桃。最后撒上酸橙皮碎，淋上几滴金酒就大功告成了。口味清淡，能够为主甜品的登场创造清新的味觉铺垫。

菠萝味雪葩（易做的量/1人份使用50克）

菠萝（果肉）200克
糖浆（将细砂糖和水以1：1的比例混合）适量
液氮 适量

菠萝味慕斯泡（易做的量/1人份使用40毫升）

菠萝（果肉）400克
糖浆（将细砂糖和水以1：1的比例混合）适量
明胶片 适量

樱桃酱汁（易做的量/1人份使用2小勺）

白葡萄酒 1升
蜂蜜 75克
樱桃 250克
樱桃白兰地 20毫升

装饰

樱桃 1人份需使用3颗
酸橙皮碎
金酒

菠萝味雪葩

1 将菠萝果肉放入搅拌机中打碎，用网眼细密的纱布过滤。

2 倒入糖浆，将甜度调整为17～18波美度。

3 将步骤2的材料注入液氮中，一边快速搅拌一边冷却、凝固，使材料表面平滑。

菠萝味慕斯泡

1 将菠萝果肉放入搅拌机中打碎，用网眼细密的纱布过滤。

2 倒入糖浆，将甜度调整为17～18波美度。

3 用少许热水将泡发的明胶片化开，倒入步骤2的材料中，静置至完全冷却后装入虹吸瓶中，填充进气体，放入冰箱内冷藏。

樱桃酱汁

1 将白葡萄酒和蜂蜜放入锅中加热。将去核并略切碎的樱桃放入锅中，继续煮15分钟。

2 熬煮至几乎没有水分的状态后倒入搅拌机中搅拌，用筛网过滤，冷却后倒入樱桃白兰地。

装饰

1 将菠萝味雪葩装入玻璃餐具中，将虹吸瓶中的菠萝味慕斯泡挤在雪葩上。

2 淋樱桃酱汁，放一颗樱桃，撒酸橙皮碎，最后淋几滴金酒。

摩卡芭菲配红浆果蜜饯

大川隆×切兹·米切尔
(Comme Chez Michel)

在微温的红浆果蜜饯上放着用法式冻派模具固定的摩卡芭菲，让人品味酸甜与微苦的味道差和冷热温度差。最后撒上大量意式浓缩咖啡粉，使整体味道呈较苦的基调。

摩卡芭菲（20人份）

蛋黄 120克
细砂糖 100克
牛奶 30毫升
咖啡粉 26克
可可粉 26克
鲜奶油（乳脂含量30%）400克

红浆果蜜饯（20人份）

混合浆果（法国产，冷冻）* 600克
蜂蜜 80克

装饰

千层酥皮（见P247）
天使香蜜酱汁（见P248）
意式浓缩咖啡粉
糖粉

* 包含了覆盆子、红加仑、蓝莓、黑莓、黑加仑、草莓等6种冷冻浆果。

摩卡芭菲

1 将蛋黄和细砂糖放入碗中，用打蛋器搅拌至绵软、膨松的状态。

2 倒入常温牛奶混合搅拌。一边隔水煮，一边用打蛋器搅拌至浓稠。

3 在另一碗中放入咖啡粉和可可粉，倒入少许热水（材料外），使其化开。

4 将步骤2的材料倒入步骤3的材料中混合搅拌，再加入打至七分发的鲜奶油快速搅拌。

5 在长25厘米、宽5厘米、高6厘米的法式冻派模具中铺一层保鲜膜，倒入步骤4的材料，放入冰柜内冷冻、凝固。

红浆果蜜饯

将混合浆果和蜂蜜放入锅中，小火煮5分钟。

装饰

1 将红浆果蜜饯装入盘中，中间放千层酥皮，将脱模的摩卡芭菲放在酥皮上。

2 将天使香蜜酱汁淋在摩卡芭菲周围，最后在整体上撒意式浓缩咖啡粉和糖粉。

特蕾莫托

万谷浩一 × 拉托图加（La Tortuga）

"特蕾莫托"在西班牙语中是"地震"的意思。在1985年智利大地震的新闻采访中，一位德国记者在当地一家咖啡店品尝了一个叫"披佩纽"（由白葡萄酒和菠萝味冰激凌组成）的甜品后，惊喜地大喊"特蕾莫托"。万谷大厨从中获得灵感，创造了这道甜品。将菠萝、菠萝味冰激凌、加入椰子的蛋糕块、霞多丽白葡萄酒风味法式冰沙等组合在一起制成拼盘。

椰子味马郁兰蛋糕

榛子 20克
巴旦木 30克
┌ 巴旦木粉 36克
│ 可可粉 32.5克
A │ 细砂糖 90克
└ 面粉 9克
蛋白霜
┌ 蛋清 112.5克
└ 细砂糖 45克

霞多丽味法式冰沙

水 130毫升
砂糖 75克
白葡萄酒（霞多丽葡萄品种）390毫升
柠檬汁 1小勺

菠萝味冰激凌

蛋黄 10个
糖浆* 300毫升
鲜奶油 500克
菠萝酱 1.5千克
朗姆酒（白）少许

菠萝糖片（各适量）

菠萝（薄片）
糖浆*

装饰

菠萝（方丁）
白巧克力甘纳许（说明省略）

* 将砂糖和水以1:2的比例混合，煮化后冷却即可。

椰子味马郁兰蛋糕

1 将榛子和巴旦木放入料理机中制成果泥。

2 将材料A混合搅拌，再倒入步骤1的材料混合。

3 将蛋清和细砂糖混合，打发制成蛋白霜，与步骤2的材料混合搅拌。

4 将硅胶烤垫铺在烤盘上，倒入步骤3的材料，用抹刀抹平整。

5 放入烤箱内烤制。

霞多丽味法式冰沙

1 将水和砂糖放入锅中化开，加入白葡萄酒和柠檬汁。

2 将步骤1的材料倒入平底盘中，放入冰柜内冷冻，不时搅拌。

菠萝味冰激凌

1 一边用打蛋器搅拌一边将加热好的糖浆倒入蛋黄中，搅拌至汤汁呈奶油色。

2 将步骤1的材料、打发的鲜奶油、菠萝酱和朗姆酒混合搅拌，倒入万能冰磨机的专用容器中冷冻。完全冻好后，取需要使用的量制成冰激凌。

菠萝糖片

1 用毛刷将糖浆涂抹在菠萝片上。将硅胶烤垫铺在烤盘上，放上滤去水分的菠萝片。

2 将步骤1的材料放入烤箱中，180℃烤制5分钟，再用80℃烤制5分钟。将菠萝片留在烤箱中放至第二天早晨，充分干燥。

装饰

1 将椰子味马郁兰蛋糕切成1~1.5厘米见方的丁。

2 将步骤1的材料、切成方丁的菠萝、霞多丽味法式冰沙混合搅拌，倒入白巧克力甘纳许调和。在盘子中央放上圆形模具，将材料塞满模具后再将模具取下。

3 将1片菠萝糖片放在步骤2的材料上，放上菠萝味冰激凌，再在上面放1片菠萝糖片。

泡芙夹心酥球

大川隆 × 切兹 · 米切尔（Comme Chez Michel）

在甜挞皮中塞入卡仕达奶油，在上面放上夹着冰激凌的泡芙酥球。冰激凌有蜂蜜、焦糖、马斯卡彭奶酪和覆盆子雪葩这4种。最后再淋上温热的巧克力酱。

泡芙皮（25人份）

水 500毫升
黄油 160克
低筋面粉 255克
盐 适量
鸡蛋 8个

甜挞皮（25人份）

黄油（软化）70克
糖粉 50克
巴旦木粉 30克
鸡蛋 1个
低筋面粉 100克
盐 1克

巧克力酱（25人份）

牛奶 50毫升
鲜奶油（乳脂含量30%）50克
蛋黄 18克
细砂糖 18克
黑巧克力（迪吉福 "方丹瓜亚基尔" 巧克力，可可含量64%）70克
可可粉 4克

蜂蜜冰激凌（25人份）

牛奶 60毫升
鲜奶油（乳脂含量30%）40克
蜂蜜 20克
蛋黄 20克

焦糖冰激凌

细砂糖 50克
鲜奶油（乳脂含量30%）100克
牛奶 100毫升
蛋黄 38克

马斯卡彭奶酪冰激凌（25人份）

水 10毫升
细砂糖 45克
葡萄糖 10克
马斯卡彭奶酪 100克
柠檬汁 适量

覆盆子雪葩（25人份）

覆盆子（冷冻）1千克
细砂糖 250克
柠檬汁 适量

装饰

卡仕达奶油（见P248）
天使香蜜酱汁（见P248）

泡芙皮

1 参考"巴黎布雷斯特"（见P228）泡芙皮步骤1～步骤3，制作泡芙皮。

2 将面团在烤盘上挤成直径7厘米的球形，放入预热至200℃的烤箱中烤制18分钟。

3 关闭烤箱电源，将箱门半开，静置三四分钟。将泡芙皮从烤箱中取出，放在烤网上冷却至室温。

甜挞皮

1 将黄油、过筛的糖粉和巴旦木粉放入碗中混合搅拌。

2 将搅匀的蛋液慢慢倒入步骤1的材料中，搅拌均匀，使材料融为一体。

3 放入过筛的低筋面粉和盐，快速搅拌混合后用保鲜膜包好，放入冰箱内醒半天。

4 将步骤3的材料擀至5毫米厚，放入直径8厘米的蛋挞模具中。将面皮按压在模具侧壁上贴牢，多出来的部分用抹刀切掉。放入冰箱内醒三四个小时。

5 将步骤4的材料放入预热至160℃的烤箱中烤制15分钟。

巧克力酱

1 将牛奶和鲜奶油倒入锅中，加热至即将沸腾。

2 将蛋黄和细砂糖放入碗中，用打蛋器搅打至颜色发白。

3 将步骤1的材料慢慢倒入步骤2的材料中，不断搅拌，倒回锅中，一边用木刮刀搅拌，一边小火加热4分钟。

4 将化开的黑巧克力和可可粉放入碗中混合搅拌，再将步骤3的材料倒入碗中，一起混合搅拌。

蜂蜜冰激凌（25人份）

1 将牛奶和鲜奶油倒入锅中，加热至即将沸腾。

2 将蜂蜜和蛋黄放入碗中，用打蛋器搅打至颜色发白。

3 将步骤1的材料慢慢倒入步骤2的材料中，不断搅拌，倒回锅中，一边用木刮刀搅拌，一边小火加热4分钟。静置、冷却至温热。

4 将步骤3的材料放入万能冰磨机的专用容器中冷冻。

焦糖冰激凌

1 将40克细砂糖放入锅中熬煮，加入鲜奶油和牛奶，加热至即将沸腾。

2 将剩余的10克细砂糖和蛋黄放入碗中，用打蛋器搅打至颜色发白。

3 将步骤1的材料慢慢倒入步骤2的材料中，不断搅拌，然后倒回锅中，一边用木刮刀搅拌，一边小火加热4分钟。静置、冷却至温热。

4 将步骤3的材料放入万能冰磨机的专用容器中冷冻。

马斯卡彭奶酪冰激凌（25人份）

1 将水、细砂糖和葡萄糖放入锅中熬煮成糖浆。

2 将马斯卡彭奶酪加入步骤1的材料中搅拌，再加入柠檬汁调味。

3 将步骤2的材料放入万能冰磨机的专用容器中冷冻。

覆盆子雪葩（25人份）

1 将覆盆子和细砂糖放入锅中，加热至沸腾后加入柠檬汁调味。

2 用研杵将步骤1的材料捣碎后用筛网过滤。

3 将步骤2的材料放入万能冰磨机的专用容器中冷冻。

装饰

1 将卡仕达奶油挤入脱模的甜挞皮中，放入盘中。

2 用万能冰磨机分别制作蜂蜜冰激凌、焦糖冰激凌、马斯卡彭奶酪冰激凌和覆盆子雪葩。

3 在4个泡芙皮上留下切口，用勺子分别将步骤2的材料塞入泡芙皮中。

4 将3个步骤3的泡芙球放在步骤1的材料上，再把最后1个泡芙球放在最上面。在整体上撒糖粉（材料外），淋巧克力酱。

5 在步骤4材料的周围淋一圈巧克力酱和天使香蜜酱汁。

漂浮之岛

石川资弘 × 红果酱（Coulis Rouge）

对浮在英式蛋奶酱上的蛋白霜球这一传统甜品进行改良。在热腾腾的巧克力酱上漂浮着蛋白霜球和开心果冰激凌。蛋白霜和冰激凌都挖成小小的球形，所以可以浮起来。这道甜品体现着法式小酒馆的简约之美。

法式蛋白霜（易做的量）

蛋清 115克
细砂糖 35克

开心果冰激凌（易做的量）

英式蛋奶酱
├ 牛奶 500毫升
├ 鲜奶油（乳脂含量38%）100克
├ 糖稀 25克
├ 细砂糖 100克
└ 蛋黄 6个
开心果果泥（市售）70克

热巧克力酱（易做的量）

黑巧克力（国王"阿帕玛特"巧克力，可可含量73.5%）140克
鲜奶油 150克
细砂糖 90克
水 200毫升

装饰

巴旦木片（略烤）

法式蛋白霜

1 将蛋清与细砂糖混合搅打，制成蛋白霜。

2 倒入杯中，用微波炉加热约30秒，并重复两三次，直至蛋白霜表面富有弹性。

开心果冰激凌

1 制作英式蛋奶酱。

①将牛奶、鲜奶油和糖稀混合加热。

②将细砂糖和蛋黄混合，搅打至颜色变白。

③将步骤①和步骤②的材料混合搅拌。

2 将开心果果泥加入英式蛋奶酱中混合搅拌，过滤后静置、冷却。

3 将步骤3的材料放入雪葩机中制成冰激凌。

热巧克力酱

将所有材料放入锅中搅拌均匀，煮沸并熬煮至有一定浓稠度。

装饰

1 将挖成适当大小的法式蛋白霜和开心果冰激凌装入容器中，倒入热巧克力酱。

2 撒适量巴旦木片。

Vegitables & Flowers

第 5 章

蔬菜与可食用花卉

樱花奶油风味楔子海绵蛋糕配喷香面包棍

佐藤真一、米良知余子 × 欲望（il desiderio）

模仿樱花树枝的一道春光烂漫的甜品。让制作"楔子蛋糕"时必不可少的阿尔凯默斯酒和樱花力娇酒浸透到海绵蛋糕底中。在由卡仕达奶油和意大利鲜奶酪混合制成的奶油中加入了巧克力碎和樱花酱，让客人在感受风味与口感变化的同时，体验"意式与日式风格的融合"。

海绵蛋糕底（长33厘米、宽24厘米、高4厘米的方形模具，1个）

鸡蛋 450克
砂糖 300克
牛奶 90毫升
黄油 90克
高筋面粉 300克

3种奶油

基础奶油
├卡仕达奶油（易做的量/需使用600克）
│├牛奶 1升
│├细砂糖 250克
│├蛋黄 10个
│└高筋面粉 100克
└意大利鲜奶酪 250克
黑巧克力（嘉利宝"3815"巧克力，可可含量58.2%）50克
樱花酱（市售）150克
明胶片 3克
鲜奶油（乳脂含量35%）250克

糖浆（易做的量）

樱花力娇酒 100毫升
阿尔凯默斯酒[*1] 50毫升
矿泉水 50毫升

装饰

面包棍（裹白芝麻，说明省略）
开心果（切片）
焦糖酱（说明省略）
巧克力酱（说明省略）
金箔
樱花碎末[*2]

*1 意大利特产红色力娇酒。是意大利传统点心"楔子海绵蛋糕"必不可少的原料之一。
*2 将樱花用盐腌渍，去除盐分后放入低温烤箱中干燥，然后粉碎制成。

海绵蛋糕底

1 在鸡蛋中加入砂糖，一边隔水加热至40℃，一边用打蛋器打发。

2 将牛奶和黄油混合加热。

3 在步骤1的鸡蛋打发后，与高筋面粉一起加到步骤2的材料中混合搅拌，倒入方形模具中。放入预热至170℃的烤箱中烤制25分钟左右。

3种奶油

1 制作卡仕达奶油。
①将一半的细砂糖放入牛奶中，倒入锅中煮沸。
②将剩余的细砂糖、蛋黄和高筋面粉混合，加入步骤①的牛奶。将材料倒回锅中煮熟，静置、冷却至温热。

2 将卡仕达奶油与意大利鲜奶酪混合搅拌，制成基础奶油。

3 将切碎的黑巧克力与300克步骤2的基础奶油混合搅拌，制成奶油A。

4 将100克樱花酱加热，加入泡发的明胶片，使其化开，静置、冷却至温热后与300克步骤2的基础奶油、50克打至八分发的鲜奶油混合搅拌，制成奶油B。装入裱花袋中。

5 将50克樱花酱与200克打至八分发的鲜奶油混合搅拌，制成奶油C。用纱布包裹起来。

糖浆

将樱花力娇酒、阿尔凯默斯酒和矿泉水放入锅中煮沸，静置、冷却。

装饰

1 将海绵蛋糕底切成5毫米厚的块，用直径4.5厘米和直径3厘米的两种大小的圆形模具切割。

2 将两种大小的蛋糕块各取2块，浸泡在糖浆（材料外）中，使糖浆充分浸透。

3 将两种大小的蛋糕块各取1块放入盘中，在上面挤上奶油A，再分别叠放上大小相同的蛋糕块。

4 在步骤3的蛋糕块上挤上奶油B。在奶油B上透过纱布将奶油C挤成樱花形状。

5 将面包棍和开心果放在步骤4的材料旁边，摆成樱花树枝和叶子的形状。摆放时注意在食材下涂抹焦糖酱，以便固定在盘中。

6 用巧克力酱在步骤5的"樱花树"旁画一条线。装饰上金箔，撒樱花碎末。

春之花

纪尧姆·布拉卡瓦尔、米歇尔·阿巴特马可 × 米歇尔·特罗伊斯格罗斯厨房

[Cuisine(s) Michele Troisgros]

意大利点心匠人阿巴特马可大厨从樱饼中获得灵感，创造了这道日式和西式融合的
甜品。用片状牛皮糖将樱花味、法国香梨味和柚子味3种奶油，以及荔枝味慕斯和
腌渍樱花制成的果酱包裹在一起。在樱饼的启发下，搭配大米味的奶油和泰国香
米，撒腌渍樱花。

樱花味奶油（6人份）

鲜奶油（乳脂含量35%）160克
鲜奶油（乳脂含量47%）100克
樱花 10克
细砂糖 20克
增稠稳定剂 1克

樱花酱（6人份）

水 100毫升
细砂糖 100克
米醋 20毫升
樱花 100克

荔枝味慕斯（6人份）

荔枝酱（说明省略）230克
荔枝力娇酒 80毫升
明胶粉 9克
意式蛋白霜（说明省略）90克
鲜奶油（乳脂含量35%）160克

法国香梨味奶油（6人份）

香梨汁 230毫升
水 100毫升
香梨力娇酒 10毫升
细砂糖 20克
琼脂*1 14克
明胶粉 3克

柚子味奶油（6人份）

鸡蛋 1个
细砂糖 60克
柚子汁 12毫升
柠檬汁 30毫升
黄油 75克
明胶粉 0.5克

大米味奶油（6人份）

有机糙米乳*2 200克
牛奶 130毫升
琼脂*1 11克
细砂糖 20克
明胶粉 2克

装饰

牛皮糖片（市售）
腌渍樱花*3
泰国香米

*1 从管中挤出用的琼脂果冻制剂。
*2 用有机大米制成的谷物饮料。有大米的甜味，可以直接饮用。
*3 将用米醋等煮制的樱花做成罐头，放入冰箱内冷藏4日。

樱花味奶油

1 将两种鲜奶油和樱花放入锅中加热，加入细砂糖和增稠稳定剂混合搅拌。冷却至温热，放入冰箱内静置一天。

2 将步骤1的材料过滤后打发。

樱花酱

1 将水、细砂糖、米醋以及水洗、去萼的樱花放入锅中，熬煮至材料呈酱状。

2 放入搅拌机中搅拌，过滤。

荔枝味慕斯

1 将荔枝酱、荔枝力娇酒倒入锅中加热，加入泡发的明胶粉化开。将锅浸泡在冰水中，冷却至25℃。

2 加入意式蛋白霜和打发的鲜奶油，混合搅拌。

3 将步骤2的材料倒入半球形烘焙托盘中，放入冰箱内冷藏、凝固。

法国香梨味奶油

1 将香梨汁、水、香梨力娇酒、细砂糖和琼脂放入锅中加热，加入泡发的明胶粉混合搅拌。

2 将步骤1的材料倒入碗中，浸泡在冰水中冷却、凝固，用手动打蛋器搅拌成奶油状。

柚子味奶油

1 将鸡蛋和细砂糖放入碗中混合搅拌，倒入加热的柚子汁和柠檬汁，放入锅中加热。

2 加入泡发的明胶粉，过滤。

3 加入黄油，用手动打蛋器搅拌，放入冰箱内冷藏。

大米味奶油

1 将有机糙米乳、牛奶、琼脂和细砂糖放入锅中加热。

2 放入泡发的明胶粉，待材料冷却至温热后，放入冰箱内冷藏。

装饰

1 将牛皮糖片解冻，在上面挤上樱花味奶油和樱花酱，放上荔枝味慕斯。

2 在步骤1樱花味奶油旁边挤上法国香梨味奶油和柚子味奶油。

3 将牛皮糖片对半折好，做成"水滴"形。

4 将3个"水滴"放入盘中，淋几滴大米味奶油，点缀腌渍樱花，撒几粒煮得较硬的泰国香米。

舒芙蕾可丽饼

古贺纯二、池田舞 × 切兹 · 因诺（Chez Inno）

将塞入了舒芙蕾内馅的可丽饼这一朴素的点心打造成优雅的餐厅风格。将玫瑰作为核心元素，把可丽饼做成玫瑰花瓣的形状，倒入内馅烤制。搭配酸甜可口的覆盆子玫瑰酱和玫瑰泡沫，为整体增添一抹清凉感。

可丽饼（12片的量）

鸡蛋1个
盐1克
化黄油30克
低筋面粉63克
牛奶125毫升
澄清黄油 适量

舒芙蕾内馅（4个的量）

卡仕达奶油（易做的量/需使用120克）
├ 牛奶500毫升
├ 香草荚1/2根
├ 鸡蛋1个
├ 蛋黄2个
├ 细砂糖90克
├ 奶油粉22克
├ 低筋面粉22克
└ 黄油60克
蛋白霜
├ 蛋清60克
└ 细砂糖36克

玫瑰泡沫（易做的量）

牛奶170毫升
玫瑰味力娇酒20毫升
鲜奶油（乳脂含量35%）20克
覆盆子5颗
玫瑰酱（市售）50克

覆盆子玫瑰酱（各适量）

覆盆子果酱*
玫瑰酱

装饰

糖粉
贝尔玫瑰（可食用迷你玫瑰）

* 将覆盆子、细砂糖、琼脂和糖稀放入锅中，小火熬煮至有一定浓稠度。

可丽饼

1 将鸡蛋放入碗中打发，加入盐和化黄油混合搅拌。

2 加入低筋面粉和冰牛奶，继续混合搅拌。

3 将澄清黄油放入平底锅中加热。将步骤2的材料倒入锅中，形成薄薄的一层，小火加热至材料略微变色。静置、冷却至温热，用直径14.5厘米的圆形模具切割。

4 将步骤3的面团放入直径15厘米的圆形模具中，将边缘修饰成花瓣形状，放入冰柜中冷冻。

舒芙蕾内馅

1 制作卡仕达奶油。

①将牛奶倒入锅中，放入纵向切开的香草荚加热。

②将鸡蛋和蛋黄放入碗中打散，加入细砂糖，用打蛋器搅打至绵软膨松且颜色发白。

③加入奶油粉和低筋面粉混合搅拌。

④将步骤①的材料慢慢倒入步骤③的材料中并不断搅拌，用筛网过滤。

⑤将步骤④的材料倒回锅中加热，不断搅拌至汤汁呈醇厚且有光泽的状态。加入黄油，静置、冷却至温热。

2 将蛋清和细砂糖混合打发，制成蛋白霜。

3 将步骤1的卡仕达奶油加入步骤2的蛋白霜中混合搅拌。

玫瑰泡沫

1 将除玫瑰酱以外的所有材料放入碗中，快速混合搅拌，用筛网过滤。

2 加入玫瑰酱混合搅拌。将材料装入虹吸瓶中，填充进气体，备用。

覆盆子玫瑰酱

少量多次地将玫瑰酱加入到覆盆子果酱中，并不断混合搅拌，使整体散发出玫瑰香气。

装饰

1 将舒芙蕾内馅装入可丽饼中，装至八分满即可。

2 放入面包盘中，放入预热至200℃的烤箱中隔水加热约15分钟。

3 将覆盆子玫瑰酱放入盘中离客人较远的一边，在上面放上脱模的舒芙蕾可丽饼，撒糖粉。

4 将玫瑰泡沫挤在盘中离客人较近的一边，点缀贝尔玫瑰花瓣。

樱花蒙布朗
配款冬嫩花茎冰激凌

松本一平 × 和平（La Paix）

一道令人联想起随风飘落的樱花的春日甜品。在无糖香缇奶油的"小山包"上，将樱饼风味的奶油挤成松软的花瓣状，再插上柠檬味蛋白酥。搭配款冬嫩花茎制成的微苦冰激凌，最后撒上腌草莓和黑豆蜜饯，一道华美的甜品就完成了。

樱花奶油（4人份）

樱花酱（市售）100克
鲜奶油（乳脂含量38%）50克

柠檬味蛋白酥（4人份）

蛋清 100克
细砂糖 80克
柠檬汁 10毫升
柠檬皮碎 1个柠檬的量

款冬嫩花茎冰激凌（4人份）

牛奶 500毫升
蛋黄 6个
细砂糖 170克
转化糖 15克
鲜奶油（乳脂含量38%）200克
款冬嫩花茎泥[*1] 70克

装饰

腌草莓
  ├ 草莓 8个
  ├ 细砂糖 适量
  ├ 金万利力娇酒 适量
  └ 草莓酱汁（说明省略）适量
鲜奶油（乳脂含量38%）
草莓（冻干）
樱花（盐渍冻干）
白巧克力粉（说明省略）
黑豆蜜饯[*2]

[*1] 将款冬嫩花茎放入加入盐和少许明矾的热水中熬煮，用搅拌机搅拌制成。
[*2] 将京都丹波产的黑豆放入水中煮软，加入香草荚和盐，制成蜜饯。

樱花奶油

将樱花酱和打至八分发的鲜奶油混合搅拌。

柠檬味蛋白酥

1 将蛋清和细砂糖放入碗中，一边隔水加热至50℃，一边硬性打发。

2 用手动打蛋机搅拌步骤1的材料，并加入柠檬汁和柠檬皮碎。

3 倒入铺好烘焙纸的烤盘中，擀开形成薄薄的一层即可。放入预热至90℃的烤箱中烤制30～40分钟。

款冬嫩花茎冰激凌

1 将牛奶倒入锅中，加热至即将沸腾。

2 将蛋黄放入碗中，用打蛋器打散，加入细砂糖，搅打至颜色发白。

3 加入步骤1的牛奶和转化糖，倒入锅中，一边搅拌均匀，一边小火煮至有一定浓稠度。

4 过滤后加入鲜奶油和款冬嫩花茎泥混合搅拌，放入雪葩机中制成冰激凌。

装饰

1 制作腌草莓。将草莓和细砂糖、金万利力娇酒以及草莓酱汁搅拌在一起。

2 将打至八分发的鲜奶油挤在盘中，将切至适当大小的柠檬味蛋白酥随意插在鲜奶油上。

3 将樱花奶油放入装有平口裱花嘴的裱花袋中，从盘子上方挤在鲜奶油上，注意避开蛋白酥。

4 将切碎的草莓冻干、樱花冻干和白巧克力粉撒在盘中，并点缀上步骤1的材料和黑豆蜜饯，最后将款冬嫩花茎冰激凌做成橄榄形放入盘中。

款冬嫩花茎烤薄饼

楠本则幸 × 草本神社（Kamoshiya Kusumoto）

混入切碎的款冬嫩花茎，将经过长时间低温发酵的面团烤制成薄饼。薄饼上放着用款冬嫩花茎和牛奶等制成的冰激凌，冰激凌上插着款冬花萼。花萼裹了层面衣，炸得酥脆，变成赏心悦目的嫩绿色，苦味也大大降低。一道满是款冬的甜品，把春天的苦涩表现得淋漓尽致。

款冬嫩花茎烤薄饼（20人份）

蛋黄 3个
鸡蛋 6个
细砂糖 230克
黄油 200克
啤酒（德国维森酵母小麦白啤酒）75毫升
低筋面粉 250克
款冬嫩花茎 150克

款冬嫩花茎冰激凌（20人份）

款冬嫩花茎 120克
牛奶 600毫升
鲜奶油（乳脂含量35%）400克
糖稀 60克
细砂糖 80克

款冬嫩花茎薄片（1人份）

款冬花萼 1片
面衣（说明省略）适量
香油 适量
葵花籽油 适量

款冬嫩花茎烤薄饼

1 将蛋黄、鸡蛋和细砂糖放入碗中搅打，少量多次地将隔水化开的黄油倒入碗中，混合搅拌。
2 加入啤酒和低筋面粉混合搅拌，再加入切碎的款冬嫩花茎搅拌。
3 碗口覆盖一层保鲜膜，放入冰箱内发酵一两天，直至面团变成凹凸不平的状态。
4 将面团倒入热煎锅中，厚度达1厘米即可。烤至香气四溢时翻面，略微烤制一下即可。

款冬嫩花茎冰激凌

1 将款冬嫩花茎焯水后浸泡在装满冰水的碗中，用保鲜膜贴着水面将碗口包严实。
2 将牛奶、鲜奶油、糖稀和细砂糖放入锅中加热。将滤去水分的步骤1的材料放入锅中略加热。将材料倒入万能冰磨机的专用容器中冷冻。

3 上桌前制成冰激凌。

款冬嫩花茎薄片

1 将款冬花萼薄薄裹上一层面衣。
2 将香油和葵花籽油放入锅中加热至170℃，放入步骤1的材料煎炸。
3 将步骤2的材料放入蔬菜烘干机中烘干。

装饰

将款冬嫩花茎烤薄饼放入盘中，在上面放上做成橄榄形的款冬嫩花茎冰激凌，插上款冬嫩花茎薄片。

款冬嫩花茎炸泡芙条
配奶酪酱和查尔特勒酒风味雪葩

森田一赖 × 自由（Libertable）

款冬嫩花茎和油脂是绝配，常被用于制作天妇罗。在这道甜品中被做成经典的炸果子——西班牙泡芙条。香气宜人的药草酒查尔特勒酒泛着与款冬相似的青色，将其制成雪葩，再搭配由葡萄渣制成的奶酪酱。

款冬嫩花茎炸泡芙条（易做的量）

牛奶 30毫升
水 70毫升
A 盐 1克
细砂糖 3克
黄油 50克
低筋面粉 60克
鸡蛋 2个
款冬嫩花茎酱[*1] 75克

帝王红奶酪酱（各适量）

奶酪（帝王红[*2]）
鲜奶油（乳脂含量35%）

查尔特勒酒风味雪葩（易做的量）

水 300毫升
细砂糖 50克
橙皮碎 1/4个橙子的量
柠檬皮碎 1/4个柠檬的量
查尔特勒酒（酒精含量54%）50毫升

查尔特勒酒风味果冻（易做的量）

水 75毫升
细砂糖 25克
食品凝固剂 4克
查尔特勒酒（酒精含量54%）20毫升

装饰

盐之花

*1 将用盐水焯过的款冬嫩花茎放入搅拌机中打成酱即可。
*2 将香辣型的戈尔贡佐拉奶酪浸泡在帕赛托红葡萄酒（高糖度的甜型红葡萄酒）中制成的奶酪。浓郁香醇的甜味是其一大特征。

款冬嫩花茎炸泡芙条

1 将材料A放入锅中煮沸，放入低筋面粉，煮至水分几乎完全蒸发。

2 将步骤1的材料倒入台式打蛋机中搅打，放入鸡蛋和款冬嫩花茎酱，继续搅打至材料混合均匀。

3 倒入装有星形花嘴的裱花袋中。将长约15厘米的泡芙条挤入加热至180℃的油中，炸至变色。

帝王红奶酪酱

将切碎的奶酪隔水化开，加入略加热的鲜奶油，混合搅拌。

查尔特勒酒风味雪葩

1 将水、细砂糖、橙皮碎和柠檬皮碎放入锅中煮沸，静置、冷却。

2 在步骤1的材料中倒入查尔特勒酒，放入万能冰磨机的专用容器中冷冻。

3 上桌前制成雪葩。

查尔特勒酒风味果冻

1 将水、细砂糖和食品凝固剂放入锅中加热。

2 当温度升至80℃时，加入查尔特勒酒，倒入烤盘中冷却、凝固。

3 将步骤2的材料切成1厘米见方的丁。

装饰

1 将帝王红奶酪酱倒入盘中，放上款冬嫩花茎炸泡芙条。撒盐之花。

2 将装在勺子里的查尔特勒酒风味雪葩连同勺子一起放入盘中，再撒上查尔特勒酒风味果冻丁。

黑之创造

森田一赖 × 自由（Libertable）

以黑米为主要材料，从"黑"这一颜色特点出发构想出的创意甜品。样式和用米制成的传统点心"米欧蕾"相同，搭配黑色浆果和咖啡味冰糕。黑米的香味、浆果的酸涩和咖啡的苦涩完美地结合在一起。黑米在用牛奶煮之前先过一遍水，突出日本大米特有的软糯口感。

黑色米欧蕾（各适量）

黑米*
水
细砂糖
牛奶
黑莓蜜饯（说明省略）

咖啡味冰糕

牛奶 65毫升
咖啡豆（碾碎）3克
蛋黄 45克
细砂糖 45克
明胶片 1.5克
鲜奶油（乳脂含量35%）115克
巧克力镜面（说明省略）适量

装饰

黑莓（冷冻）
蓝莓（冷冻）
黑加仑（冷冻）
金箔
金箔粉（红色）
巧克力酱（说明省略）

* 也称紫黑米、紫米。原产于亚洲，比白米难煮烂，适合需要突显口感的菜肴。此处选用的是栃木县饭山农场生产的黑米。

黑色米欧蕾

1 将黑米洗净，放入装好水的锅中浸泡1小时以上，水量刚好没过黑米即可。加热，煮至八九成熟，注意不要煮沸。滤去水分。

2 在步骤1的材料中加入细砂糖和牛奶混合，加热约30分钟后倒入平底盘中，浸泡在冰水中冷却。

3 将步骤2的材料倒入长9厘米、宽2.5厘米的模具中，在表面按几个小坑，嵌上黑莓蜜饯。

咖啡味冰糕

1 将牛奶和咖啡豆放入锅中煮沸。

2 将蛋黄和细砂糖混合搅打，同时倒入过滤好的步骤1的液体。将材料倒入锅中，边搅拌边加热至汤汁有一定浓稠度。

3 加入泡发的明胶片，然后浸泡在冰水中冷却，加入打至八分发的鲜奶油。

4 将步骤3的材料倒入烤盘中，厚度达1厘米即可。放入冰柜内冷冻。上桌前将材料切成长10厘米、宽3厘米的长方形，并淋一层巧克力镜面。

装饰

1 黑色米欧蕾脱模后装入盘中。放上黑莓、蓝莓和黑加仑，点缀上金箔。

2 将咖啡味冰糕放入盘中，与步骤1的材料平行，撒上金箔粉。

3 用巧克力酱在盘子两端画线。

小巴旦木蛋挞与萨白利昂
蛋黄酱烤白芦笋配意式冰激凌

山根大助 × 维奇奥桥（Ponte Vecchio）

在白芦笋上淋萨白利昂蛋黄酱，略微烤制，搭配模仿法国传统糕点"国王饼"制成的巴旦木蛋挞和马斯卡彭奶酪意式冰激凌。白芦笋先放在100℃的橄榄油中加热，再加入蜂蜜熬煮，用甜味锁住本身的味道。

蜂蜜糖浆腌白芦笋（2人份）

白芦笋 4根
橄榄油 适量
水 500毫升
蜂蜜 25克
细砂糖 30克
盐 适量

萨白利昂蛋黄酱（2人份）

萨白利昂蛋黄酱基底（易做的量/需使用40克）
├ 甜食酒（雷乔托*）100毫升
├ 蜂蜜 40克
├ 蛋黄 60克
└ 鸡蛋 90克
马斯卡彭奶酪奶油（易做的量/需使用30克）
├ 意式蛋白霜（说明省略）
│ ├ 蛋清 40克
│ ├ 细砂糖 55克
│ ├ 水 20毫升
│ └ 甜料（益寿糖）25克
├ 明胶片 1.5克
├ 榛子力娇酒 4毫升
└ 马斯卡彭奶酪 225克

马斯卡彭奶酪意式冰激凌（易做的量）

英式蛋奶酱
├ 蛋黄 93克
├ 细砂糖 63克
├ 浓缩乳 88克
└ 牛奶 250毫升
鲜奶油（乳脂含量47%）75克
马斯卡彭奶酪 500克
蜂蜜 80克
酸奶油 100克
意大利鲜奶酪 140克

装饰

巴旦木蛋挞（见P248）
焦糖片（见P249）

* 意大利维罗纳生产的一种甜食酒。将迟摘的葡萄放在阴凉处晾干，做成高糖分的酒。

蜂蜜糖浆腌白芦笋

1 将白芦笋去皮，放入加热至100℃的橄榄油中浸泡35分钟，缓慢加热。削下的皮放在一边备用。

2 将水和步骤1中的皮放入锅中加热，熬煮浓缩至150毫升，使汤汁更加入味。将皮捞出，放在一边备用。

3 将蜂蜜、细砂糖和盐加入步骤2的材料中继续加热。煮沸后将步骤1的白芦笋放入锅中。将汤汁继续熬煮浓缩至100毫升。

萨白利昂蛋黄酱

1 制作萨白利昂蛋黄酱基底。

①将甜食酒倒入锅中略加热，放入蜂蜜。

②将蛋黄、鸡蛋和步骤①的材料混合，一边隔水煮一边搅拌。

③有一定浓稠度后放入搅拌机中打发。

2 制作马斯卡彭奶酪奶油。

①将泡发的明胶片和榛子力娇酒一起隔水化开，加入意式蛋白霜。

②冷却后加入马斯卡彭奶酪混合搅拌。

3 将步骤1的基底与步骤2的奶油混合搅拌。

马斯卡彭奶酪意式冰激凌

1 制作英式蛋奶酱。

①将蛋黄和细砂糖混合，搅打至颜色发白。

②将浓缩乳和牛奶倒入锅中，煮至即将沸腾。

③将步骤①的材料少量多次倒入步骤②中混合搅拌。小火加热，过滤。将锅浸泡在冰水中急速冷却。

2 将鲜奶油、马斯卡彭奶酪、蜂蜜、酸奶油和意大利鲜奶酪放入步骤1的材料中混合搅拌，然后放入雪葩机中制成意式冰激凌。

装饰

1 将2根蜂蜜糖浆腌白芦笋放入加热过的盘中，淋萨白利昂蛋黄酱，用烤箱上火烤出微微的焦黄色。

2 将刚出炉的巴旦木蛋挞和马斯卡彭奶酪意式冰激凌放入盘中，撒切碎的焦糖片。

194

柑橘香凉拌毛豆、
白巧克力慕斯卷
配玫瑰味意式冰激凌

小玉弘道 × 弘道餐厅（Restaurant Hiromichi）

这道甜品大胆利用了在甜品中很少见的食材——豆，令人印象深刻。在鹿角菜制成的透明薄膜中包裹着用盐水煮过的毛豆和白巧克力慕斯，还有花瓣。搭配玫瑰味意式冰激凌和柑橘味酱汁，将整体味道调和得轻柔绵软。

白巧克力慕斯（5人份）

蛋黄 2½个
水 少许
白巧克力（法芙娜"伊芙瓦"巧克力，可可含量35%）125克
明胶片 5克
细砂糖 少许
蛋清 2½个

琼脂片（5人份）

接骨木花糖浆* 140毫升
水 40毫升
鹿角菜 25克
柠檬汁 30毫升
薄荷叶 少许

凉拌毛豆（5人份）

毛豆 20根
糖浆（30波美度）少许
糖粉 少许
盐 适量

柑橘味酱汁（5人份）

柑橘果泥（市售）10克
糖浆 少许
柠檬汁 少许

玫瑰味意式冰激凌（5人份）

牛奶 500毫升
鲜奶油（乳脂含量42%）90克
细砂糖 90克
脱脂奶粉 40克
糖稀 35克
玫瑰水 10滴（约5毫升）

装饰

可食用花卉
橙皮碎
糖粉
毛豆

* 原产欧洲的药用植物接骨木花制成的糖浆。具有与麝香葡萄相似的清爽香味。

白巧克力慕斯

1 将水倒入蛋黄中，一边隔水煮一边打发。
2 将白巧克力化开。用步骤1的材料和加热好的牛奶（材料外）将泡发的明胶片化开，加入白巧克力混合搅拌。
3 将加入细砂糖打发的蛋清倒入步骤2的材料中，混合搅拌。

琼脂片

1 将所有材料放入锅中，小火加热并不断搅拌。
2 鹿角菜化开后过滤，冷却、凝固成3毫米厚的片。
3 将步骤2的材料切成约10厘米见方的正方形。

凉拌毛豆

1 将毛豆用盐水煮熟，剥去豆荚和透明薄膜，用刀背将豆子拍碎。
2 将步骤1的材料放入剩余的其他材料中搅拌。

柑橘味酱汁

将所有材料混合搅拌。

玫瑰味意式冰激凌

1 将除玫瑰水以外的所有材料放入锅中，加热至80℃。
2 用筛网将步骤1的材料过滤，静置、冷却后倒入玫瑰水，放入雪葩机中制成意式冰激凌。

装饰

1 将琼脂片展开，撒上可食用花卉的花瓣，放上凉拌毛豆和白巧克力慕斯，将琼脂片卷起，撒橙皮碎。
2 将步骤1的材料放入盘中，淋柑橘酱汁，在旁边放玫瑰味意式冰激凌。
3 撒糖粉。最后放几颗用盐水煮熟后放入80℃烤箱内烘烤20分钟的毛豆。

米欧蕾与葡萄

万谷浩一 × 拉托图加（La Tortuga）

用牛奶和砂糖烹煮大米制成的"米欧蕾"，是法国小酒馆里的基本菜式之一，在西班牙叫作"米饭布丁"。万谷大厨在巴塞罗那工作时认识了这道甜品，现在制作的"米欧蕾"重现了当时所见的朴素外观。一般与时令水果搭配。

米欧蕾（易做的量/1人份使用约50克）

大米（日本稻）50克
牛奶 500毫升
细砂糖 50克
香草荚 1/2根
蛋黄 1个
葡萄（巨峰）16颗

米欧蕾

1 将大米用水冲洗干净。

2 将牛奶、细砂糖、香草荚和刮下的香草籽一起放入锅中加热，沸腾后放入大米。

3 一边用刮刀搅拌一边用小火煮20分钟。

4 当液体有一定浓稠度后将香草荚捞出，放入蛋黄搅拌、勾芡。

装饰

1 将一半的葡萄制成果汁，与另一半（去皮）混合在一起。

2 将米欧蕾装入盘中，将步骤1的材料倒在米欧蕾旁边。

炸红薯条配法芙娜 "加勒比" 风味雪葩

都志见SEIJI × 影响力（Miravile Impact）

将红薯炸成香脆的薯条，突出甜味，搭配巧克力酱汁。面衣中加入了椰子粉精，炸好后撒香料，减轻了红薯甜品中常见的沉重感。

炸红薯条（各适量）

红薯（日本红东）
低筋面粉
鸡蛋
椰子粉精
面包粉
色拉油
香料
糖粉

法芙娜 "加勒比" 风味雪葩（易做的量）

糖浆（30波美度）* 1.1千克
水 550毫升
黑巧克力（法芙娜 "加勒比" 巧克力，可可含量66%）100克
鲜奶油（乳脂含量38%）550克
可可粉 280克

巧克力酱

黑巧克力（法芙娜 "加勒比" 巧克力，可可含量66%）适量

红薯酱（易做的量）

水 200毫升
牛奶 300毫升
红薯（日本红东）150克
细砂糖 150克

装饰

雪维菜叶
可可粉
糖粉

* 将1升水与1.3千克砂糖混合，煮沸后冷却制成。

炸红薯条

1 红薯去皮，切成长5厘米、宽1厘米的条。
2 将低筋面粉、搅匀的蛋液和椰子粉精放入碗中混合，再与面包粉以2∶1的比例混合，搅拌均匀。将步骤1的材料依次放入碗中裹一层粉，再放入加热至160℃的色拉油中炸两次。
3 撒香料和糖粉。

法芙娜 "加勒比" 风味雪葩

1 将糖浆和水混合、煮沸。
2 将切碎的黑巧克力放入步骤1的材料中混合搅拌。
3 将鲜奶油和可可粉混合，加入到步骤2的材料中，过滤后放入冰激凌机中制成雪葩。

巧克力酱

将黑巧克力化开，制成酱。

红薯酱

1 将水和牛奶倒入锅中，再放入红薯煮熟，放入搅拌机中打成酱。
2 加入细砂糖混合搅拌，过滤（用红薯味调整甜度）。

装饰

将雪葩放入盘中，淋巧克力酱和红薯酱。在上面放炸红薯条，点缀雪维菜叶，撒可可粉和糖粉。

海老芋意式香炸奶酪卷

星山英治 × 处女座（Virgola）

意式香炸奶酪卷里的奶油一般是用意大利鲜奶油等绵软食材制成的，但在冬季，塞入的则是用富含淀粉的海老芋制成的卡仕达奶油。面团里加入了微苦的可可块，搭配用天然水果制成的酸甜可口的马其顿沙拉，以及松软、味酸的鲜奶酪风味酱汁和覆盆子味酱汁，给人以清爽之感。

意式香炸奶酪卷（10人份）

面团
— 低筋面粉 150克
— 马萨拉酒（甜型）80毫升
— 鸡蛋 1个
— 猪油 30克
— 可可粉 15克
— 盐 1把
海老芋味奶油
— 卡仕达奶油
　— 蛋黄 5个
　— 细砂糖 100克
　— 玉米淀粉 30克
　— 牛奶 500毫升
　— 零陵香豆 1粒
— 海老芋 1个
— 盐 适量
色拉油 适量
巴旦木碎 适量

装饰

马其顿沙拉*1
薄荷叶
意大利鲜奶酪风味酱汁*2
覆盆子味酱汁*3
可可粉
糖粉

*1 将细砂糖、柠檬汁和白葡萄酒放入碗中搅拌。将去皮并切成适当大小的水果块（葡萄柚、橙子、苹果、香蕉、猕猴桃）放入碗中搅拌。
*2 在意大利鲜奶酪中放入细砂糖和柠檬汁搅拌。
*3 用水稀释覆盆子果酱（市售），再加入细砂糖和柠檬汁混合搅拌。

意式香炸奶酪卷

1 制作面团。

①将所有材料放入搅拌机中混合，低速搅拌10～15分钟。

②将步骤①的材料团成面团，用保鲜膜包住，在常温下醒1小时。

2 制作卡仕达奶油。

①将蛋黄和细砂糖放入碗中，搅打至颜色发白。将玉米淀粉放入碗中。

②将牛奶和零陵香豆放入锅中，小火加热至即将沸腾。

③将步骤②的材料倒入步骤①中混合搅拌，过滤后倒回锅中加热。

④一边加热步骤③的材料，一边不断用木刮刀搅拌，直至玉米淀粉溶解，液体有一定浓稠度。

3 制作海老芋味奶油。

①将海老芋表面洗净，像给烤鱼涂装饰盐一样在海老芋外皮上细致均匀地涂一层盐。

②将海老芋放入预热至230℃的烤箱中烤制1小时，烤好后静置、冷却。当海老芋完全冷却后剥去外皮，用筛网按压、过滤。

③将海老芋与等量的步骤2的卡仕达奶油混合，搅拌均匀。

4 将步骤1的面团擀至2毫米厚，切成7厘米见方的正方形，再卷成圆筒，用蛋清将连接处粘好。

5 将步骤4的材料放入加热至170℃的色拉油中炸三四分钟。

6 将步骤3的海老芋味奶油装入步骤5的材料中，在两端裹满巴旦木碎。

装饰

1 将意式香炸奶酪卷装入盘中，旁边放马其顿沙拉，点缀薄荷叶。

2 淋意大利鲜奶酪风味酱汁和覆盆子味酱汁，撒可可粉和糖粉。

胡萝卜天堂

都志见 SEIJI × TSU · SHI · MI

用甜味浓烈、香气柔和的黄色"金美胡萝卜"酱制成脆皮酥,再模仿陶艺家的艺术
品造型摆盘。下面是金美胡萝卜与椰子口味的冰激凌,最底下铺着白萝卜、紫胡萝
卜以及与胡萝卜味道相近的欧防风这3种根菜的焦糖蜜饯,搭配蜜橘汁的泡沫。

胡萝卜味脆皮酥（易做的量）

金美胡萝卜*150克
水 适量
米粉 80克
糖粉 40克

3种萝卜焦糖蜜饯（2人份）

欧防风 30克
紫胡萝卜 30克
白萝卜 30克
黄油 20克
砂糖 25克
蜜橘汁 80毫升
牛至（新鲜）少许
香草荚（日本产）1根

胡萝卜与椰子味冰激凌（易做的量/1人份使用40克）

金美胡萝卜*150克
牛奶 300毫升
椰奶 200毫升
蛋黄 5个
细砂糖 100克
鲜奶油（乳脂含量38%）80克

紫胡萝卜脆片（各适量）

紫胡萝卜
糖粉

胡萝卜粉末（易做的量）

金美胡萝卜 50克
柠檬味蛋白酥（说明省略）10克

装饰

蜜橘汁
蜂蜜
胡萝卜幼苗

* 甜度较高、香气柔和的黄色胡萝卜。

胡萝卜味脆皮酥

1 将金美胡萝卜切成两三毫米厚的片，浸在水中煮软。和部分汤汁一起放入搅拌机中打成酱，用筛网过滤。

2 待步骤1的材料冷却至温热后，与米粉和糖粉混合搅拌，倒入铺好烘焙纸的烤盘中，擀至1毫米厚。放入预热至70℃的烤箱中烘干1~1.5小时，注意不要烤变色。揭下烘焙纸。

3 上桌前将步骤2的材料放入烤箱中加热，切成带状，分别贴在大小不同的两个四方形模具的侧壁上。

4 将步骤3的材料脱模。将小的四方圈放入大的四方圈中。

3种萝卜焦糖蜜饯

1 将欧防风、紫胡萝卜和白萝卜分别洗净，不用削皮，直接切成圆片。

2 将黄油和砂糖放入锅中，加热制成焦糖。倒入蜜橘汁，再放入牛至、香草籽（从荚上刮下）和香草荚（在表面划几刀）。

3 将步骤2的材料以2:1的比例分别倒入两个锅中。在多的那份里放入步骤1的欧防风和紫胡萝卜片，加热至变软。捞出两种萝卜片，继续熬煮至汤汁有一定浓稠度，再次将捞出的萝卜片放回锅中，使其表面裹上一层汤汁。

4 在步骤3的另一锅中放入步骤1的白萝卜片，同样煮软后再裹上汤汁。

胡萝卜与椰子味冰激凌

1 金美胡萝卜去皮，切薄片，放入牛奶和椰奶的混合液体中加热至软化，再和汤汁一起倒入搅拌机中搅拌，过滤。

2 将蛋黄和细砂糖放入碗中混合，搅打至有一定浓稠度。一边将步骤1的材料倒入碗中，一边不断混合搅拌。再将材料倒入锅中，边加热边搅拌，并按照英式蛋奶酱的制作要领熬煮，过滤。

3 冷却后加入鲜奶油混合搅拌，倒入雪葩机中制成冰激凌。

紫胡萝卜脆片

紫胡萝卜去皮，用刨丝机切成极细的线，铺在烤盘中，撒糖粉，放入预热至70℃的烤箱中烘干30~40分钟，直至萝卜片变脆。

胡萝卜粉末

1 将金美胡萝卜用擦菜板擦成末，放入预热至70℃的烤箱中烘干30~40分钟。

2 将柠檬味蛋白酥用擦菜板擦成末，与步骤1的材料混合。

装饰

1 在胡萝卜味脆皮酥上撒胡萝卜粉末。

2 将3种萝卜焦糖蜜饯放入盘中，在上面依次摆上胡萝卜与椰子味冰激凌及步骤1的材料。

3 在蜜橘汁中加入蜂蜜，搅拌至有一定浓稠度，倒在步骤2的材料旁边。装饰上紫胡萝卜脆片和胡萝卜幼苗，淋熬煮欧防风和紫胡萝卜的汤汁。

全熟番茄甲州煮
配杏酱和果冻

末友久史 × 祇园 末友

将酸味少、糖度高的番茄制成甜品。用味道甘甜、清爽的甲州产白葡萄酒腌渍番茄，汤汁则制成绵软的果冻，淋在番茄上。最下面的杏子酱汁中也加入了白葡萄酒，提高了整道甜品的整体感。

全熟番茄甲州煮（10人份）

番茄（阿梅拉*）10个
糖浆 适量
├ 水 420毫升
└ 冰砂糖 192克
白葡萄酒（甲州产）630毫升

果冻（10人份）

全熟番茄甲州煮汤汁 500毫升
明胶片 20克

杏子酱汁（10人份）

杏干 500克
水 1.2升
白葡萄酒（甲州产）900毫升
粗砂糖 200克

装饰

雪维菜叶

* 控制水分培育出的高糖度水果番茄。

全熟番茄甲州煮

1 将番茄用水焯一下，去皮。

2 将糖浆倒入锅中，煮沸后倒入步骤1的材料和酒精成分已挥发的白葡萄酒，继续煮制。

3 当步骤2的材料沸腾后，将锅底浸泡在冰水中急速冷却，捞出番茄。汤汁备用，做果冻。

果冻

1 将全熟番茄甲州煮的汤汁过滤进锅中，加热至沸腾后放入泡发的明胶片化开。

2 将步骤1的材料过滤进容器中，冷却至温热后放入冰箱内冷藏、凝固。

杏子酱汁

1 将杏干放入水中浸泡12小时左右。

2 将杏干连同浸汁一起倒入锅中，加入白葡萄酒和粗砂糖加热。

3 当步骤2的材料沸腾后，将锅底浸泡在冰水中急速冷却。

4 冷却后倒入搅拌机中制成果酱。

5 用筛网过滤，制成酱汁。

装饰

将杏子酱汁倒入盘中，在盘中央放上全熟番茄甲州煮，倒入略捣碎的果冻，点缀雪维菜叶。

Cheese

6

第章

奶酪

马苏里拉

川手宽康 × 花瓣（Florilege）

乍看上去就是一块普通的马苏里拉奶酪，其实是在加入了鲜奶油等材料的马苏里拉慕斯里塞入酸奶味慕斯制作而成的。将不同的发酵乳制品组合在一起，突显"乳"之美味。春季，处于哺乳期的母牛产奶量大增，因而这也是道象征春季的甜品。搭配草莓，增添清爽的甜味，盘底倒好了如橄榄油一般的乳清。

马苏里拉奶酪风味慕斯（易做的量/1人份使用30克）

马苏里拉奶酪（化开）
├ 马苏里拉奶酪*1 150克
└ 鲜奶油（乳脂含量46%）150克
明胶粉 6克
水 30毫升
鲜奶油（乳脂含量46%）100克
意式蛋白霜
├ 水 20毫升
├ 细砂糖 90克
└ 蛋清 60克
柠檬汁 少许

酸奶味慕斯（易做的量/1人份使用20克）

鲜奶油（乳脂含量46%）90克
牛奶 200毫升
明胶粉 20克
水 100毫升
酸奶*2 500克
柠檬汁 少许

草莓味果冻（易做的量/1人份使用30克）

草莓汁
├ 草莓 200克
├ 细砂糖 40克
└ 柠檬酸 2克
明胶粉 2克
水 10毫升

草莓蜜饯（各适量）

草莓汁
草莓

装饰

乳清*3
草莓
金莲花叶片

*1 选用宫城县藏王酪农业中心生产的"藏王新鲜马苏里拉奶酪"（牛奶制）。
*2 选用宫城县藏王酪农业中心生产的"藏王山麓酸奶"。
*3 选用宫城县藏王酪农业中心生产的"藏王山麓酸奶"的乳清。
*4 使用能分成两半的硅胶制球形制冰器。

马苏里拉奶酪风味慕斯

1 制作溶化状态的马苏里拉奶酪。将马苏里拉奶酪与鲜奶油一起放入锅中，一边用刮刀搅拌一边加热至奶酪化开。倒入烤盘中冷却至温热，放入冰柜内保存。

2 将明胶粉与水混合，用微波炉加热后备用。

3 将步骤1的材料解冻后加热，并放入步骤2的材料混合搅拌。

4 将步骤3的锅浸泡在冰水中冷却。当材料开始凝固时，倒入打至七分发的鲜奶油混合搅拌。

5 制作意式蛋白霜。

①将水和80克细砂糖放入锅中，加热熬煮至117℃。

②将蛋清和10克细砂糖放入碗中，用手动打蛋机打发后放在一边备用。

③将步骤①的材料少量多次倒入步骤②的材料中，不断快速搅拌至冷却。

6 将步骤4的材料放入步骤5的材料中混合搅拌，倒入柠檬汁调味。

酸奶味慕斯

1 将鲜奶油和牛奶倒入锅中煮沸。

2 将明胶粉与水混合，用微波炉加热后备用。

3 将步骤2的材料倒入步骤1的锅中，倒入酸奶，将锅离火，倒入柠檬汁调味后静置、冷却。

马苏里拉奶酪球成形

1 将直径7.5厘米的球形模具*4对半分开，变成两个半球形模具。将马苏里拉奶酪风味慕斯倒入两个半球形模具中，高度达1.5厘米即可。

2 将酸奶味慕斯倒入步骤1的两个半球形模具的中心。

3 将两个半球形拼成球形，放入冰箱内冷藏、凝固。

草莓味果冻

1 制作草莓汁。将去蒂的草莓与细砂糖、柠檬酸一起装入真空袋中。

2 放入预热至80℃的烤箱中烤制20分钟。

3 过滤出草莓汁，留出一部分备用（制作"草莓蜜饯"时使用）。

4 将明胶粉与水混合，用微波炉加热至化开后备用。

5 将步骤4的材料倒入步骤3的材料中混合搅拌，放入冰箱内冷藏、凝固。

草莓蜜饯

1 将制作"草莓味果冻"（上述）时留下的草莓汁倒入锅中煮沸。

2 将去蒂的草莓放入步骤1的锅中，静置、冷却。

装饰

1 在容器中倒入少许乳清，放上脱模的马苏里拉奶酪和酸奶味慕斯球。

2 在容器的盘缘放上草莓果冻、草莓蜜饯和切成适当大小的草莓。点缀金莲花叶片。

意式浓缩咖啡风味酱汁
├ 意式浓缩咖啡
└ 龙舌兰糖浆*
盐之花
黑松露 1人份使用5克

* 用美国西南部及中南美热带地区种植的植物 "龙舌兰" 的茎中提取的含糖液体熬制而成的天然甜味剂。甜味浓烈但后味较弱，味道清爽。

海绵蛋糕

1 将鸡蛋和细砂糖放入碗中，一边隔水熬煮一边搅打。

2 将过筛的低筋面粉、化黄油放入步骤1的材料中混合搅拌。将材料倒入烤盘中，放入预热至180℃的烤箱中烤制15分钟。

3 烤好后在烧烤网上放置1分钟左右，用保鲜膜包裹，封锁住蒸气，放入冰箱冷藏约2小时。

马斯卡彭奶油

1 将蛋黄和细砂糖放入碗中搅打。

2 将在室温下软化的马斯卡彭奶酪和75克鲜奶油放入步骤1的材料中，搅拌均匀。

3 将25克鲜奶油倒入锅中加热，放入零陵香豆粉末和泡发的明胶片。当明胶片化开后，倒入步骤2的材料混合搅拌，用筛网过滤，放入冰箱内冷藏、凝固2小时左右。

装饰

1 将海绵蛋糕切成4片，在每两片中间抹马斯卡彭奶油，最后在最上面涂一层马斯卡彭奶油。

2 裹上一层保鲜膜，防止其变干、发硬。放入冰箱内静置两三天。

3 制作掼奶油。在鲜奶油中加入细砂糖、白兰地和覆盆子味白兰地混合、打发。

4 在步骤2的材料上涂上一层步骤3的掼奶油，放入冰箱内冷藏1小时左右。

5 上桌前制作意式浓缩咖啡风味酱汁。将龙舌兰糖浆倒入热的意式浓缩咖啡中搅匀。

6 将步骤4的材料切成长9厘米、宽2.5厘米的长方形。在最上面撒盐之花，放削成细丝的黑松露，装入盘中。在旁边倒上适量意式浓缩咖啡风味酱汁。

黑松露提拉米苏

小笠原圭介 × 平衡（Equilibrio）

将提拉米苏与黑松露融合的蛋糕令人惊叹连连。将海绵蛋糕与薄薄的、加入了零陵香豆的马斯卡彭奶油层层堆叠，放入冰箱内冷藏两三天，使其融为一体。上桌前撒上盐之花并放上足量的黑松露，再搭配苦味较浓的意式浓缩咖啡风味酱汁。

海绵蛋糕（长28厘米、宽21厘米、高5厘米的平底盘，1个）

鸡蛋 200克
细砂糖 125克
低筋面粉 125克
发酵黄油（化开）60克

马斯卡彭奶油（24人份）

蛋黄 3个
细砂糖 50克
马斯卡彭奶酪 250克
鲜奶油（乳脂含量41%）100克
零陵香豆（粉末）1颗豆的量
明胶片 4克

装饰

掼奶油 各适量
├ 鲜奶油（乳脂含量41%）
├ 细砂糖
├ 白兰地
└ 覆盆子味白兰地

手指饼干提拉米苏

藤田统三 × MOTOZO工作室（L'atelier MOTOZO）

将马斯卡彭奶油和意大利手指饼干组合成拼盘，最后在客人面前淋上加入了珊布卡和细砂糖的意式浓缩咖啡风味酱汁。各部分均是分别做好后立刻放到一起，端上餐桌。能够令人品尝到刚做好的食材的美味，正是这道甜品的一大亮点。

马斯卡彭奶油（10人份）

萨白利昂蛋黄酱
- 马沙拉葡萄酒 100毫升
- 蛋黄 8个
- 细砂糖 120克
明胶片 8克
马斯卡彭奶酪 500克
鲜奶油（乳脂含量47%）120克

意大利手指饼干（长60厘米、宽40厘米的烤盘，4个）

鸡蛋 125克
蛋黄 130克
细砂糖 350克
蛋清 195克
中筋面粉 350克
片栗粉 200克
糖粉 适量

意式浓缩咖啡风味酱汁

意式浓缩咖啡 20毫升
细砂糖 1小勺
珊布卡* 适量

装饰

可可粉
意式浓缩咖啡粉
装饰用巧克力（加入咖啡豆）
装饰用巧克力（加入巴旦木）
装饰用巧克力（卷形）
装饰用巧克力（丝带形）

* 用接骨木花或八角等提香的力娇酒。

马斯卡彭奶油

1 制作萨白利昂蛋黄酱。将马沙拉葡萄酒、蛋黄和细砂糖放入碗中，一边搅拌一边隔水煮制。
2 将泡发的明胶片放入冷却至温热的步骤1的材料中化开。
3 当步骤2的材料完全冷却后放入马斯卡彭奶酪。一边将碗浸泡在冰水中，一边打发。
4 倒入打至八九分发的鲜奶油混合搅拌。

意大利手指饼干

1 将鸡蛋、蛋黄和250克细砂糖放入碗中，打发至坚挺。

2 将蛋清和100克细砂糖硬性打发，制成蛋白霜。
3 将中筋面粉和片栗粉混合后过筛。
4 将3/5步骤2的材料倒入步骤1的材料中，快速搅拌至泡沫不会消失的状态。
5 将步骤3的面粉倒入步骤4的材料中快速混合搅拌，趁着还有粉末，倒入步骤2剩余的材料，将整体搅拌至泡沫不会消失的状态。
6 在裱花袋上安一个直径9毫米的裱花嘴，倒入步骤5的材料。
7 在烤盘上抹一层黄油（材料外），将步骤6的材料挤至12～13厘米长。
8 在步骤7的材料上撒满糖粉，放入预热至230℃的烤箱中烤制五六分钟。
9 烤好后，将饼干置于常温中冷却、干燥。

意式浓缩咖啡风味酱汁

在意式浓缩咖啡中加入细砂糖和珊布卡。

装饰

1 将镂空纹格纹样的装饰纸垫在盘中，撒上可可粉。
2 放上两根手指饼干，再用勺子舀2勺马斯卡彭奶油放在旁边。
3 在步骤2的材料上撒上可可粉和意式浓缩咖啡粉。
4 点缀上4种装饰用巧克力。
5 在客人面前将意式浓缩咖啡风味酱汁淋在手指饼干上。

提拉米苏2011

藤田统三 × MOTOZO工作室（L'atelier MOTOZO）

一道将提拉米苏元素再造成现代风格的甜品。在加入了可可粉烤制而成的意大利手指饼干上，放上用加入了马沙拉葡萄酒和科涅克白兰地的英式蛋奶酱制作而成的意式冰激凌，最后再盖上一层意式浓缩咖啡制成的薄膜。酱汁则是将马斯卡彭奶酪和香缇奶油混合加热，再以香草提香制成。

萨白利昂风味意式冰激凌（16人份）

英式蛋奶酱
- 牛奶 500毫升
- 鲜奶油（乳脂含量35%）90克
- 转化糖 60克
- 细砂糖 125克
- 脱脂奶粉 45克
- 蛋黄 180克
- 食品稳定剂 0.5克
科涅克白兰地 30毫升
马沙拉葡萄酒 300毫升

黑可可味手指饼干（长60厘米、宽40厘米烤盘，4个）

鸡蛋 125克
蛋黄 130克
细砂糖 350克
蛋清 195克
中筋面粉 300克
可可粉（黑）50克
片栗粉 200克
糖粉 适量

意式浓缩咖啡薄膜（10人份）

意式浓缩咖啡 400毫升
鹿角菜 20克
细砂糖 60克

马斯卡彭奶酪风味酱汁（1人份）

马斯卡彭奶酪 2大勺
香缇奶油 2大勺
香草荚（塔希提岛产）1/3根

装饰

银箔碎
装饰用巧克力

萨白利昂风味意式冰激凌

1 制作英式蛋奶酱。将材料放入锅中加热，用筛网过滤后放入冰箱内静置一晚。

2 倒入科涅克白兰地和马沙拉葡萄酒混合搅拌，放入雪葩机中制成意式冰激凌。

黑可可味手指饼干

1 将鸡蛋、蛋黄和250克细砂糖放入碗中，打发至坚挺。

2 将蛋清和100克细砂糖硬性打发，制成蛋白霜。

3 将中筋面粉、可可粉和片栗粉混合后过筛，备用。

4 将3/5步骤2的材料倒入步骤1的材料中，快速搅拌至泡沫不会消失的状态。

5 将步骤3的粉倒入步骤4的材料中快速混合搅拌，趁着还有粉末，倒入步骤2剩余的材料，将整体搅拌至泡沫不会消失的状态。

6 在裱花袋上安一个直径7毫米的裱花嘴，再将步骤5的材料倒入。

7 在烤盘上抹一层黄油（材料外），将步骤6的材料挤至12~13厘米长。

8 在步骤7的材料上撒满糖粉，放入预热至230℃的烤箱中烤制五六分钟。

9 烤好后将饼干置于常温中冷却、干燥。

意式浓缩咖啡薄膜

1 将意式浓缩咖啡倒入锅中煮沸。

2 将事先混合搅拌好的鹿角菜和细砂糖加入步骤1的材料中，不断搅拌去除涩味。

3 关火，将材料倒入烤盘，高度达3毫米左右即可，放入冰箱内冷藏、凝固。

马斯卡彭奶酪风味酱汁

将马斯卡彭奶酪、香缇奶油和香草荚放入碗中，隔水煮沸后冷却至温热，过滤。

装饰

1 在盘中放入黑可可味手指饼干，放上萨白利昂风味意式冰激凌，再用意式浓缩咖啡薄膜将其整个覆盖。

2 在步骤1的材料周围淋马斯卡彭奶酪风味酱汁。

3 用喷雾器将银箔碎喷在步骤1的材料表面，最后撒装饰用巧克力。

柿子味提拉米苏

北野智一 × 葡萄酒（Le Vinquatre）

将加入了柿子的马斯卡彭奶油和渗透着意式浓缩咖啡的海绵蛋糕叠放在一起，再撒上可可粉，做成提拉米苏的形状。里面还藏着栗子酱，旁边搭配紫芋味雪葩。真是一道将秋季食材完美展现的甜品。

栗子酱（易做的量）

栗子 1千克
绵白糖 300克

柿子味马斯卡彭奶油（易做的量）

柿子 4个
马斯卡彭奶酪 100克
明胶片 适量

紫芋味雪葩（易做的量）

紫芋 4个
糖浆 100毫升

猕猴桃味慕斯（易做的量）

猕猴桃 6个
鲜奶油（乳脂含量38%）100克
明胶片 7克

装饰

海绵蛋糕（见P249）
意式浓缩咖啡糖浆*1
可可粉
柿子片*2
糖粉

*1 用相同比例的意式浓缩咖啡、水和砂糖混合调制而成。
*2 用糖浆熬煮切成薄片的柿子果肉，烘干后再淋上巧克力制成。

栗子酱

1 将栗子浸泡在热水中，剥去外壳后和绵白糖、适量水（材料外）一起放入锅中，煮至栗子变软。
2 洗去栗子的薄皮，放入料理机中打成泥。

柿子味马斯卡彭奶油

1 柿子去皮，放入搅拌机中制成果酱。
2 用少许热水将泡发的明胶片化开，和马斯卡彭奶酪混合搅拌。倒入步骤1的材料，继续搅拌至材料表面平滑。

紫芋味雪葩

1 将紫芋连皮一起放入预热至200℃的烤箱中完全烤熟。
2 将步骤1的材料放入料理机中打成酱，倒入糖浆混合搅拌。
3 将步骤2的材料倒入万能冰磨机的专用容器中冷冻，上桌前用万能冰磨机制成雪葩。

猕猴桃味慕斯

1 猕猴桃去皮，放入搅拌机中打成酱后倒入锅中加热，放入泡发的明胶片化开。
2 将步骤1的锅浸泡在冰水中冷却，倒入鲜奶油，用打蛋器搅拌至材料表面平滑。
3 将步骤2的材料倒入烤盘中，放入冰箱内冷藏、凝固。

装饰

1 将意式浓缩咖啡糖浆注入海绵蛋糕中，用直径5厘米的圆形刻模切割（1人份需使用2片）。常温下解冻。
2 在解冻好的海绵蛋糕中夹入栗子酱。
3 放上柿子味马斯卡彭奶油，撒可可粉，装饰柿子片。
4 装盘，在周围撒一圈糖粉。
5 在旁边放猕猴桃味慕斯，再在慕斯上放做成橄榄形的紫芋味雪葩。

草莓味提拉米苏

西口大辅 × 飞翔（Volo Cosi）

用浆果的酸甜替换提拉米苏中原有的微苦，变成一道口感轻柔的甜品。将浸泡在木莓味糖浆中的手指饼干、提拉米苏奶油以及切块的草莓层层堆叠，最后撒上用木莓味蛋白酥制成的粉末。考虑到马斯卡彭奶酪味道浓厚，为了口感的均衡，特意选取了酸味适中、甜味较重的草莓品种。

草莓味提拉米苏

手指饼干（易做的量）
├ 鸡蛋 3个
├ 细砂糖 100克
└ 低筋面粉 100克
提拉米苏奶油（约11~12人份）
├ 鸡蛋 2个
├ 细砂糖 90克
└ 马斯卡彭奶酪 250克
木莓味糖浆（易做的量/1人份约使用15克）
├ 木莓果酱（市售）100克
└ 细砂糖 40克
木莓味蛋白酥和粉末（易做的量/1人份约使用10克）
├ 蛋清 100克
├ 糖粉 100克
└ 木莓果酱（市售）3大勺
草莓（奈良县产"古都华"草莓）1人份使用3颗
薄荷叶 适量

装饰

木莓味猫舌饼干（见P249）
橙子味泰戈拉薄饼（见P249）
糖粉

草莓味提拉米苏

1 制作手指饼干。

①将鸡蛋的蛋清和蛋黄分离，在蛋清中加入约一半量的细砂糖混合打发，制成蛋白霜。

②在蛋黄中加入剩余的细砂糖，搅打至膨松棉软的状态。

③将蛋白霜倒入步骤②的材料中，轻轻搅拌至泡沫不会消失的状态，加入过筛的低筋面粉快速搅拌。

④将步骤③的材料装入裱花袋中，在铺好了烤箱垫的烤盘上挤成直径约五六厘米的粗棒。放入预热至170℃的烤箱中烤制7分钟，再将温度调至150℃，继续烤7分钟，冷却至温热。

2 制作提拉米苏奶油。

①将鸡蛋的蛋清和蛋黄分离，在蛋清中加入约一半量的细砂糖混合打发，制成蛋白霜。

②在蛋黄中加入剩余的细砂糖混合搅打，加入马斯卡彭奶酪搅拌均匀。

③将蛋白霜倒入步骤②的材料中，轻轻搅拌至泡沫不会消失的状态。

3 制作木莓味糖浆。将木莓果酱和细砂糖混合，放入锅中加热后静置、冷却。

4 制作木莓味蛋白酥和粉末。

①在蛋清中加入糖粉，混合打发成蛋白霜，倒入木莓果酱混合搅拌。装入装着星形裱花嘴的裱花袋中，在铺好了烤箱垫的烤盘中挤成圆球形。将其中一部分用橡胶刮刀抹开成薄薄一片，用于制作粉末。

②将步骤①的材料放入预热至70℃的烤箱中烤制4小时。

③将用于制作粉末的薄片放入料理机中搅碎，制成粉末。

5 将步骤1的手指饼干切成适当大小，浸泡在步骤3的木莓味糖浆中。

6 将步骤5的材料放入玻璃容器底部，在上面淋上步骤2的提拉米苏奶油，再放上切块的草莓。按此步骤装好3个玻璃容器。

7 在步骤6材料的表面盖上一层步骤2的提拉米苏奶油，点缀上切成两半的草莓、木莓味蛋白酥和粉末以及薄荷叶。

装饰

将草莓味提拉米苏摆放在托盘中，搭配木莓味猫舌饼干和橙子味泰戈拉薄饼，撒糖粉。

意大利鲜奶酪挞

藤田统三 × MOTOZO工作室（L'atelier MOTOZO）

将"传统"与"现代"两种风格的意大利鲜奶酪挞组合在一起，多角度传递其魅力。在"传统"挞中，滤去鲜奶酪的水分，打造出平滑且浓郁的口感；而"现代"挞则是做成翻糖巧克力的外形，一刀切下去，挞液汩汩流出，口感绵软。搭配的意式冷霜冰糕和酱汁等都是由鲜奶酪的好"搭档"——橄榄油、橙子等制成的。

意大利鲜奶酪挞

挞皮面团（直径18厘米的蛋挞烤盘，8个）
- 黄油 600克
- 细砂糖450克
- 盐 4克
- 香草精华 适量
- 柠檬精华 适量
- 鸡蛋 1个
- 蛋黄 4个
- 中筋面粉 1千克
- 泡打粉 10克

内馅（直径18厘米的蛋挞烤盘，3个）
- 黄油 280克
- 细砂糖 280克
- 盐 2克
- 鸡蛋 300克
- 意大利鲜奶酪（沥干水分）750克
- 葡萄干（热水泡发）250克
- 蜂蜜 少许
- 香草精华 少许

翻糖巧克力造型意大利鲜奶酪挞

挞皮面团（上述）适量
内馅（直径4厘米的圆形模具，18个）
├ 蛋黄 40克
├ 蛋清 40克
├ 细砂糖 60克
├ 盐 1把
├ 黄油 75克
├ 米粉 45克
└ 意大利鲜奶酪（无须沥干水分）167克

橄榄油风味意式冷霜冰糕（8人份）

炸弹面糊
├ 蛋黄 3个
├ 细砂糖 75克
└ 水 30毫升

橙皮（擦碎）1个橙子的量
特级初榨橄榄油 50毫升
明胶片 3克
鲜奶油（乳脂含量35%）250克

糖衣香草荚

糖浆（30波美度）适量
香草荚外荚（干燥）适量

装饰

橙子
酱汁
├ 橙汁
└ 特级初榨橄榄油
巴旦木味法式薄脆（见P250）
绿橄榄叶粉末
白巧克力（粒）
酸橙皮（擦碎）
黑胡椒（切碎）

意大利鲜奶酪挞

1 制作挞皮面团。
①将在常温下软化的黄油放入碗中，加入细砂糖、盐、香草精华和柠檬精华混合搅打。
②加入鸡蛋和蛋黄，再继续搅拌混合。
③将中筋面粉和泡打粉混合过筛后，放入步骤②的材料中混合搅拌，做成面团，放入冰箱内醒一晚。
④将250克步骤③的材料放在撒了面粉的操作台上，擀至5毫米左右厚，放入直径18厘米的蛋挞烤盘中。
2 制作内馅。
①将黄油、细砂糖和盐放入碗中，搅打至颜色发白。将搅匀的蛋液少量多次倒入碗中，混合搅拌。
②搅拌均匀后放入意大利鲜奶酪、葡萄干、蜂蜜和香草精华继续搅拌，倒入步骤1的模具中，放入预热至180℃的烤箱中烤制40分钟。烤好后切成18等份。

翻糖巧克力造型意大利鲜奶酪挞

1 将挞皮面团擀至2毫米厚，用直径4厘米、高2.7厘米的模具切分下来。
2 将步骤1的材料放在烤盘中，放入预热至200℃的烤箱中烤制12～13分钟。
3 冷却后将其放入内壁涂了一层黄油的圆形模具中。
4 制作内馅。
①将蛋黄、蛋清、细砂糖和盐放入碗中，一边搅打一

边隔水加热至40℃。
②倒入加热至28℃的黄油混合搅拌，使材料充分乳化。
③加入米粉和意大利鲜奶酪混合搅拌。
5 在步骤3的圆形模具中塞入步骤4的内馅，放入冰柜中冷冻。上桌前放入预热至200℃的烤箱中烤制6分钟。

橄榄油风味意式冷霜冰糕

1 制作炸弹面糊。
①用打蛋器将蛋黄搅打至颜色发白。
②将细砂糖和水放入锅中，加热至120℃。
③将步骤②的材料慢慢倒入步骤①中打发，放入橙皮和橄榄油混合搅拌。
2 在用水泡发的明胶片中倒入少许打至八成发的鲜奶油，放入锅中隔水化开。
3 将步骤1的炸弹面糊放入步骤2的材料中，冷却后再倒入剩余鲜奶油混合搅拌。倒入烤盘中，放入冰柜内冷冻一晚。

糖衣香草荚

将糖浆倒入锅中加热，放入香草荚外荚，裹上一层糖衣。将糖衣香草荚放在硅胶烤垫上，放入预热至160℃的烤箱中烘烤七八分钟，使表面的糖衣干燥、凝固。

装饰

1 橙子去皮，把果肉切成1毫米左右厚的薄片。将几片叠放在一起，切成长10厘米、宽3厘米的长方形。
2 将橙汁倒入锅中，熬煮浓缩至原来的1/5，再倒入橄榄油乳化，制成酱汁。
3 将步骤1的材料放入盘中，再淋上步骤2的酱汁。
4 将两种奶酪挞放入盘中，再将橄榄油风味的意式冷霜冰糕放在橙子果肉上。
5 将糖衣香草荚插入巴旦木味法式薄脆中，像"架桥"似的放在翻糖巧克力造型意大利鲜奶酪挞和意式冷霜冰糕之间。
6 点缀绿橄榄叶的粉末和白巧克力，撒酸橙皮和粗切碎的黑胡椒。

薰衣草蜂蜜舒芙蕾可丽饼包

宇野勇藏 × 小酒馆（Le Bistro）

在香缇奶油中倒入添加了薰衣草蜂蜜的意式蛋白霜和白奶酪混合搅拌，制成舒芙蕾。再用烤得薄薄的可丽饼将舒芙蕾包起来。覆盆子味酱汁和白奶酪的酸味将蜂蜜的甘甜调节得更为和缓可口。

薰衣草蜂蜜舒芙蕾（12人份）

意式蛋白霜
├ 蛋清 210克
├ 细砂糖 50克
├ 蜂蜜（薰衣草）120克
└ 水 40毫升
牛轧糖
├ 细砂糖 100克
├ 水 40毫升
└ 巴旦木片（西班牙产）80克
鲜奶油 300克
白奶酪 100克

可丽饼（7片）

鸡蛋 1个
细砂糖 15克
盐 1把
低筋面粉 38克
焦黄油 7克
牛奶 125毫升

酱汁（需制作出1.5千克）

覆盆子（冷冻）1千克
细砂糖 500克
柠檬汁 1/2个柠檬的量
水 150毫升

装饰

草莓
薄荷叶
糖粉

薰衣草蜂蜜舒芙蕾

1 制作意式蛋白霜。
①将蛋清放入碗中打散，略打发。
②将细砂糖、蜂蜜和水放入锅中，加热至117℃。
③将步骤②的材料慢慢倒入步骤①的材料中，并不断搅拌打发。
④继续打发至材料冷却至温热。
2 制作牛轧糖。
①将细砂糖和水放入锅中加热，制成焦糖。
②将巴旦木片放入180℃的烤箱中加热，并趁热与步骤①的材料混合搅拌。
③倒入涂抹了色拉油的烤盘中，静置冷却。
3 将鲜奶油打至八分发，加入白奶酪和意式蛋白霜，打发至坚挺状态。
4 将牛轧糖切碎，放入步骤3的材料中混合搅拌。

可丽饼

1 将鸡蛋放入碗中打散。将细砂糖、盐、低筋面粉和焦黄油放入碗中一起搅拌均匀。
2 加入牛奶继续搅拌，过滤。
3 将无盐黄油（材料外）放入煎锅中加热，倒入30毫升煎饼面糊抹开，制成可丽饼。

酱汁

将所有材料混合，放入搅拌机中搅打制成酱汁。

装饰

将舒芙蕾、切块的草莓和薄荷叶放在可丽饼上，淋酱汁，装入盘中，撒糖粉。

Nuts & Marron

7

第 7 章

坚果

栗子蒙布朗

高嶋寿 × 时间夫人（Madame Toki）

这道由两种蒙布朗做成的拼盘可以让你体验日本栗与法国栗各自的特色。前面盘中是用虹吸瓶挤出的口感绵软的奶油，散发着日本栗细腻的味道和伴随着阵阵香味的温和味道。远一点儿的甜品杯中装着蒸过的法国栗，突显了强烈的味道与香气。香草味冰激凌上盖着热热的意式浓缩咖啡，还用虹吸瓶挤上了栗子泥。

日本栗口味奶油（13～15人份）

奶油基底（从以下取300克）
- 日本栗 1千克
- 栗子甘露煮（市售）150克
- 栗子甘露煮糖浆（市售）70克
- 牛奶 1升
- 香草荚外荚* 5根
- 细砂糖 210克
- 朗姆酒 35毫升

牛奶 40～50毫升
植物奶油 100克
鲜奶油（乳脂含量30%）40～50克

蛋白酥（约60人份）

蛋清 120克
细砂糖 100克
糖粉 10克
巴旦木粉 70克

慕斯泡奶油（12～15人份）

植物奶油 170克
鲜奶油（乳脂含量30%）40克

香草味冰激凌（50～55人份）

牛奶（乳脂含量4%）1升
鲜奶油（乳脂含量45%）200克
香草荚 6根
蛋黄 12个
细砂糖 310克

栗子味慕斯泡（36～42人份）

栗子（法国产。去皮、冷冻）160克
牛奶 200毫升
鲜奶油（乳脂含量42%）200克
明胶片 4克
栗子泥（法国萨巴东公司产）200克
英式蛋奶酱（从以下取200克）
- 牛奶 250毫升
- 蛋黄 3个
- 细砂糖 62克
- 朗姆酒 适量

装饰

栗子涩皮煮（市售）
糖粉
意式浓缩咖啡

* 将在制作香草味冰激凌时使用的香草荚的外荚用水洗净并烘干，使甜品整体散发出微香。

日本栗口味奶油

1 制作奶油基底。
①将剥去外壳的日本栗、栗子甘露煮、栗子甘露煮糖浆、牛奶和香草荚外荚放入锅中，小火慢煮约4小时。
②将细砂糖和朗姆酒倒入锅中，继续熬煮2小时左右。
③将香草荚捞出，放入料理机中搅拌，过滤，放入冰箱内冷藏。
2 将步骤1的奶油基底与牛奶、植物奶油、打至六七分发的鲜奶油混合，快速搅拌。

蛋白酥

1 将蛋清和细砂糖放入碗中，用打蛋器搅拌均匀。
2 将糖粉和巴旦木粉放入步骤1的材料中，快速混合搅拌。
3 将步骤2的材料装入裱花袋中，在铺好了烤箱垫的烤盘上挤成直径约为2.5厘米的圆形。放入的烤箱中120℃烤制约1小时，再将温度调至100～110℃，继续烤制约1小时。

慕斯泡奶油

将植物奶油和鲜奶油装入虹吸瓶中，填充进气体后放入冰箱内冷藏。

香草味冰激凌

1 将牛奶、鲜奶油和刮下香草籽并在表面切口的香草荚放入锅中煮沸。
2 将蛋黄和细砂糖放入碗中，用打蛋器搅打至颜色发白。
3 将步骤2的材料倒入步骤1的锅中，小火加热至80～82℃，不断搅拌。
4 将步骤3的材料倒入过滤器中过滤，然后放入万能冰磨机的专用容器中冷冻。
5 上桌前用万能冰磨机将步骤4的材料制成冰激凌。

栗子味慕斯泡

1 将栗子放在平底盘中，放入蒸锅中100℃蒸30分钟左右，直至栗子变软。然后放入料理机中打碎。
2 将牛奶和鲜奶油倒入锅中煮沸，放入泡发的明胶片化开。
3 将步骤1的材料和栗子泥放入步骤2的材料中，混合均匀后放入搅拌机中搅拌。待材料冷却至温热后，放入冰箱内冷藏。
4 制作英式蛋奶酱。
①将牛奶倒入锅中煮沸。
②将蛋黄和细砂糖放入碗中，用打蛋器搅打至颜色发白。
③将步骤②的材料倒入步骤①的锅中，慢慢搅拌并用小火加热至80～82℃。
5 将步骤4的英式蛋奶酱和朗姆酒倒入步骤3的材料中混合搅拌，然后装入虹吸瓶中，填充进气体，放入冰箱内冷藏。

装饰

1 将慕斯泡奶油在盘子中央挤成圆形，撒上切成小丁的栗子涩皮煮，再放上蛋白酥。将栗子味慕斯泡装入裱花袋中，挤在蛋白酥上，撒糖粉。
2 将香草味冰激凌装入玻璃杯底部，注入热意式浓缩咖啡，再挤上日本栗口味奶油，和步骤1的甜品盘一起上桌。

笠间熟成栗子

小笠原圭介 × 平衡（Equilibrio）

这道甜品简洁明了地展现了熟成半年的栗子那浓郁的甜味与浓缩的风味。在蒸完并过滤的栗子肉中加入鲜奶油、黄油和盐混合搅拌，再塞回栗子壳中，放入高温烤箱中加热，然后和板栗叶一起摆成"落在地上的栗子"的造型。白朗姆酒味香缇奶油中不含多余糖分和酒精成分，可直接彰显其醇厚的风味。

栗子酱（1人份）

栗子（利平栗*）5个
鲜奶油（乳脂含量41%）适量
发酵黄油 适量
水 适量
盐之花 适量

掼奶油（各适量）

鲜奶油（乳脂含量41%）
白朗姆酒
细砂糖

* 粒大且甜味比一般的日本栗更浓。这里使用的是在10月下旬收获后放入恒温冰箱内冷藏了半年的利平栗。

1 将栗子蒸45分钟到1小时，剥去外壳和涩皮，用筛网将栗子肉碾碎、过滤。外壳用作盛放甜品的容器。

2 将鲜奶油、发酵黄油和水放入锅中煮沸，放入步骤1的栗子和盐之花。注意观察栗子的水分，调整鲜奶油和黄油的用量。

3 将步骤2的材料装入裱花袋中，挤入步骤1中留下的栗子壳中，放入预热至280℃的烤箱中加热1~3分钟。

4 在盘中铺上板栗叶（材料外），放上步骤3的材料和另一部分栗子壳。

5 将制作掼奶油的材料混合后打发，点缀在步骤4的材料旁。

栗子牛奶风味意式烤浓汤

堀川亮 × 菲奥奇餐厅
(Ristorante Fiocchi)

这道甜甜的意式烤浓汤将栗子泥用牛奶稀释，与打发的鲜奶油和蛋白霜混合，再加入切碎的糖衣栗子，口感富于变化。用烤箱将材料烤制成表面焦黄、内里温热的状态。最后用珊布卡和它的好"搭档"咖啡为整道甜品增添浓浓的香气。

栗子牛奶风味意式烤浓汤（8人份）

牛奶 70毫升
明胶片 3克
栗子泥（市售）100克
糖衣栗子（市售，切碎）100克
鲜奶油（乳脂含量42%）230克
细砂糖 10克
珊布卡* 15毫升
蛋白霜
├ 蛋清 60克
└ 细砂糖 20克

装饰

糖粉
咖啡豆（炒后捣碎）

* 用接骨木花或八角等提香的力娇酒。

栗子牛奶风味意式烤浓汤

1 将牛奶倒入锅中煮沸，放入泡发的明胶片化开，加入栗子泥熬煮后静置、冷却，放入糖衣栗子混合搅拌。

2 在鲜奶油中加入细砂糖，打至七八分发。

3 将步骤2的材料和珊布卡倒入步骤1的材料中混合搅拌。

4 将蛋清和细砂糖打发，制成蛋白霜。

5 将步骤4的材料和步骤3的材料快速地混合搅拌，保持有泡沫的状态。

6 将步骤5的材料倒入容器中，放在小平底锅中，用烤箱上火180℃加热3分钟，使表面呈焦黄色而内里处于温热状态。

装饰

在栗子牛奶风味意式烤浓汤表面撒糖粉，放咖啡豆。

装饰

酢酱草

黑松露

1 将黑巧克力切碎后隔水化开，慢慢倒入鲜奶油混合搅拌。将黑巧克力冷却至用手可以握成一团的硬度。

2 将步骤1的材料放在手中，揉成圆形，在外面裹一层切碎的调温巧克力（材料外）。

3 将细砂糖放入锅中加热，再放入榛子，熬煮成焦糖后冷却。

4 将步骤3的材料放入料理机中打成粗粒，和可可屑混合搅拌。留一部分装饰时使用，将剩余材料裹在步骤2材料的表面。

黑芝麻味冰激凌

1 制作英式蛋奶酱。

①将牛奶倒入锅中，加热至即将沸腾。

②将蛋黄和细砂糖放入碗中搅打，颜色发白后倒入步骤①的材料混合搅拌。

③将步骤②的材料倒入锅中，一边搅拌一边小火加热至沸腾。当材料略浓稠时离火，过滤。

2 在步骤1的英式蛋奶酱中加入黑芝麻泥混合搅拌，放入万能冰磨机的专用容器中冷冻。

3 上桌前用万能冰磨机将步骤2的材料制成冰激凌。

栗子汤

1 制作英式蛋奶酱（参照黑芝麻味冰激凌的做法）。

2 在步骤1的材料中加入栗子泥，加热煮化后静置、冷却。

装饰

1 将放在一旁备用的焦糖榛子和可可屑的混合物铺在盘中，在上面放上黑松露，在黑松露旁边放上做成橄榄形的冰激凌，撒酢酱草。

2 将栗子汤装入其他容器中，和步骤1的材料一起上桌。在客人面前将栗子汤倒入步骤1的容器中。

栗子汤与黑松露

中多健二 × 论点（Point）

将酷似黑松露的巧克力和黑芝麻味冰激凌装入盘中，端到客人面前再淋上冰爽的栗子汤，这道甜品才算大功告成。将巧克力和芝麻等回味悠长的食材制成冰凉、绵软的口感，别具匠心。一道现代风格的甜品，味道令人愉悦。

黑松露（易做的量/1人份使用30克）

黑巧克力（法芙娜特苦巧克力，可可含量61%）150克
鲜奶油（乳脂含量47%）适量
细砂糖100克
榛子500克
可可屑（说明省略）适量

黑芝麻味冰激凌（易做的量/1人份使用60克）

英式蛋奶酱
┌ 牛奶1升
├ 蛋黄8个
└ 细砂糖150克
黑芝麻泥（市售）50克

栗子汤（易做的量/1人份使用60克）

英式蛋奶酱
┌ 牛奶600毫升
├ 蛋黄120克
└ 细砂糖150克
栗子泥（法国产）200克

糖衣涩皮栗子、银杏果巧克力球配白奶酪栗子泥酱

清水将 × 茴香酒餐厅（Restaurant Anis）

这道甜品充分展现了栗子和银杏那质朴的甜味。栗子精选日本茨城县产的大粒品种，做成糖衣涩皮栗子。将银杏果仁炸制后再裹上加入了焦糖巴旦木的甘纳许和可可粉，制成巧克力球。在栗子泥中混入白奶酪，制成微酸的酱汁，为整道甜品增添别样风味。

糖衣涩皮栗子（4人份）

栗子 10个
水 400毫升
砂糖 100克
蜂蜜（紫云英）30克

银杏巧克力球（4人份）

银杏 10个
色拉油 适量
砂糖 50克
巴旦木（略切碎）50克
黑巧克力（法芙娜"圭那亚"巧克力，可可含量70%）80克
鲜奶油（乳脂含量38%）80克
可可粉 适量

酱汁（易做的量）

栗子泥（法国产）100克
白奶酪 100克

烤栗子

栗子 适量

糖衣涩皮栗子

1 将栗子在水（材料外）中浸泡一晚，使外壳变软。
2 剥去栗子的外壳，放入沸水（材料外）中煮20分钟。
3 将栗子倒入清水（材料外）中，清理表面。
4 将水、砂糖、蜂蜜和栗子放入锅中，小火煮约1.5小时。
5 将熬煮出的汤汁裹在栗子上，制成糖衣栗子，然后将锅离火。

银杏巧克力球

1 剥去银杏的外壳，取出果仁，放入加热至180℃的油中炸。用厨房纸巾擦去银杏果仁表面的油，静置、冷却。
2 将砂糖放入锅中加热，当砂糖变成褐色的焦糖时，放入巴旦木快速搅拌，然后将锅离火。

3 将步骤2的糖衣巴旦木放在烘焙纸上，注意糖衣不要过厚，放入冰箱内冷藏。
4 将黑巧克力隔水化开并静置、冷却，与鲜奶油、步骤3的材料混合，用打蛋器搅拌均匀，放入冰箱冷藏。
5 将步骤1的银杏果仁放入步骤4的材料中，用巧克力给银杏果仁淋面。将加工好的银杏巧克力球放入放平底盘中，均匀地撒一层可可粉。

酱汁

将栗子泥和白奶酪放入碗中，用打蛋器搅拌均匀。

烤栗子

1 将栗子在水中浸泡一晚，将外壳泡软后剥去。
2 将栗子蒸30分钟，除去水分，放入预热至60℃的烤箱中烤制20分钟。

装饰

1 在方盘中将酱汁淋成漩涡状，放上两个完整的和一个切成半块的糖衣涩皮栗子，再同样将两个完整的和一个切成半块的银杏巧克力球等距离地放入盘中。
2 将烤栗子擦成碎，撒在整个盘中。

栗子修颂与
朗姆酒渍葡萄干冰激凌

浜田统之 × 玉川布莱斯顿酒店（Bleston Court Yukawatan）

这是加入了大粒栗子的修颂包和做成栗子外形的朗姆酒渍葡萄干冰激凌的巧妙组合。冰激凌的表面用巧克力淋面，底部还裹上了芥菜籽。上桌时在盘上罩着贴着落叶的玻璃罩，营造出扒开落叶找寻栗子的有趣情境。

栗子巴旦木奶油馅（10人份）

巴旦木奶油馅
- 黄油（软化）50克
- 糖粉 50克
- 鸡蛋 1个
- 巴旦木粉 50克

卡仕达奶油
- 牛奶 60毫升
- 香草荚 1/2根
- 蛋黄 21克
- 细砂糖 17克
- 低筋面粉 3.5克
- 玉米淀粉 3.5克
- 黄油 1.5克

栗子泥 200克
朗姆酒 10毫升

修颂（10人份）

栗子巴旦木奶油馅 上述
千层酥皮（说明省略）从以
  下取适量
- 栗子粉 25克
- 低筋面粉 225克
- 高筋面粉 250克
- 黄油 70克
- 冷水 250毫升
- 盐 10克
- 黄油（折叠用）380克

栗子涩皮煮 5个
开心果 25颗
核桃 5个
糖浆 适量

朗姆酒渍葡萄干冰激凌（10人份）

英式蛋奶酱
├ 牛奶 250毫升
├ 鲜奶油（乳脂含量47%）125克
├ 蛋黄 75克
└ 细砂糖 75克
朗姆酒 18毫升
朗姆酒渍葡萄干 50克
巧克力镜面淋酱（市售）20克
芥菜籽 适量
金箔 适量

巧克力酱（10人份）

可可块 30克
英式蛋奶酱
├ 牛奶 100毫升
├ 蛋黄 15克
└ 细砂糖 17克

装饰

栗子粉
鸟巢形糖丝碗（说明省略）

栗子巴旦木奶油馅

1 制作巴旦木奶油馅。

①将黄油与糖粉放在碗中混合搅拌。

②慢慢倒入搅匀的蛋液，并不断搅拌，放入巴旦木粉混合搅拌。

2 制作卡仕达奶油。

①将牛奶、香草荚的外荚和刮下的香草籽放入锅中，加热至即将沸腾。

②将蛋黄和细砂糖放入碗中，搅打至颜色发白。放入低筋面粉和玉米淀粉混合搅拌。

③将步骤①的材料慢慢倒入步骤②的碗中，混合搅拌，将材料的液体部分过滤到锅中。

④一边用打蛋器搅拌一边将步骤③的材料加热至沸腾，放入黄油混合搅拌。

3 将巴旦木奶油馅、卡仕达奶油和栗子泥混合搅拌，倒入朗姆酒增添香味。

修颂

1 在切成直径18厘米的圆形千层酥皮上放上栗子味巴旦木奶油馅（上述）、栗子涩皮煮、切成5毫米见方的开心果小方丁和核桃。

2 将步骤1的材料包裹成半月形，并在表面划出模仿栗子树叶的切口。涂上化黄油（材料外），放入预热

至210℃的烤箱中烤制15分钟。将温度调至190℃，再继续烤制12分钟。

3 在步骤2材料的表面涂上温热的糖浆，放入190℃的烤箱中烤制3分钟。

朗姆酒渍葡萄干冰激凌

1 制作英式蛋奶酱。

①将牛奶和鲜奶油倒入锅中，加热至即将沸腾。

②将蛋黄和细砂糖放入碗中搅打至颜色发白后，将步骤①的材料倒入碗中混合搅拌。

③将步骤②的材料过滤回锅中，搅拌均匀后小火加热至沸腾。煮至有一定浓稠度时将锅离火，静置、冷却至温热。

2 在步骤1的英式蛋奶酱中放入朗姆酒和朗姆酒渍葡萄干，倒入雪葩机中制成冰激凌。

3 将步骤2的材料塞入半球形的硅胶模具中，放入冰柜内冷冻，凝固后脱模，将两个半球拼在一起组成一个完整的球体。在球体的正上方放少许步骤2的冰激凌，修饰成栗子形，淋巧克力镜面淋酱，并在"栗子"下粘一些芥菜籽，最后在顶部点缀一小块金箔。

巧克力酱

1 将可可块隔水化开。

2 用牛奶、蛋黄和细砂糖制作英式蛋奶酱，再与步骤1的材料混合搅拌。

装饰

1 取一个圆形模具放在盘子的左半边部分，在周围撒一圈栗子粉，将模具拿走。在放模具的位置（即栗子粉圈以内的地方）放上鸟巢形的糖丝碗，在糖丝碗上放上朗姆酒渍葡萄干冰激凌，将修颂放在盘子的右半边。

2 将贴有落叶的玻璃罩罩在步骤1的材料上，端上桌。在客人面前打开玻璃罩，将巧克力酱淋在修颂上。

223

西西里巴旦木牛奶布丁
配安摩拉多意式冰激凌

藤田统三 × MOTOZO工作室（L'atelier MOTOZO）

这道西西里巴旦木牛奶布丁再现了传统制作工艺所独有的醇厚美味。选用以苦杏仁为原料制成的地中海产杏仁蛋白糖，是创造出独特风味的关键。搭配安摩拉多意式冰激凌、水果、混入了香料的焦化饴糖片和意大利小点心，使整道甜品充满异国情调，令人眼前一亮。

西西里巴旦木牛奶布丁（10人份）

A
- 杏仁蛋白糖（地中海产）90克
- 巴旦木泥（生）45克
- 水 250毫升
- 细砂糖 20克
- 零陵香豆（碾碎）1粒
- 烘焙用淀粉 10克

明胶片 3.5克
橙花水 20毫升

安摩拉多意式冰激凌（30~35人份）

英式蛋奶酱（见P209）1升
安摩拉多酒 100毫升

焦化饴糖

水 少许
细砂糖 适量
异麦芽糖醇[*1] 细砂糖1/10的量
迷迭香（切碎）适量
百里香（切碎）适量

水果

木莓
柿子
香梨
草莓
无花果
香蕉
细砂糖

装饰

意大利小点心[*2]
迷迭香
百里香
红枫叶

*1 以砂糖为原料制成的一种低热量的还原糖。
*2 使用纳波勒塔尼饼（一种加入了水果干的饼干）、布鲁缇玛博尼（一种加入坚果制作而成的蛋白酥点心）、斯特雷萨饼（一种加入煮鸡蛋制成的口感轻盈的曲奇饼）、巧克力迪亚曼特（一种巧克力风味的曲奇饼）、圣培露（一种碳酸仙贝风味的口感轻盈的曲奇饼）、坎图奇（一种加入西西里产巴旦木的饼干）。

西西里巴旦木牛奶布丁

1 用台式搅拌机将材料A搅拌均匀，揉成团后放入冰箱醒一晚。

2 将步骤1的材料用筛网过滤后放入耐热碗中，用微波炉1800瓦加热5分钟左右，观察到材料沸腾即可。

3 待步骤2的材料冷却至温热后放入泡发的明胶片，使其化开。

4 在步骤3的材料快要完全冷却时加入橙花水，将材料倒入平底盘中，放入冰箱冷却、凝固一晚。

安摩拉多意式冰激凌

在英式蛋奶酱中倒入安摩拉多酒，放入雪葩机中制成意式冰激凌。

焦化饴糖

1 在锅中倒入少许水，放入细砂糖和异麦芽糖醇，开火加热。

2 当步骤1的材料变成焦糖色时将锅离火，放入迷迭香和百里香混合搅拌。倒在硅胶烤垫上，厚度达3毫米左右即可。

3 在步骤3的材料快要凝固时，在表面划上23厘米长、3厘米宽的线条。等材料凝固后按照划好的线条切割成片。

4 将步骤3的前端用喷枪烤软，轻轻扭转一下。

水果

将所有水果切成适口大小。在一半水果块上撒细砂糖并用喷枪烘烤表面。

装饰

1 将用喷枪烤过的水果块排成一列，放在靠近盘子边缘的一侧，在上面放焦化饴糖，在饴糖上放剩余的水果块。

2 将西西里巴旦木牛奶布丁和安摩拉多意式冰激凌分别装入勺子形的容器中，放入步骤1的盘中。

3 在木质案板上放上装饰用的意大利小点心，再放上步骤2的盘子，最后点缀上迷迭香、百里香和红枫叶。

西西里巴旦木牛奶布丁
配胡萝卜橙子酱

中本敬介 × 比尼（Bini）

用巴旦木制成的西西里传统点心——西西里巴旦木牛奶布丁是这道甜品的主角，搭配加入了巴旦木味蛋挞皮的意式冰激凌、巴旦木油粉末、新鲜的巴旦木片等，呈现出巴旦木多彩的魅力。酱汁中加入了西西里地区公认的巴旦木"搭档"——橙子。再将与橙子高度契合的胡萝卜汁加入酱汁中，和糖渍胡萝卜调和在一起。最后，用马鞭草风味的烤蛋白酥增添轻盈的口感与香气。

西西里巴旦木牛奶布丁（约8人份）

巴旦木片（马尔科纳种）120克
牛奶 420毫升
细砂糖 48克
明胶片 10克
鲜奶油（乳脂含量47%）90克

蛋挞风味意式冰激凌（约20人份）

蛋挞面团（易做的量/使用50克）
├ 黄油（软化）150克
├ 糖粉 60克
├ 巴旦木粉 70克
├ 鸡蛋 50克
├ 盐 少许
└ 低筋面粉 250克
牛奶 500毫升
鲜奶油（乳脂含量47%）120克
细砂糖 80克
香草精华 少许
增稠稳定剂 3克

马鞭草味蛋白酥（约10人份）

蛋白霜
├─ 蛋清 60克
└─ 细砂糖 30克
糖粉 20克
巴旦木粉 20克
马鞭草粉末*1 5克

巴旦木油粉末（易做的量/1人份使用5克）

巴旦木油 25克
索萨麦芽糊精 25克
盐 少许

金时胡萝卜橙子酱（约10人份）

金时胡萝卜汁（说明省略）50毫升
橙汁 50毫升
柠檬酸 1.5克
细砂糖 适量
肉桂 1/2根
公丁香 1个
增稠稳定剂（黄原胶）1.5克

糖渍金时胡萝卜（约10人份）

金时胡萝卜 1根
糖浆*2 100克

装饰

金时胡萝卜叶子
巴旦木（马尔科纳种）

*1 将新鲜的马鞭草烘干后用搅拌机打碎制成。
*2 将相同比例的砂糖与水混合，加入肉桂、公丁香和橙皮调味制成的糖浆。

西西里巴旦木牛奶布丁

1 将巴旦木片放入平底锅中煎至变色。

2 倒入牛奶熬煮，盖上锅盖后关火闷片刻，使香味浸润。

3 过滤后加入细砂糖混合搅拌。

4 趁热取出1/3步骤3材料，与泡发的明胶片混合搅拌。

5 将剩余步骤3材料急速冷却。打发步骤4的材料并倒入冷却好的材料中。

6 在步骤5的材料中倒入打至八分发的鲜奶油，快速混合搅拌。倒入长30厘米、宽8厘米、深3.5厘米的模具中，放入冰箱冷藏。

蛋挞风味意式冰激凌

1 制作蛋挞面团。将黄油、糖粉、巴旦木粉、鸡蛋和盐混合搅拌。

2 将步骤1的材料与低筋面粉快速混合搅拌，揉成一团，用保鲜膜包裹后放入冰箱醒3小时以上。

3 将步骤2的材料擀成厚5毫米、长4厘米、宽4厘米的块，放入预热至165℃的烤箱中烤制15分钟左右，直至面团变成深焦黄色。将其中一部分放入料理机中打碎，制成粗粒的粉，装饰时备用。

4 将牛奶、鲜奶油、细砂糖和香草精华放入锅中加热至即将沸腾。

5 将步骤3的材料捣碎后混入步骤4的材料中，再加入增稠稳定剂，放入万能冰磨机的专用容器中冷冻。

6 上桌前用万能冰磨机将步骤5的材料制成意式冰激凌。

马鞭草味蛋白酥

1 将蛋清和细砂糖混合打发，制成蛋白霜。

2 加入糖粉、巴旦木粉和马鞭草粉末，快速混合搅拌。

3 将步骤2的材料擀至1厘米厚，放入预热至75℃的烤箱中烤制一晚。

巴旦木油粉末

在巴旦木油中加入索萨麦芽糊精和盐，混合搅拌制成粉。

金时胡萝卜橙子酱

1 将金时胡萝卜汁、橙汁、柠檬酸、细砂糖、肉桂和公丁香放入锅中略加热。不断调整细砂糖的用量，将整体糖度控制在20波美度左右。

2 过滤，加入增稠稳定剂，使液体有一定浓稠度。

糖渍金时胡萝卜

将金时胡萝卜切片，与糖浆一起装入容器中，用真空器抽出空气，使糖浆浸透到金时胡萝卜片中。

装饰

1 将分成8等份的西西里巴旦木牛奶布丁装入盘中，在旁边铺上事先备好的粗粒蛋挞粉末，将制成橄榄形的蛋挞风味意式冰激凌放在蛋挞粉末上。

2 将糖渍金时胡萝卜装饰在步骤1的材料上，撒上巴旦木油粉末。将切成适当大小的马鞭草味蛋白酥和金时胡萝卜叶子点缀在材料上。将巴旦木片削成薄片，撒在盘中。

3 将步骤2的材料和装入另外容器的金时胡萝卜橙子酱汁一起上桌，在客人面前将酱汁倒入盘中。

巴黎布雷斯特

大川隆×切兹·米切尔（Comme Chez Michel）

这是大川大厨被巴黎名店里的巴黎布雷斯特的美味所震撼，回到日本后尝试再现的作品。果仁糖味奶油由泥状和加入了坚果粒的两种果仁糖混合制成，具有独特的"沙沙"口感。将烤巴旦木牛轧糖切碎撒在盘中，将香味与酥脆的口感完美结合。

泡芙皮（30人份）

水 500毫升
黄油 160克
低筋面粉 255克
盐 适量
鸡蛋 8个

果仁糖味奶油（30人份）

卡仕达奶油
├ 细砂糖 30克
├ 蛋黄 20克
├ 低筋面粉 20克
└ 牛奶 150毫升
黄油（软化）45克
安西恩努果仁糖[*1] 12克
努博果仁糖[*1] 34克

装饰

烤巴旦木牛轧糖[*2]
糖粉

[*1] 安西恩努是混合了巴旦木和榛子粒的传统果仁糖。努博是泥状果仁糖。
[*2] 将糖浆倒入锅中，加热至即将变成焦糖状，放入巴旦木丁混合搅拌，烤干后切碎即可。

泡芙皮

1 将水和黄油放入锅中，加热至沸腾。

2 将锅离火，加入低筋面粉，用木刮刀搅拌至表面均匀。再将锅放回火上，小火加热10分钟左右，使水分蒸发。

3 将锅离火，倒入盐和搅匀的蛋液，搅拌均匀。将材料装入装有裱花嘴的裱花袋中，放入冰箱冷藏。

4 在烤盘上将步骤3的材料挤成直径8厘米的圆环形，放入预热至200℃的烤箱中烤制18分钟。

5 关闭烤箱电源，将烤箱门半开，保持三四分钟。将泡芙皮从烤箱中取出，放在烧烤网上，常温下冷却。

果仁糖味奶油

1 制作卡仕达奶油。

①将细砂糖和蛋黄放入碗中搅打，加入低筋面粉混合搅拌，一边倒入热牛奶，一边继续搅拌。

②将步骤①的材料倒入锅中，边搅拌边小火加热五六分钟，放入冰箱冷藏。

2 将软化的黄油和果仁糖放入碗中，充分搅拌混合，使材料有黏性。

3 将步骤1的卡仕达奶油倒入步骤2的材料中，用搅拌机或手动打蛋器搅拌均匀。放入冰箱中静置12小时以上。

装饰

1 将充分冷藏的果仁糖味奶油装入带裱花嘴的裱花袋中。

2 将泡芙皮分成上、下两部分。在下半部分的面团上，将步骤1的材料以螺旋状挤成一圈。撒上切碎的烤巴旦木牛轧糖，再盖上上半部分的泡芙皮。

3 将步骤2的材料装入盘中，撒上烤巴旦木牛轧糖碎，再撒糖粉。

Alcohol & Spice

第 **8** 章

酒精、香料

大吟酿与咖啡味巴巴蛋糕、
咖啡与酒糟味冰激凌配血橙

森田一赖 × 自由（Libertable）

糖浆淋酱中的朗姆酒被替换为大吟酿，并加入咖啡豆调香，将巴巴蛋糕浸入其中。搭配融合了大吟酿酒糟和咖啡风味的冰激凌，再以塔罗科血橙弥补酸味。入口时，首先感受到的是咖啡的香气，随之而来穿过鼻腔的先后是日本酒及酒糟的香味。

巴巴蛋糕（易做的量）

```
┌ 高筋面粉 65克
│ 低筋面粉 65克
A 鸡蛋 2个
│ 干酵母 2.5克
└ 水 25毫升
┌ 糖粉 5克
│ 盐 2.5克
B 黄油 25克
└ 咖啡豆（碾碎）5克
```

糖浆
```
├ 水 500毫升
├ 咖啡豆（碾碎）125克
├ 细砂糖 125克
├ 日本酒（大吟酿）适量
├ 橙皮碎 1/2个橙子的量
└ 柠檬皮碎 1/2个柠檬的量
```

咖啡与酒糟味冰激凌（易做的量）

牛奶 500毫升
咖啡豆（碾碎）15克
蛋黄 120克
细砂糖 100克
酒糟（大吟酿）100克

血橙味果冻（易做的量）

血橙汁（塔罗科血橙*）200克
明胶片 3克

可可味雪葩粉（易做的量）

水 225毫升
细砂糖 20克
鲜奶油（乳脂含量35%）70克
可可粉 20克
黑巧克力（卡奥卡"厄瓜多尔"巧克力，可可含量70%）65克

装饰

金箔
血橙（塔罗科血橙*）
加入香草荚的香缇奶油
酱汁
```
├ 血橙汁（塔罗科血橙*）
└ 细砂糖
```

* 原产于西西里岛的血橙品种。特点是果肉香软、甜度适中。这里使用的是产自日本爱媛县的塔罗科血橙。

巴巴蛋糕

1 将材料A放入台式打蛋器中搅打成糊，静置20分钟。

2 加入材料B，再次搅打。

3 将步骤2的材料挤入涂了一层黄油（材料外）的3厘米见方的模具中，在30℃的温度中发酵20～30分钟。

4 将步骤3的材料放入预热至170℃的烤箱中烤制15～20分钟。趁热脱模，静置、冷却。

5 制作糖浆。将水煮沸后放入其他材料。

6 将糖浆倒入平底盘中，浸没步骤4的蛋糕。

咖啡与酒糟味冰激凌

1 将牛奶和咖啡豆混合煮沸。

2 将蛋黄和细砂糖放入碗混合搅打，将步骤1的材料过滤进碗中，分数次加入酒糟。

3 将步骤2的材料倒入锅中，加热至汤汁有一定浓稠度后倒入万能冰磨机的专用容器中冷却、冷冻。

4 上桌前用万能冰磨机将步骤3的材料制成冰激凌。

血橙味果冻

1 加热一部分血橙汁，并将泡发的明胶片放入其中。

2 将剩余的血橙汁倒入步骤1的材料中，静置、冷却、凝固。

可可味雪葩粉

1 将水、细砂糖和鲜奶油混合煮沸，倒入可可粉，一边搅拌一边继续加热。

2 当液体呈现光泽时加入化开的黑巧克力，然后倒入平底盘中冷却。

3 将材料倒入万能冰磨机的专用容器中冷冻，上桌前制成雪葩粉。

装饰

1 将咖啡与酒糟味冰激凌挖成直径2厘米的球，和巴巴蛋糕一起放入盘中，点缀金箔。

2 血橙去皮并横切成片，和用勺子舀起的血橙味果冻一起装盘，搭配加入了香草荚的香缇奶油。

3 淋上用血橙汁和细砂糖混合熬煮出的酱汁，再将可可味雪葩粉撒在整体上。

田中的巴巴蛋糕

田中督士 × 喜悦（Sympa）

做成软木塞形状的巴巴蛋糕和装着红葡萄酒的小玻璃杯——一道颇具轻松诙谐之感的甜品，搭配肉桂风味的冰激凌。巴巴蛋糕本身虽是经典原味，但在这里却是蘸着红葡萄酒品尝的，冰激凌也取代了传统的酱汁，你可以体验到3种不同的味道。甜品的名字结合了田中大厨的姓氏和巴巴蛋糕，又与东京的地名"高田马场"有着一语双关之妙。

巴巴蛋糕（约16个）

低筋面粉 240克
鲜酵母 10克
温水 50毫升
鸡蛋 2个
细砂糖 20克
盐 5克
黄油（无盐）50克

朗姆酒酱汁（易做的量）

水 400毫升
细砂糖 250克
香草荚 1/2根
朗姆酒 100毫升

肉桂冰激凌（25个）

牛奶 1升
肉桂 2根
蛋黄 10个
细砂糖 200克
鲜奶油（乳脂含量38%）200克

装饰

海绵蛋糕面团粉末（说明省略）
红葡萄酒

巴巴蛋糕

1 将60克低筋面粉、鲜酵母和温水一起放入碗中混合搅拌，在室温下发酵1小时。

2 将剩余的低筋面粉、鸡蛋、细砂糖和盐一起放入另一碗中混合搅拌，然后放入步骤1的碗中，将面团揉至表面光滑。

3 在步骤2的材料中加入化黄油，塞入直径22毫米、高15毫米的圆筒形模具中，室温下醒20分钟。

4 将步骤3的材料放入预热至160℃的烤箱中烤制20分钟，中间翻一次面，静置、冷却。将印有店名商标的烙铁印章加热，按压在巴巴蛋糕表面。

5 制作朗姆酒风味糖浆。将水、细砂糖、香草荚的外荚和刮下来的香草籽放入锅中加热，将细砂糖煮化，冷却至温热后倒入朗姆酒。

6 将步骤4的巴巴蛋糕浸泡在步骤5的糖浆中。用筛网捞起，滤去多余的糖浆。

肉桂冰激凌

1 将牛奶和切碎的肉桂放入锅中，放入冰箱静置一晚。

2 将步骤1的材料加热至即将沸腾，关火后盖上锅盖闷10分钟。

3 将蛋黄和细砂糖放入碗中，搅打至颜色发白。

4 将步骤2的材料倒入步骤3的材料中混合搅拌，然后再倒回步骤2的锅中，开火熬煮至汤汁有一定浓稠度。

5 将步骤4的材料过滤后与鲜奶油混合，倒入万能冰磨机的专用容器中冷冻。

6 上桌前，用万能冰磨机将步骤5的材料制成表面丝滑的冰激凌。

装饰

将5个巴巴蛋糕装入盘中，铺上一块海绵蛋糕面团粉末，在上面放上做成橄榄状的肉桂冰激凌。将红葡萄酒倒入力娇酒玻璃杯中，放在盘子里。

萨伐仑配缤纷水果

铃木谦太郎、田中二朗 × 切兹·肯塔罗（Chez Kentaro）

该店的甜品是请位于同一大厦1层的高级甜品店"卡尔瓦巧克力工厂"制作点心，再经过自家店装饰、搭配而成。这道萨伐仑选用的是一天能卖出1000个的卡尔瓦人气甜品——"珑珑"烤面包圈。面包圈的面团中加入了色拉油和鲜奶油，口感爽嫩绵软。将面包圈浸泡在热腾腾的朗姆酒风味糖浆中，突显入口即化的香醇美味。

萨伐仑面包圈

面包圈面团（易做的量/1个使用75克）
- 低筋面粉 350克
- 细砂糖 350克
- 烘焙粉 5克
- 鸡蛋 400克
- 色拉油 280毫升
- 鲜奶油（乳脂含量35%）180克

朗姆酒风味糖浆（易做的量）
- 水 500毫升
- 细砂糖 300克
- 朗姆酒 25毫升

装饰

香缇奶油（易做的量）
- 鲜奶油（乳脂含量35%）100毫升
- 细砂糖 8克

顶饰 各适量
- 红醋栗
- 黑樱桃
- 黑莓
- 葡萄（红葡萄）
- 猕猴桃
- 橙子
- 草莓

透明镜面果胶

酱汁（各适量）

覆盆子酱
透明镜面果胶

萨伐仑面包圈

1 制作面包圈面团。
①将过筛的低筋面粉、细砂糖和烘焙粉放入搅拌碗中混合，慢慢倒入蛋液，不断搅拌至表面平滑。
②倒入色拉油和鲜奶油，继续搅拌至表面平滑。
③将步骤②的材料倒入面包圈模具中，放入预热至200℃的烤箱中烤制15分钟，静置、冷却。

2 制作朗姆酒风味糖浆。在水中加入细砂糖，加热，制成30波美度的糖浆，再倒入朗姆酒。
3 趁热将面包圈浸泡在糖浆中，充分浸透后用筛网捞起面包圈，静置、冷却。

装饰

1 制作香缇奶油。将鲜奶油和细砂糖放入搅拌碗中，用打蛋器打至七分发后装入玻璃杯中。
2 准备顶饰。将红醋栗分成小串；黑樱桃、黑莓和葡萄分别对半切开；猕猴桃和橙子去皮，切小块；草莓去蒂，切小块。
3 将萨伐仑面包圈放入盘中，将步骤2的材料放在面包圈上，再涂上一层透明镜面果胶。
4 将覆盆子酱和透明镜面果胶混合制成酱汁，淋在面包圈周围，最后将步骤1的玻璃杯放入盘中。

朗姆酒慕斯、覆盆子雪葩
配黑巧克力酱

森茂彰 × 莫里（mori）

涂在盘底的是加入了竹炭粉的黑巧克力酱，上面放着朗姆酒慕斯、覆盆子雪葩和草莓。慕斯用甘蔗制成的黑糖提升甜度，再增添浆果的酸甜，使回味更加悠长。即便已经品尝过好几道菜，当您把这道甜品送入口中时，一定会被其浓烈的甜味震撼，而高酒精浓度也能一扫油腻感。

朗姆酒慕斯（易做的量/1人份使用30克）

牛奶 500毫升
黑糖 75克
明胶片 10克
朗姆酒（黑）125毫升
鲜奶油（乳脂含量41%）500克

覆盆子雪葩（60人份）

水 250毫升
细砂糖 250克
覆盆子酱（市售）500克
柠檬汁 1个柠檬的量

黑巧克力酱（60人份）

牛奶 500毫升
可可粉 75克
细砂糖 75克
竹炭（粉末）10克

巧克力法式薄脆

巧克力（可可含量61%）适量

装饰

草莓
草莓粉（冻干。说明省略）
开心果

朗姆酒慕斯

1 将一半牛奶倒入锅中，加热至即将沸腾，放入黑糖化开，倒入剩余的牛奶再次加热至即将沸腾。加入用冰水（材料外）泡发的明胶片化开。将锅离火，倒入朗姆酒混合搅拌。

2 将步骤1的材料装入碗中，浸泡在冰水中冷却。

3 将鲜奶油打至六分发，加入少许步骤2的材料，用打蛋器搅拌均匀。将剩余的步骤2的材料分3次加入奶油中，并用橡胶刮刀快速混合搅拌后放入冰箱冷藏。

覆盆子雪葩

1 将水和细砂糖放入锅中加热，制成糖浆。加入覆盆子酱继续加热，沸腾后倒入柠檬汁。

2 将步骤1的材料倒入万能冰磨机的专用容器中，放入冰柜内冷冻、凝固。食用前制成雪葩。

黑巧克力酱

将牛奶倒入锅中，加热至即将沸腾，倒入剩余材料搅拌均匀。再次沸腾后倒入容器中，静置、冷却至常温。

巧克力法式薄脆

1 将巧克力装入碗中，放入约60℃的蒸锅中，加热至50℃左右后调温至30℃左右。

2 将步骤1的材料装入安有裱花嘴的裱花袋中，在烘焙纸上挤成长20厘米、宽5厘米的网格，放入冰箱冷却、凝固。

装饰

1 用毛刷将黑巧克力酱在容器中涂成带状。将两个做成橄榄形的朗姆酒慕斯和一个覆盆子雪葩放在酱汁上。

2 将去蒂的草莓放在慕斯和雪葩旁边，撒草莓粉和略切碎的开心果，最后放巧克力法式薄脆。

里戈莱蒂诺风格楔子海绵蛋糕

今村裕一 × 里戈莱蒂诺（Rigolettino）

这道甜品是意大利传统点心"楔子海绵蛋糕"的现代样式。充分吸收了鲜红的药草酒"阿尔凯默斯"的海绵蛋糕底上叠放着黑、白两种巧克力慕斯，再将加入了阿尔凯默斯力娇酒的英式蛋奶酱淋在盘中。最后摆盘营造出从巧克力篮子中滚落出来的情境。

楔子海绵蛋糕（易做的量）

意式蛋糕
- 鸡蛋 6个
- 细砂糖 188克
- 面粉（00粉）188克
- 化黄油 32克

黑、白巧克力慕斯
- 鸡蛋 6个
- 细砂糖 250克
- 牛奶 500毫升
- 明胶片 14克
- 黑巧克力（法芙娜"加勒比"巧克力，可可含量66%）250克
- 白巧克力（法芙娜"伊芙瓦"巧克力，可可含量35%）250克
- 鲜奶油（乳脂含量38%）700克

阿尔凯默斯力娇酒[*1] 适量

阿尔凯默斯力娇酒酱汁（易做的量）

蛋黄 180克
细砂糖 150克
牛奶 525毫升
鲜奶油 225克
香草荚 1/2根
阿尔凯默斯力娇酒[*1] 40毫升

装饰

巧克力酱汁（说明省略）
金字塔形巧克力[*2]
莎布蕾与巴旦木混合粉末[*3]
开心果味意式冰激凌（说明省略）

[*1] 产自意大利的药草力娇酒。还加入了肉桂、肉豆蔻、公丁香和玫瑰等材料，味道复杂多样。提取自胭脂虫的红色素呈现的鲜艳红色是其特征之一。是制作楔子海绵蛋糕必不可少的材料。
[*2] 将经过调温的黑巧克力（法芙娜"加勒比"巧克力，可可含量66%）装入窄口的裱花袋中，在金字塔形的烘焙托盘中挤出细密的网格。
[*3] 将烤制好的莎布蕾和巴旦木以3:1的比例混合，放入料理机中打成粗粉末。

楔子海绵蛋糕

1 制作意式蛋糕。

①将鸡蛋和细砂糖混合搅拌，加入面粉，倒入化黄油混合搅拌。

②将步骤①的材料倒入烤盘中，放入预热至180℃的烤箱中烤制20分钟。

2 制作黑、白巧克力慕斯。

①将鸡蛋和细砂糖搅打至颜色发白，慢慢倒入煮沸的牛奶，混合搅拌。

②将步骤①的材料倒入锅中，按照制作英式蛋奶酱的要领加热。当汤汁浓稠度适中时，放入泡发的明胶片化开。

③将两种巧克力切碎，分别放入碗中隔水化开。

④将步骤②的材料分成两份，分别倒入步骤③的碗中，将碗浸泡在冰水中冷却。

⑤将鲜奶油打至八分发，分成两份，分别倒入步骤④的碗中。装有黑巧克力的用来做黑巧克力慕斯，装有白巧克力的用来做白巧克力慕斯。

3 将步骤1的意式蛋糕切成厚5毫米、底部和布丁模具大小相同的圆饼形。

4 将步骤3的材料浸泡在阿尔凯默斯力娇酒中，然后一片一片地放入布丁模具底部。

5 将步骤2的白巧克力慕斯倒入步骤4的布丁模具中，高度达一半即可，放入冰箱内冷藏、凝固。将步骤2的黑巧克力慕斯倒入布丁模具中，装满，继续放入冰箱冷藏、凝固。

阿尔凯默斯力娇酒酱汁

1 将蛋黄和细砂糖搅打至颜色发白。

2 将牛奶、鲜奶油和香草荚混合，放入锅中煮沸，少量多次倒入步骤1的材料中混合搅拌。再将材料倒回锅中，按照制作英式蛋奶酱的要领加热。当汤汁浓稠度适中时过滤，浸泡在冰水中冷却。

3 在步骤2的材料中倒入阿尔凯默斯力娇酒混合搅拌。

装饰

1 将阿尔凯默斯力娇酒酱汁和巧克力酱汁倒入盘中。

2 将楔子海绵蛋糕和金字塔形巧克力放入盘中，撒上莎布蕾与巴旦木混合粉末，最后放入开心果味意式冰激凌。

帕斯提斯风味马卡龙冰激凌

石川资弘 × 红果酱（Coulis Rouge）

石川大厨在西班牙巴斯克进修时，从当地美酒"伊扎拉"中获得灵感，从而创造出了这道甜品。由于伊扎拉的味道较刺激，他便选用了同样含有茴芹成分的"帕斯提斯"酒，将其加入马卡龙面团中。马卡龙中间夹着的是清爽的牛奶冰激凌。冰激凌的侧面镶嵌了散发着白兰地香气的酒渍樱桃，成为整体风味与口感的点睛之笔。

马卡龙（易做的量）

蛋清 100克
糖粉 200克
巴旦木粉 120克
帕斯提斯茴香酒 适量
食品着色剂（红色）适量

牛奶冰激凌（易做的量）

牛奶 400毫升
鲜奶油（乳脂含量38%）100克
炼乳 85毫升
糖稀 62克
细砂糖 32克

酒渍樱桃味果酱（易做的量）

白兰地酒渍樱桃（说明省略）100克
帕斯提斯茴香酒 20毫升

装饰

白兰地酒渍樱桃（说明省略）

马卡龙

1 将蛋清打发。将过筛的糖粉和巴旦木粉分3次倒入蛋清中。倒入帕斯提斯茴香酒和食品着色剂，混合搅拌。

2 将步骤1的材料在烤盘上挤成直径6厘米的圆形，常温下放置，直到表面变干。

3 将步骤2的材料放入预热至220℃的烤箱中，然后立刻将温度下调至170℃，加热20～30分钟。

牛奶冰激凌

将所有材料混合煮沸，冷却后倒入雪葩机中制成冰激凌。

酒渍樱桃味果酱

将白兰地酒渍樱桃与帕斯提斯茴香酒混合，放入搅拌机中搅拌。

装饰

1 在马卡龙中间夹上牛奶冰激凌。

2 将白兰地酒渍樱桃镶嵌在冰激凌的侧面，并将酒渍樱桃味果酱淋在周围。

鸡蛋煎枸杞粽子配枸杞酱

皆川幸次 × 阿斯特（Aster）银座总店

将湖北省武汉市一家饭店的"黄金豆皮"创造性地改造成甜品。原本是在粽子中加入以香辛料烹制的牛腿肉，再用豆腐皮和鸡蛋皮包起来。而这道甜品则是在粽子中混入枸杞子和蜂蜜，再用煎得薄薄的鸡蛋皮卷起来。枸杞子具有暖身的功效，非常适合夏季在开着空调的房间里食用。此外，蜂蜜还有较好的润喉功效。

粽子（7人份）

枸杞子 200克
糖浆 适量
糯米 500克
猪背肥肉 30克
冰糖 120克
蜂蜜（苹果花）40克
蛋液 1½个鸡蛋的量

酱汁（7人份）

糯米（蒸熟）适量
枸杞子 适量
糖浆 适量

粽子

1 将枸杞子泡发，煮熟后浸渍在糖浆中。

2 将在水中浸泡了一晚的糯米蒸熟，放入切成细条的猪背肥肉和冰糖，继续蒸2小时。

3 将步骤1和步骤2的材料混合，倒入蜂蜜调整甜度。将材料揉成1人份重约120克的正方形。

4 热锅，倒入搅匀的蛋液。当蛋液呈半熟状态时放入步骤3的材料，包好。继续煎熟。

酱汁

将所有材料混合，放入搅拌机中搅拌成酱汁。

装饰

将切成适当大小的粽子放入盘中，淋酱汁。

柚子拼盘

森田一赖 × 自由（Libertable）

夹着雪葩的蛋白酥、柚子胡椒味酱汁、泡沫酱汁及爽滑的果冻——全部使用了柚子。加入了柚子胡椒的雪葩是这道拼盘的主角，多样口感交叠组合，让您充分品味柚子的风味。色调统一以白、黄为主，整体优雅而考究，富于美感。

柚子味雪葩（易做的量）

水 450毫升
细砂糖 150克
柚子汁 150毫升
柚子胡椒 6克

柚子味蛋白酥皮（易做的量）

柚子汁 100毫升
干蛋清[*1] 18克
细砂糖 80克

柚子味慕斯泡（易做的量）

水 75毫升
细砂糖 25克
明胶片 3克
柚子汁 100毫升
蛋清 50克

柚子味果冻（易做的量）

水 75毫升
细砂糖 25克
食品凝固剂（蒟蒻果冻粉）4克
柚子汁 100毫升

柚子味泡沫（各适量）

水
细砂糖
柚子汁
乳化剂（大豆软磷脂）

装饰

糖渍柚子皮[*2]
金箔
酱汁
├ 糖渍柚子皮[*2]
└ 柚子胡椒
可食用花卉

*1 西班牙索萨公司生产的点心材料。提取蛋清中的蛋白质（白蛋白）精制而成。
*2 将柚子皮和砂糖一起熬煮制成。

柚子味雪葩

1 将水和细砂糖混合煮沸，静置、冷却。

2 加入柚子汁和柚子胡椒混合搅拌，倒入万能冰磨机的专用容器中冷冻。

3 用万能冰磨机将步骤2的材料搅碎，倒在硅胶烤垫上，厚度达1厘米即可。将直径4厘米的圆形模具倒扣在雪葩上，放入冰柜内冷藏。

柚子味蛋白酥皮

1 将柚子汁和干蛋清混合，用手动打蛋器打发。注意在打发的过程中要分数次加入细砂糖，混合搅拌。

2 将步骤1的材料装入裱花袋中，在硅胶烤垫上挤成直径5厘米的圆形。

3 将步骤2的材料放入预热至90℃的烤箱中加热约1小时。

柚子味慕斯泡

1 将水和细砂糖混合煮沸后关火，趁热放入泡发的明胶片，静置、冷却。

2 在步骤1的材料中倒入柚子汁，和打发的蛋清混合搅拌后一起装入虹吸瓶中，填充进气体，放入冰箱内冷藏一晚。

柚子味果冻

1 将水和细砂糖混合煮沸，放入食品凝固剂，静置、冷却。

2 加入柚子汁，倒入平底盘中，待材料凝固后将其切成1厘米见方的小丁。

柚子味泡沫

1 将水和细砂糖混合煮沸，静置、冷却。

2 加入柚子汁和乳化剂，用手打蛋器打发。

装饰

1 在两片柚子味蛋白酥皮的一面上涂抹糖渍柚子皮，在中间夹上柚子味雪葩，放入盘中，点缀金箔。

2 制作酱汁。将糖渍柚子皮和柚子胡椒混合搅拌。

3 将柚子味慕斯泡挤入步骤1的盘中，再将步骤2的酱汁淋在慕斯泡上。

4 撒上柚子味果冻和可食用花卉，最后在盘中放入适量柚子味泡沫。

花椒橙香火焰可丽饼、鹿儿岛樱岛小蜜柑、焦糖嫩煎香蕉与零陵香豆冰激凌

森田一赖 × 自由（Libertable）

传统的橙香火焰可丽饼是裹上香橙风味的焦糖酱汁，而这道甜品是在面团中混入了和橙子同属芸香科的花椒，打造出独特的香辛口味。酱汁中加入了鹿儿岛县产的浓甜小蜜柑的蜜饯。此外，考虑到产地相近的食材甜味、酸味等性质很接近，适合一起搭配，选用了与蜜柑产自同县的香蕉，将其嫩煎后装入盘中作为配角。

花椒火焰可丽饼（易做的量）

花椒可丽饼
- 高筋面粉 90克
- 细砂糖 45克
- 鸡蛋 100克
- 牛奶 300毫升
- 黄油 30克
- 花椒（粉末）1克
- 色拉油 适量

焦糖酱汁 各适量
- 细砂糖
- 柑橘类果汁*1

柑橘味奶油
- 柑橘类果汁*1 125克
- 蛋黄 70克
- 鸡蛋 75克
- 细砂糖 75克
- 明胶片 8克
- 黄油 75克

糖渍鹿儿岛产樱岛小蜜柑*2 适量

法式嫩煎香蕉（各适量）

黄油
细砂糖
香蕉（吐噶喇产*3）

零陵香豆冰激凌（易做的量）

牛奶 500毫升
零陵香豆 1粒
细砂糖 125克
蛋黄 120克

装饰

榛子（去壳果仁、粉末）

*1 橙子、西柚等的混合果汁。
*2 将鹿儿岛县产的樱岛小蜜柑用砂糖腌渍制成。
*3 一种栽培于鹿儿岛县吐噶喇列岛的中之岛上的小个香蕉。

花椒火焰可丽饼

1 制作花椒可丽饼。

①将高筋面粉和细砂糖放入碗中，加入鸡蛋，从正中间开始搅拌。

②加入略加热过的牛奶，同样从正中间开始搅拌。

③黄油加热化开，待其冷却后放入步骤②的材料中，再倒入花椒，放入冰箱内静置一晚。

④将步骤③的材料倒在涂了一层色拉油的平底锅中，将两面都煎熟后取出。

2 制作焦糖酱汁。将细砂糖放入平底锅中加热，制成焦糖。加入柑橘类果汁稀释。

3 将步骤1的可丽饼浸泡在步骤2的酱汁中，不断加热使酱汁浸透到可丽饼中。

4 制作柑橘味奶油。

①加热柑橘类果汁。将蛋黄、鸡蛋和细砂糖混合，倒入柑橘类果汁中，边搅拌边继续加热。

②将锅离火，放入泡发的明胶片。冷却至40℃时加入黄油，用手动打蛋机搅拌。

5 将步骤3的可丽饼捞出，在其中一面上涂抹步骤4的柑橘味奶油。将涂了奶油的一面作为里面对折成细长状。

6 将步骤5的材料放入平底盘中，淋上步骤3的平底锅中剩余的酱汁。将糖渍鹿儿岛产樱岛小蜜柑放在酱汁中，使酱汁充分浸透。上桌前将盘中食材放入预热至180℃的烤箱中加热。

法式嫩煎香蕉

1 将黄油和细砂糖放入平底锅中，加热至材料化开并变色。

2 放入剥皮并切成适当大小的香蕉块，裹上一层糖衣略煎。

零陵香豆冰激凌

1 将牛奶、削碎的零陵香豆和一部分细砂糖放入锅中煮沸，待材料充分混合后再加入蛋黄和剩余的细砂糖。

2 一边加热一边搅拌步骤1的材料，当汤汁有一定浓稠度后，倒入万能冰磨机的专用容器中，冷却至温热后放入冰箱冷冻。

3 上桌前用万能冰磨机将步骤2的材料制成冰激凌。

装饰

1 将花椒火焰可丽饼、法式嫩煎香蕉和零陵香豆冰激凌放入盘中，撒上在焦糖酱汁中浸泡过的糖渍鹿儿岛产樱岛小蜜柑。

2 淋焦糖酱汁，撒榛子。

部分甜品配料及装饰

橙子味法式薄脆
香梨味果仁巧克力翻糖
配焦糖烤布蕾味冰激凌
（见P64）
高井实×变量餐厅（Restaurant Varier）

材料（易做的量）
糖粉 400克
蛋清 110克
橙汁 100毫升
低筋面粉 130克
橙皮 1个橙子的量
黄油（软化）210克

1 将糖粉、蛋清和橙汁倒入碗中，搅拌均匀。
2 在步骤1的材料中加入低筋面粉和擦碎的橙皮，混合搅拌均匀后再加入软化的黄油搅拌，放入冰箱静置一天。
3 将步骤2的材料倒入烤盘中，放入预热至154℃的烤箱中烤制8分钟。
4 烤好后趁热切成长10厘米、宽4.5厘米的卡片形。

焦糖烤布蕾味冰激凌
香梨味果仁巧克力翻糖
配焦糖烤布蕾味冰激凌
（见P64）
高井实×变量餐厅（Restaurant Varier）

材料（易做的量）
蛋黄 24个
细砂糖 220克
鲜奶油 1千克
牛奶 1升
香草荚 8根

1 将蛋黄和细砂糖混合搅打至颜色发白。
2 将鲜奶油、牛奶和香草荚放入锅中，小火慢慢煮出香草荚的香气。
3 在步骤1的材料中加入步骤2的材料混合搅拌，用筛网过滤。
4 将材料倒入烤盘中，放入预热至185℃、设置成蒸汽模式的烤箱中加热40分钟。

5 冷却后在表面撒一层细砂糖（材料外），用喷枪烤焦。放入万能冰磨机的专用容器中冷冻，上桌前制成冰激凌。

柚子味英式蛋奶酱
榛果芭瑞莎布蕾、
巧克力柚子奶油冻
配焦糖榛子巧克力冰激凌
（见P66）
布鲁诺·鲁德尔夫×法国蓝带厨艺学院（日本）
（Le Cordon Bleu Japan）

材料（易做的量）
牛奶 600毫升
柚子皮碎 6个柚子的量
蛋黄 6个
细砂糖 120克

1 将牛奶和柚子皮碎倒入锅中，放入冰箱静置一晚，使香味浸润。
2 将锅放在火上，开火煮沸。
3 将蛋黄和细砂糖放入碗中搅打。将步骤2的材料倒入碗中混合搅拌。
4 将步骤3的材料过滤，倒回锅中，一边不断搅拌一边加热至85℃。

焦糖巴旦木
黑巧克力千层杯、
焦糖巴旦木
配覆盆子焦糖与牛奶巧克力果冻
（见P85）
布鲁诺·鲁德尔夫×法国蓝带厨艺学院（日本）
（Le Cordon Bleu Japan）

材料（内径3.2厘米、高10厘米的玻璃杯，约20个）
细砂糖 45克
水 20毫升
巴旦木块 150克
可可脂粉末 15克

1 将细砂糖和水倒入锅中，加热至110℃。
2 将巴旦木块放入锅中搅拌（使砂糖再次结晶）。边缓慢提升温度边熬煮至色黑而不焦的状态。

3 当整体变成米黄色时加入可可脂粉末混合搅拌，快速倒在硅胶烤垫上抹开，静置、冷却。

4 当材料冷却至温热后用手捏碎，使其完全冷却。

白巧克力与格拉巴酒口味意式冰激凌
巧克力意大利方饺、
白巧克力与格拉巴酒口味意式冰激凌
与水果腌泡汤
（见P87）
今村裕一 × 里戈莱蒂诺（Rigolettino）

材料（易做的量）
牛奶 300毫升
鲜奶油（乳脂含量38%）300克
白巧克力（法芙娜"伊芙瓦"巧克力，可可含量35%）105克
细砂糖 60克
增稠稳定剂 3克
格拉巴酒 30毫升

1 将牛奶和鲜奶油倒入锅中煮沸后关火，加入切碎的白巧克力化开。

2 将细砂糖和增稠稳定剂放入锅中混合搅拌。将材料装入碗中，在冰水中冷却。

3 在步骤2的材料中倒入格拉巴酒，放入雪葩机中制成冰激凌。

白巧克力雪葩
白巧克力"山脉 45%"
配生姜和野草莓翻糖
（见P88）
森田一赖 × 自由（Libertable）

材料（易做的量）
水 500毫升
糖稀 60克
调温巧克力（卢克可可"塞拉"巧克力，可可含量45%）400克

1 将水和糖稀混合煮沸，与化开的巧克力混合搅拌。装入万能冰磨机的专用容器中冷冻。

2 上桌前制成雪葩，装入安有裱花嘴的裱花袋中，挤成棒状。

生姜味法式冰沙
白巧克力山"山脉 45%"
配生姜和野草莓翻糖
（见P88）
森田一赖 × 自由（Libertable）

材料（各使用适量）
水
细砂糖
姜汁
糖浆（30波美度）

1 将水和细砂糖混合加热，再将姜汁倒入锅中。

2 加入糖浆，将糖度调整为16波美度。

3 将步骤2的材料在容器中倒入薄薄一层，放入冰柜冷却、凝固，上桌前制成冰沙。

卡仕达奶油
草莓拿破仑派
（见P116）
法式苹果挞
（见P158）
铠塚俊彦 × 铠塚俊彦甜品店市中心店
（Toshi Yoroizuka Mid Town）

材料（易做的量）
牛奶 2升
细砂糖 396克
香草泥 10克
蛋黄 600克
低筋面粉 88克
高筋面粉 108克
发酵黄油 100克

1 将牛奶倒入锅中加热，再放入148克细砂糖和香草泥。

2 将蛋黄倒入碗中，加入248克细砂糖，充分搅拌混合。

3 在步骤2的材料中筛入低筋面粉和高筋面粉，充分混合搅拌，注意不要产生面疙瘩。

4 将步骤1的材料慢慢倒入步骤3的材料中，搅拌均匀。

5 将步骤4的材料放入锅中加热。当材料表面平滑且有一定黏度并呈绵软状态时，加入发酵黄油混合搅拌。

6 将步骤5的材料倒入烤盘中，冷却至温热。

酥皮面饼

櫻桃慕斯配白巧克力冰激凌
（见P145）
古贺纯二、池田舞×切兹·因诺（Chez Inno）

材料（易做的量/1人份使用约10克）
低筋面粉 120克
粗砂糖 120克
巴旦木粉 120克
黄油 120克

1 将低筋面粉、粗砂糖和巴旦木粉一起过筛后装入碗中。将切成1厘米见方的黄油放入碗中，用手混合揉匀。
2 将步骤1的材料放入冰柜充分冷冻。装入料理机中，搅拌至合适的硬度。
3 在硅胶烤垫上铺开，放入预热至160℃的烤箱中烤制20分钟左右，切碎。

糖渍櫻桃

櫻桃慕斯配白巧克力冰激凌
（见P145）
古贺纯二、池田舞×切兹·因诺（Chez Inno）

材料（易做的量）
糖浆
├ 水 300毫升
└ 细砂糖 405克
櫻桃（去核）5个

1 将水和细砂糖放入锅中煮沸，制成糖浆。
2 将糖浆和櫻桃装入真空包装中，放入冰箱内冷藏一天左右。

白巧克力冰激凌

櫻桃慕斯配白巧克力冰激凌
（见P145）
古贺纯二、池田舞×切兹·因诺（Chez Inno）

材料（约10人份）
牛奶 150毫升
糖稀 12克
转化糖 2克
鲜奶油（乳脂含量35%）56克
蛋黄 40克
细砂糖 10克
白巧克力（法芙娜"伊芙瓦"巧克力，可可含量35%）50克
鲜奶油（乳脂含量35%）20克

1 将牛奶、糖稀、转化糖和56克鲜奶油倒入锅中加热。
2 将蛋黄和细砂糖放入碗中，用打蛋器充分搅打至颜色发白。
3 将步骤1的材料少量多次倒入步骤2的材料中，不断混合搅拌。将材料倒回锅中，加热至82℃。用筛网过滤。
4 将步骤3的材料倒入碗中，放入化开的白巧克力，不断搅拌直至巧克力乳化。
5 在步骤4的材料中加入剩余鲜奶油，搅拌均匀后倒入万能冰磨机的专用容器中冷冻。
6 上桌前制成冰激凌。

巧克力酱汁

苹果与安摩拉缇蛋挞
配巧克力酱汁与榛子味意式冰激凌
（见P155）
堀川亮×菲奥奇餐厅（Ristorante Fiocchi）

材料（8人份）
鲜奶油（乳脂含量41%）70克
黑巧克力（可可百利苦苦巧克力，可可含量56%）90克
格拉巴酒 10毫升

在煮沸的鲜奶油中加入切碎的黑巧克力化开，再倒入格拉巴酒。

焦糖酱汁

法式苹果挞
（见P158）
铠塚俊彦×铠塚俊彦甜品店市中心店
（Toshi Yoroizuka Mid Town）

材料（60人份）
细砂糖 100克
鲜奶油（乳脂含量32%）100克
英式蛋奶酱（见P165）适量

1 将细砂糖放入锅中加热，制成焦糖。
2 在步骤1的材料中倒入热鲜奶油，搅拌均匀，再用手动打蛋器搅打至表面平滑。
3 待步骤2的材料冷却至温热后加入英式蛋奶酱，调整至适宜的浓稠度。

朗姆酒酱汁

法式苹果挞
（见P158）
铠塚俊彦 × 铠塚俊彦甜品店市中心店
（Toshi Yoroizuka Mid Town）

材料（60人份）
英式蛋奶酱（见P165）300克
朗姆酒 10毫升

在英式蛋奶酱中倒入朗姆酒，混合搅拌。

手指海绵饼干

焦糖香梨巧克力卷与手指饼干
（见P160）
饭塚隆太 × 琉球餐厅（Restaurant Ryuzu）

材料（20人份）
蛋白霜
├ 蛋清 120克
└ 砂糖 80克
蛋黄 40克
低筋面粉 80克
糖粉 适量

1 将砂糖加入蛋清中，搅打至八分发左右，制成坚挺的蛋白霜。
2 将打散的蛋黄倒入步骤1的材料，快速混合搅拌。再倒入低筋面粉搅拌均匀，倒在硅胶垫上，擀开。
3 表面撒满糖粉，当糖粉渗入面团后再撒一遍。
4 放入预热至200℃的烤箱中烤制10分钟，冷却后切成长8厘米、宽3厘米的手指饼干。

卡仕达奶油

焦糖香梨巧克力卷与手指饼干
（见P160）
饭塚隆太 × 琉球餐厅（Restaurant Ryuzu）

材料（20人份）
牛奶 250毫升
黄油 10克
蛋黄 40克
砂糖 50克
蛋奶冻粉末 45克
明胶片 3克
鲜奶油（乳脂含量38%）适量

1 将牛奶和黄油倒入锅中，加热至沸腾。
2 将蛋黄、砂糖和蛋奶冻粉末混合搅拌，倒入锅中小火加热，不断搅拌防止煮焦。
3 在步骤2的材料中加入用冰水（材料外）泡发的明胶片化开，将锅浸泡在冰水中冷却。
4 称一称步骤3材料的重量，取其重量1/2的鲜奶油打至九分发，再倒入锅中混合搅拌。

香梨味雪葩

焦糖香梨巧克力卷与手指饼干
（见P160）
饭塚隆太 × 琉球餐厅（Restaurant Ryuzu）

材料（万能冰磨机专用容器，1个）
水 125毫升
转化糖 50克
香梨果酱（法国布瓦龙公司产）500克
柠檬汁 30毫升
香梨味白兰地（威廉姆斯香梨）20毫升

1 将水和转化糖倒入锅中加热，沸腾后加入香梨果酱，将其煮化并稀释糖浆。
2 在步骤1的材料中加入柠檬汁和香梨味白兰地，然后倒入万能冰磨机的专用容器中，放入冰柜内冷冻。
3 上桌前制成雪葩。

千层酥皮

摩卡芭菲配红浆果蜜饯
（见P175）
大川隆 × 切兹·米切尔（Comme Chez Michel）

材料（长6厘米、宽3厘米的面皮，1片）
低筋面粉 50克
盐 适量
黄油 50克
水 25毫升
糖粉 适量

1 将过筛的低筋面粉、盐和切成小丁的黄油放入搅拌碗中，用台式搅拌机低速搅拌。加入水后继续搅拌，用保鲜膜包好，醒90分钟。
2 在步骤1的材料上撒些干粉（材料外），用擀面杖擀开。把左右两边往中间折，再从上往下折叠，适当压平、擀开，放入冰箱内醒两三个小时。

3 重复两遍步骤2的操作，将面团擀至长30厘米、宽25厘米、厚0.5毫米的长方形。

4 将面皮铺在烤盘中，放入预热至200℃的烤箱中烤制20分钟。中途面皮鼓起时，用相同大小的烤盘代替烘焙重石压在面皮上。

5 将步骤4中的烤盘取下，在面皮表面撒满糖粉，放入预热至230℃的烤箱中加热两三分钟。趁热将面皮切成长6厘米、宽3厘米的长方形。

天使香蜜酱汁
摩卡芭菲配红浆果蜜饯
（见P175）
泡芙夹心酥球
（见P178）
大川隆 × 切兹·米切尔（Comme Chez Michel）

材料（易做的量/使用适量）
蜂蜜 500克
细砂糖 250克
水 500毫升
香草荚 3根
肉桂 50克
公丁香 30克
八角 20克
香菜 10克

1 将蜂蜜和细砂糖倒入锅中加热，熬煮成焦糖。
2 放入剩余所有材料，小火熬煮约30分钟后过滤。

卡仕达奶油
泡芙夹心酥球
（见P178）
大川隆 × 切兹·米切尔（Comme Chez Michel）

材料（25人份）
牛奶 50毫升
香草荚 1根
细砂糖 10克
稀奶油粉 5克
蛋黄 5克

1 将牛奶和纵向切开的香草荚放入锅中，加热至即将沸腾。

2 将细砂糖、稀奶油粉和蛋黄放入碗中，用打蛋器搅拌至有一定浓稠度。

3 将步骤1的材料慢慢倒入步骤2的材料中，不断搅拌。然后将材料倒回锅中，小火加热五六分钟，放入冰箱内冷藏。

巴旦木蛋挞
小巴旦木蛋挞与萨白利昂蛋黄酱烤白芦笋配意式冰激凌
（见P193）
山根大助 × 维奇奥桥（Ponte Vecchio）

材料（易做的量）
折叠用挞皮面皮
├ A ┌ 黄油 400克
│   └ 高筋面粉 175克
│   ┌ 高筋面粉 175克
│   │ 低筋面粉 175克
├ B ┤ 水 163毫升
│   │ 黄油 100克
│   └ 盐 10克
巴旦木奶油馅
├ 黄油 250克
├ 糖粉 200克
├ 香草荚 1/3根
├ 鸡蛋 135克
├ 蛋黄 25克
├ 酸奶油 35克
├ 巴旦木粉 300克
├ 朗姆酒 10毫升
└ 鲜奶油（乳脂含量47%）18克

1 制作折叠用挞皮面皮。
①将材料A混合搅拌。
②将材料B混合搅拌。
③用步骤①的面团将步骤②的面团包裹，适当醒面，将面团叠3折，重复4次，再叠4折。
④将面团擀至厚1.5毫米，切成适当大小。
2 制作巴旦木奶油馅。
①在黄油中加入糖粉和香草荚混合搅拌。
②加入鸡蛋、蛋黄和酸奶油混合搅拌。
③加入巴旦木粉混合搅拌。
④加入朗姆酒和鲜奶油混合搅拌。
3 在步骤1的面皮中挤入25克步骤2的巴旦木奶油馅，再盖上另一片步骤1的面皮，然后用直径7厘米的蛋挞圈模具切割。

4 将步骤3的材料翻面，在上面涂上打散的鸡蛋液（材料外），用小刀划上一些花纹。

5 将步骤4的材料放入预热至180℃的烤箱中烤制30分钟左右，在表面涂上糖浆（材料外），再放入预热至220℃的烤箱中烤制10分钟左右。

焦糖片
小巴旦木蛋挞与萨白利昂蛋黄酱烤白芦笋配意式冰激凌
（见P193）
山根大助 × 维奇奥桥（Ponte Vecchio）

材料（易做的量）
细砂糖 100克
糖稀 100克
黄油 50克
肉桂粉 少许
盐 少许

1 将细砂糖、糖稀和黄油混合搅拌后加热，制成焦糖。

2 将热的步骤1材料倒在烘焙纸上，冷却、凝固后用搅拌器搅碎。

3 将步骤2的材料放入预热至170℃的烤箱中烤制约10分钟。

4 切碎后撒肉桂粉和盐混合搅拌。

海绵蛋糕
柿子味提拉米苏
（见P210）
北野智一 × 葡萄酒（Le Vinquatre）

材料（20人份）
蛋黄 100克
细砂糖 200克
鸡蛋 100克
盐 少许
中筋面粉 280克
片栗粉 40克
蛋白霜
├ 蛋清 150克
└ 细砂糖 80克

1 将蛋黄、细砂糖、鸡蛋和盐放入碗中，用打蛋器混合搅拌。当材料整体搅拌均匀后放入中筋面粉和片栗粉，再继续搅拌。

2 制作蛋白霜。一边将细砂糖倒入蛋清中，一边混合搅拌直至打发。

3 在步骤2的材料中放入步骤1的材料，快速混合搅拌。

4 将步骤3的材料倒在铺好了烘焙纸的烤盘中，厚度达1.5厘米即可。放入预热至210℃的烤箱中烤制12～15分钟。

5 当步骤4的材料冷却至温热后放入冰柜冷藏。

木莓味猫舌饼干
草莓味提拉米苏
（见P211）
西口大辅 × 飞翔（Volo Cosi）

材料（易做的量）
化黄油 100克
糖粉 100克
蛋清 100克
低筋面粉 100克
木莓果酱（市售）2大勺

1 在化黄油中倒入糖粉和搅拌均匀的蛋清，用打蛋器搅拌，再倒入低筋面粉和木莓果酱混合搅拌。

2 将步骤1的材料倒在铺好了烘焙纸的烤盘中，用手指揉开，形成宽度约5厘米的带状。放入预热至150℃的烤箱中烤制2分钟左右，趁热将面饼缠绕在擀面杖上，使其成为圆筒，冷却后将擀面杖拔出。

橙子味泰戈拉薄饼
草莓味提拉米苏
（见P211）
西口大辅 × 飞翔（Volo Cosi）

材料（易做的量）
血橙汁（市售）200毫升
化黄油 200克
低筋面粉 125克
巴旦木片 100克
细砂糖 500克

1 将所有材料混合，放入料理机中搅拌均匀。将材料揉成面团，用保鲜膜包好，放入冰箱醒2小时。

2 将步骤1的材料隔水加热，稍软化后用擀面杖擀成薄薄的一片。用直径约5厘米的圆形刻模切割成圆形。

3 将步骤2的材料摆入铺好烘焙纸的烤盘中，放入预热至150℃的烤箱中烤制六七分钟。

巴旦木味法式薄脆
意大利鲜奶酪挞
（见P212）
藤田统三 × MOTOZO工作室（L'atelier MOTOZO）

材料（12人份）
细砂糖 100克
鲜奶油（乳脂含量35%）30克
糖稀 40克

发酵黄油 20克
盐 2把
巴旦木块（带皮）60克
橙汁 30毫升

1 将细砂糖、鲜奶油、糖稀、发酵黄油和盐倒入锅中，加热至115℃。
2 加入巴旦木块和橙汁，稍熬煮片刻。
3 将步骤2的材料倒入硅胶烤垫中，形成薄薄的一层，放入预热至180℃的烤箱中烤制10分钟。切成细带。
4 趁步骤3的材料仍柔软时，将其缠绕在细棍等物品上，静置、冷却、凝固。

厨师及店铺信息

浅井努

汤姆珍品（TOM Curiosa）

大阪府大阪市北区堂岛 1-2-15 浜村太阳广场（Sun Plaza）大厦 2 层

06-6347-5366

饭塚隆太

琉球餐厅（Restaurant Ryuzu）

东京都港区六本木 4-2-35 城市风格（UrbanStyle）六本木 B1 层

03-5770-4236

石川资弘

红果酱（Coulis Rouge）

栃木县宇都宫市新里町丙 33-2

028-678-8848

板桥恒久

板桥糕点匠人（Artisan Patissier Itabashi）

茨城县结城市结城 8782-5

0296-34-0070

伊藤延吉

巴里克餐厅（Ristorante La Barrique）

东京都文京区水道 2-12-2

03-3943-4928

井上裕一

贝利卡利亚（Antica Braceria Bellitalia）

东京都目黑区下目黑 3-4-3

03-6412-8251

今村裕一

里戈莱蒂诺（Rigolettino）

东京都世田谷区宫坂 3-12-8 经堂铃木公寓大厦 B1 层

03-3439-1786

宇野勇藏

小酒馆（Le Bistro）

兵库县神户市中央区下山手通 3-8-14-201

078-393-0758

大川隆

切兹·米切尔（Comme Chez Michel）

京都府京都市中京区柳马场通御池下柳八幡町 80-1

075-212-7713

小笠原圭介

平衡（Equilibrio）

东京都新宿区荒木町 6-39 花园树（GARDEN TREE）B1 层

03-3353-5035

※取材时为本店（已停业）厨师。

奥村充也

吉野太鲁餐厅（Restaurant Tateru Yoshino）银座

东京都中央区银座 4-8-10 皮亚斯银座（PIAS GINZA）12 层

03-3563-1511

小原敬

小原餐厅（Ohara's Restaurant）

东京都品川区大崎 5-4-18 八云（Yakumo）大厦 B1 层

03-5436-3255

金山康弘

箱根凯悦酒店贝斯餐厅（Hyatt Regency Hakone Resort& Spa Restaurant Berce）

神奈川县足柄下郡箱根町强罗 1320

0460-82-2000

川手宽康

花瓣（Florilege）

东京都涩谷区神宫前 2-5-4 静山（SEIZAN）外苑 B1 层

03-6440-0878

北野智一

葡萄酒（Le Vinquatre）

东京都丰岛区目白 2-3-3 目白 Y 大厦 1 层

03-5957-1977

纪尧姆·布拉卡瓦尔（总厨师长）
米歇尔·阿巴特马可（高级甜点师）

米歇尔·特罗伊斯格罗斯厨房 [Cuisine(s) Michele Troisgros]

东京都新宿区西新宿 2-7-2 东京凯悦酒店 1 层

03-3348-1234（酒店接待）

楠本则幸

草本神社（Kamoshiya Kusumoto）

大阪府大阪市福岛区福岛 5-17-14

06-6455-8827

克里斯托弗·帕科德

里昂卢格杜努姆（LUGDUNUM Bouchon Lyonnais）

东京都新宿区神乐坂 4-3-7 海老屋大厦 1 层

03-6426-1201

古贺纯二、池田舞

切兹·因诺（Chez Inno）

东京都中央区京桥 2-4-16 明治京桥大厦 1 层

03-3274-2020

※池田女士目前在 "东京多米尼克·布切特（Dominique Bouchet Tokyo）" 银座店任职。

小阪步武

拉菲纳托（Raffinato）

兵库县芦屋市亲王塚町 13-15 岸之里大厦 2 层

0797-35-3444

小泷晃

紫红餐厅（Restaurant Aubergine）

※准备搬迁。

小玉勉

小玉料理屋

东京都港区西麻布 1-10-6 西麻布（NISHIAZABU）1106 2 层

03-3408-8865

小玉弘道

弘道餐厅（Restaurant Hiromichi）

东京都目黑区三田 1-12-24 MT3 大厦 1 层

03-5768-07222

三枝俊介

东京黄金调色板（Palet Dor TOKYO）

东京都千代田区丸之内 1-5-1 新丸之内大厦 1 层

03-5293-8877

酒井凉

阿尔多克（Ardoak）

东京都涩谷区上原 1-1-20 JP 大厦 2 层

03-3465-1620

佐藤真一、米良知余子

欲望（il desiderio）

※该店已停业。佐藤先生经营新店 "托斯卡纳的天气"，米良女士已离职。

托斯卡纳的天气（Clima di Toscana）

东京都文京区本乡 1-28-32-101

03-5615-8258

芝先康一

灰色餐厅（Ristorante Siva）

神奈川县镰仓市七里浜东 3-1-14

050-5595-3121

※取材时任职于 "沙龙剧场"。

沙龙剧场（Il Teatrino da Salone）

东京都港区南青山 7-11-5 房屋 7115（HOUSE7115）B1 层

03-3400-5077

涩谷圭纪

贝卡斯（La Becasse）

大阪府大阪市中央区平野町 3-3-9 汤木大厦 1 层

06-4707-0070

清水将

茴香酒餐厅（Restaurant Anis）

东京都涩谷区初台 1-9-7 1 层

03-6276-0026

下村浩司

下村浩司版（Edition Koji Shimomura）

东京都港区六本木 3-1-1 六本木 Tcube1 层

03-5549-4562

宿院干久

杰明沙龙（Salon de Thé Jamin）

大阪府茨木市别院町 6-45 杰明餐厅 2 层

072-620-0073

末友久史

祇园 末友

京都府京都市东山区大和大路四条下 4 丁目小松町 151-73

075-496-8799

铃木谦太郎、田中二朗

切兹·肯塔罗（Chez Kentaro）

神奈川县镰仓市山之内 407 北镰仓门前 1 层

0467-33-5020

※甜品由田中先生（"卡尔瓦餐厅"地址与"切兹·肯塔罗"相同。电话0467-38-6259）负责。

须藤亮祐

每日小酒馆（Bistrot Quotidien）

东京都港区麻布十番 3-9-2 多门麻布 2 层

03-6435-3241

高井实

变量餐厅（Restaurant Varier）

大阪府大阪市北区中之岛 3-3-23 中之岛 Dai 大厦 2F

06-4803-0999

高嶋寿

时间夫人（Madame Toki）

东京都涩谷区钵山町 14-7

03-3461-2263

高田裕介

山峰（La Cime）

大阪府大阪市中央区瓦町 3-2-15 瓦町乌萨米（Usami）大厦 1F

06-6222-2010

武田健志

自由武田餐桌（Liberte a table de TAKEDA）
※已停业。

田中督士

喜悦（Sympa）

东京都杉并区荻窪 5-16-23 Lily Bell 荻窪 B1F

03-3220-2888

田边猛

阿特拉斯（L'Atlas）

东京都新宿区神乐坂 6-8-95 博尔歌大楼（Borgo）2°

03-5228-5933

辻大辅

飨宴（Convivio）

东京都涩谷区千驮谷 3-17-12 金村（Kamimura）大厦 1 层

03-6434-7907

※取材时任职于"生物动力（Biodinamico）"。
生物动力（Biodinamico）

东京都涩谷区神南 1-19-14 晶点（Crystal Point）大厦 3 层

03-3462-6277

都志见 SEIJI

TSU·SHI·MI

东京都目黑区驹场 1-16-9 片桐大厦 1 层

03-6407-8024

※"影响力（Miravile Impact）"已停业。

筒井光彦

奇美拉餐厅（Ristorante Chimera）

京都府京都市东山区祇园町南侧 504

075-525-4466

中多健二

论点（Point）

大阪府大阪市福岛区福岛 3-12-20 双翼 1 层

06-6455-5572

※取材时任职于"阿奎利尔（Accueillir）"（已停业）。

中田雄介

尚特里尔（Les chanterelles）

东京都涩谷区元代木町 24-1 未来元代木 1 层

03-5465-0919

永野良太

永恒的形状（La forme d'eternite）

奈良县奈良市花芝町 7-2 松村大厦 1 层

0742-20-6933

※取材时店名为"永恒（éternité）"。

中本敬介

比尼（Bini）

京都府京都市中京区东洞院通丸太町下 445-1

075-203-6668

今归仁实

芳香（L'odorante Par Minoru Nakijin）

东京都中央区银座 7-7-19 新中心（New Center）大厦 B1 层

03-5537-7635

生井祐介
颂歌（Ode）
东京都涩谷区广尾 5-1-32 ST 广尾 2F
03-6447-7480
※取材时任职于 "CHIC peut-etre"。

西口大辅
飞翔（Volo Cosi）
东京都文京区白山 4-37-22
03-5319-3351

长谷川幸太郎
感官与味道（Sens & Saveurs）
东京都千代田区丸之内 2-4-1 丸之内大厦 35F
03-5220-2701
※已离职。

浜田统之
玉川布莱斯顿酒店（Bleston court Yukawatan）
长野县北佐久郡轻井泽星野 布莱斯顿酒店内
050-5282-2267

滨本直希
菲丽西琳娜（Felicelina）
东京都目黑区青叶台 1-15-2 AK-3 座 2-A
03-6416-1731

藤田统三
MOTOZO 工作室（L'atelier MOTOZO）
东京都目黑区东山 3-1-4
03-6451-2389
※取材时任职于 "索尔·雷万特（Sol Levante）"（已停业）。

藤原哲也
藤屋 1935（Fujiya 1935）
大阪府大阪市中央区枪屋町 2-4-14
06-6941-2483

布鲁诺·鲁德尔夫
※取材时为 "法国蓝带厨艺学院（日本）" 的讲师，于2009年10月底离职，现任 "布鲁诺·勒德夫（Bruno Le Derf）"（位于法国布列塔尼地区）主厨。
法国蓝带厨艺学院（日本）（Le Cordon Bleu Japan）
东京校
东京都涩谷区猿乐町 28-13 ROOB-1
0120-454-840

法国蓝带厨艺学院（日本）（Le Cordon Bleu Japan）
神户校
兵库县神户市中央区播磨町 45 6 层
0120-138-221

古屋壮一
鲨鱼（Requinquer）
东京都港区白金台 5-17-11
03-5422-8099

星山英治
处女座（Virgola）
大阪府大阪市中央区久太郎町 4-2-3
06-6224-0357
※取材时任职于 "拉巴洛塔（La Ballotta）"（已停业）。

堀川亮
菲奥奇餐厅（Ristorante Fiocchi）
东京都世田谷区祖师谷 3-4-9
03-3789-3355

堀利弘、堀美佳
咖啡咖啡（CafeCafe）
东京都世田谷区下马 2-20-5
03-5432-0456

本多诚一
苏里奥拉（Zurriola）
东京都中央区银座 6-8-7 交询大厦 4 层
03-3289-5331

松本一平
和平（La Paix）
东京都中央区日本桥室町 1-9-4 B1 层
03-6262-3959
※取材时任职于 "品尝神奇的一天（Au gout du jour merveille）"（已停业）。

松本浩之
FEU 餐厅（Restaurant FEU）
东京都港区南青山 1-26-16
03-3479-0230
※已离职，2019年任职于东京会馆 "普吕尼耶餐厅（Restaurant Prunier）"。

万谷浩一
拉托图加（La Tortuga）
大阪府大阪市中央区高丽桥 1-5-22
06-4706-7524

皆川幸次
阿斯特（Aster）银座总店
东京都中央区银座 1-8-16
03-3563-1011

森茂彰
莫里（mori）
东京都涩谷区惠比寿南 1-14-2 时区（Time Zone）大
厦 3 层
090-9847-6299

森田一赖
自由（Libertable）赤坂店
东京都港区赤坂 2-6-24 1 层
03-3583-1139

森直史
透明（Trasparente）
东京都目黑区上目黑 2-12-11 1 层
03-3719-1040

八木康介
八木餐厅（Ristorante Yagi）
东京都涩谷区钵山町 15-2 1000 大厦代官山 B1 层
03-6809-0434

八木美纱穗、藤田健太
灯光（Las Luces）
东京都目黑区南 3-11-19
03-5726-8531

山根大助
维奇奥桥（Ponte Vecchio）
大阪府大阪市中央区北浜 1-8-16 大阪证券交易所大
厦 1 层
06-6229-7770

山本健一
炼金术士（Les Alchimistes）
东京都港区白金 1-25-26 白金楼
03-5422-7358

山本圣司
拉图爱乐（La Tourelle）
东京都新宿区神乐坂 6-8
03-3267-2120

横田秀夫
橡木（Oakwood）果子工房
埼玉县春日部市八丁目 966-51
048-760-0357

铠塚俊彦
铠塚俊彦甜品店市中心店（Toshi Yoroizuka Mid Town）
东京都港区赤坂 9-7-2 东京市中心东 1 层 B-0104
03-5413-3650

图书在版编目（CIP）数据

甜品学院：75家名店171款招牌甜品秘方 / 日本柴
田书店编；杨爽译. —北京：中国轻工业出版社，2021.8
ISBN 978-7-5184-3497-8

Ⅰ.① 甜… Ⅱ.① 日… ② 杨… Ⅲ.① 甜食 – 制作
Ⅳ.① TS972.134

中国版本图书馆CIP数据核字（2021）第085929号

责任编辑：胡　佳　　责任终审：高惠京
整体设计：锋尚设计　　责任校对：朱燕春　　责任监印：张京华

出版发行：中国轻工业出版社（北京东长安街6号，邮编：100740）
印　　刷：北京博海升彩色印刷有限公司
经　　销：各地新华书店
版　　次：2021年8月第1版第1次印刷
开　　本：787×1092　1/16　印张：16
字　　数：300千字
书　　号：ISBN 978-7-5184-3497-8　定价：128.00元
邮购电话：010-65241695
发行电话：010-85119835　传真：85113293
网　　址：http://www.chlip.com.cn
Email：club@chlip.com.cn
如发现图书残缺请与我社邮购联系调换
190209S1X101ZYW